더 위험한
과학책

HOW TO by Randall Munroe

지구인이라면 반드시 봐야 할
허를 찌르는 일상 속 과학 원리들

더 위험한 과학책

랜들 먼로 지음 | 이강환 옮김

how to

SIGONGSA

경고

집에서 절대 따라 하지 마세요.
이 책의 저자는 코믹 웹툰을 그리는 사람이지
의학이나 안전 전문가가 아닙니다.
그는 어디에 불이 붙거나 폭발하는 것을 좋아해요.
여러분이 좋아하는 것엔 큰 관심이 없다는 말이죠.
출판사와 저자는 직접적이든 간접적이든
이 책에서 얻은 정보 때문에 생기는 어떤 결과에도
책임이 없음을 분명하게 밝힙니다.

차례

PART 3 일상 속 엉뚱한 과학적 궁금증들

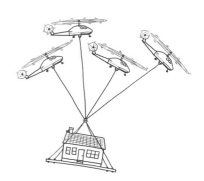

안녕하세요!

이 책은 나쁜 아이디어에 대한 책입니다.

적어도 대부분은 나쁜 아이디어죠. 가끔씩 좋은 아이디어가 틈새로 빠져나올 수도 있을 텐데, 그렇다면 미리 사과드립니다.

말이 안 돼 보이는 어떤 아이디어가 때로는 혁명적인 것으로 밝혀지기도 하죠. 감염된 상처에 핀 곰팡이는 끔찍하지만, 페니실린의 발견으로 이것이 기적의 치료제가 될 수 있다는 걸 알았습니다. 하지만 세상은 상처에 핀 곰팡이처럼 끔찍한 것으로 가득 차 있고, 대부분은 별로 좋지 않아요. 말도 안 되는 아이디어가 모두 좋은 것은 아니거든요. 그렇다면 나쁜 아이디어와 좋은 아이디어는 어떻게 구별할 수 있을까요?

직접 해보고 결과를 살피면 됩니다. 하지만 가끔은 실제로 하면 어떤 일이 일어날지 수학을 사용하거나 연구를 해보거나 이미 알고 있는 사실로 추론하기도 합니다.

NASA가 자동차 크기의 화성 탐사 로봇 큐리오시티 로버를 화성에 보낼 계획을 세울 때, 그들은 이것을 표면에 안전하게 착륙시킬 방법을 찾아내야 했습니다. 이전의 로버들은 낙하산과 에어백을 사용했어요. 그래서 NASA 연구원들은 큐리오시티 로버에도 이 방법을 쓰려고 고민했지만, 큐리오시티는 화성의 옅은 대기에서 낙하산을 이용해 떨어지는 속도를 충분히 줄이기에는 덩치가 너무 컸어요. 그들은 로버에 로켓을 달아서 속도를 줄여 착륙시키는 방법도 생각했습니다. 하지만 분사체가 먼지구름을 만들어 표면을 가릴 것이기 때문에 안전하게 착륙시키기가 어려웠죠.

결국 그들은 '공중 크레인'이라는 아이디어를 떠올렸습니다. 화성 표면에서 높이 떠 있는 로켓에 큐리오시티를 긴 줄로 매달아 땅에 내리는 방법이었어요. 이것은 말도 안 되는 아이디어처럼 들렸지만, 그들이 생각해낸 다른 모든 아이디어는 이보다 더 나빴어요. 공중 크레인을 검토하면 할수록 더 그럴듯해 보였죠. 그래서 시도했고, 성공했습니다.

우리는 모두 무엇을 어떻게 해야 할지 아무것도 모르는 상태에서 삶을 시작합니다. 운이 좋다면 뭔가를 해야 할 때 방법을 알려줄 누군가를 찾을 수도 있을 것입니다. 하지만 어떤 경우에는 스스로 방법을 찾아야만 합니다. 아이디어를 생각해내고 그것이 좋을지 나쁠지 결정해야 한다는 말이죠.

이 책에서는 일상적인 일들을 흔하지 않은 방법으로 접근하여 시도한다면 어떤 일이 생길지 살펴볼 것입니다. 그 시도가 성공하거나 실패하는 이유를 알아보면 재미있고 얻는 것도 많으며 가끔은 놀라운 결과가 나오기도 할 겁니다. 나쁜 아이디어도 나오겠지만 왜 나쁜지 정확하게 알아낸다면 많은 것을 배울 수 있고, 이후에는 더 나은 접근을 하게 될 것입니다.

설사 당신이 이 모든 것에 대한 올바른 방법을 이미 안다고 해도 그렇지 않은 사람들의 눈으로 세상을 보는 일은 도움이 될지 몰라요. 어른이면 '누구나 아는' 무엇이 존재하더라도, 미국에서만 매일 1만 명이 넘는 사람들이 그것을 처음으로 배우고 있습니다.

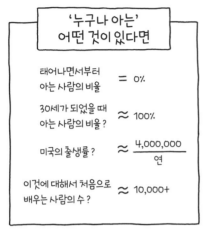

'누구나 아는' 어떤 것이 있다면

태어나면서부터 = 0%
아는 사람의 비율

30세가 되었을 때 ≈ 100%
아는 사람의 비율?

미국의 출생률? ≈ $\frac{4,000,000}{연}$

이것에 대해서 처음으로 ≈ 10,000+
배우는 사람의 수?

다이어트 콜라랑 멘토스?
그게 뭐야?

오, 이런! 자, 편의점에 가자.

왜?

넌 오늘의 행운아
1만 명 중 한 명이 됐어.

그래서 나는 어떤 것을 모른다거나 어떻게 하는지 배운 적이 없는 사람을 놀리지 않아요. 만일 당신이 그런 사람을 놀린다면 그 사람도 자신이 배운 걸 당신에게 가르쳐주지 않을 테고… 당신은 재미있는 것을 놓치게 될 겁니다.

이 책이 당신에게 공 던지는 법이나 스키 타는 법이나 움직이는 법을 가르쳐주지는 않을 거예요. 하지만 나는 당신이 이 책을 통해서 뭔가를 배우기를 바랍니다. 그렇다면 당신은 오늘의 행운아 1만 명 중 한 명이 되겠지요!

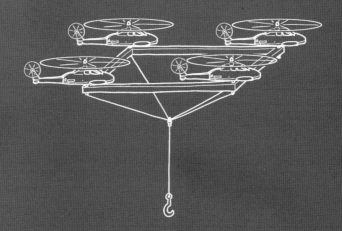

PART 1
생각지도 못한 방법으로
과학 하기

1.
성층권까지
높이 뛰는 방법

사람들은 아주 높이 뛰지 못해요.

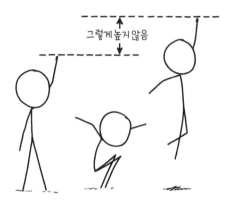

농구 선수들은 높은 골대에 닿을 정도로 뛰어오르기도 합니다. 하지만 그건 대부분 그들의 키가 크기 때문이죠. 평균적인 프로 농구 선수들은 수직으로 2피트ft(60센티미터) 정도밖에 뛰어오르지 못해요. 운동선수가 아닌 사람들은 대부분 약 1피트(30센티미터)밖에 뛰지 못하죠. 좀 더 높게 뛰기를 원한다면 도움이 필요합니다.

도움닫기를 하면 도움이 됩니다. 높이뛰기 선수들은 도움닫기를 하고, 세계기록은 8피트(2.4미터)입니다. 하지만 이것은 땅바닥에서부터 잰 거예요. 높이뛰기 선수들은 대체로 키가 크기 때문에 그들의 질량 중심은 땅에서 몇십 센티미터 위에서 출발하죠. 그리고 막대 위로 지나가기 위해서 어떻게 몸을 구부리느냐에 따라 그들의 질량 중심은 대부분 막대 아래로 지나갑니다. 높이뛰기 2.4미터는 몸의 질량 중심을 2.4미터 더 높이 올렸다는 말이 아닌 거죠.

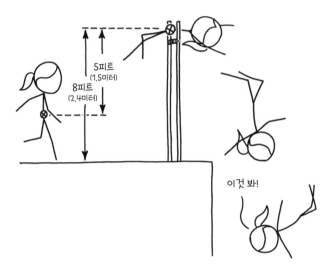

높이뛰기 선수를 이기고 싶다면 두 가지 방법이 있습니다.

   1. 어릴 때부터 평생 동안 운동을 열심히 해서 세계 최고의 높이뛰기 선수가 되는 것.
   2. 규칙을 어기는 것.

   첫 번째 방법은 말할 것도 없이 존중받을 만하죠. 하지만 당신의 선택이 이것이라면 지금 잘못된 책을 읽고 있는 겁니다. 우리는 두 번째 방법에 대해서 이야기해보겠습니다.

더 위험한 과학책

높이뛰기에서 규칙을 어기는 방법은 여러 가지가 있습니다. 사다리를 이용하여 막대를 넘을 수도 있겠지만, 그건 뛰는 것이 아니죠. 극한 스포츠 애호가들에게 인기 있는 스프링이 장착된 스틸트[1]를 신을 수도 있어요. 당신이 운동을 꽤 잘한다면 맨몸의 높이뛰기 선수를 이길지도 몰라요. 하지만 수직으로 높이 뛰는 것에 대해서는 운동선수들이 이미 더 좋은 기술을 가지고 있어요. 바로 장대를 이용하는 거죠.

장대높이뛰기 선수는 달려가서 유연한 장대를 앞쪽 땅에 박은 다음 위로 뛰어올라요. 장대높이뛰기 선수들은 가장 뛰어난 맨몸의 높이뛰기 선수보다 몇 배 더 높이 뛰어오를 수 있죠.

---

1 혹은 아이들이 가지고 노는 니켈로디언 문 슈즈.

장대높이뛰기의 물리학은 흥미로워요. 그리고 장대 주위를 생각만큼 그렇게 크게 돌지 않습니다. 높이 뛰는 것의 핵심은 장대의 유연성이 아니라 선수의 달리기 속도예요. 장대는 그 속도를 위쪽으로 방향을 바꾸어주는 효과적인 방법일 뿐이죠. 이론적으로는 선수가 앞쪽에서 위쪽으로 방향을 바꾸는 다른 방법들도 있어요. 장대를 땅에 박는 대신 스케이트보드를 타고 부드럽게 위로 휘어진 경사로를 따라가다가 뛰어오르면 장대높이뛰기 선수와 거의 같은 높이로 올라갈 수 있어요.

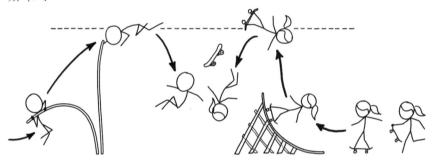

우리는 간단한 물리학으로 장대높이뛰기 선수의 최고 높이를 계산할 수 있습니다. 가장 빠른 단거리선수는 100미터를 10초 정도에 뛰죠. 지구 중력에서 이 속도로 위로 던져진 물체가 올라갈 수 있는 높이는 간단한 계산으로 알 수 있어요.

$$높이 = \frac{속도^2}{2 \times 중력가속도} = \frac{\left(\frac{100미터}{10초}\right)^2}{2 \times 9.805 \frac{m}{s^2}} = 5.10미터$$

장대높이뛰기 선수는 뛰어오르기 전에 달려오기 때문에 선수의 중력 중심은 이미 땅바닥보다 위에서 출발하고 이것이 최종 높이에 더해지죠. 보통 성인의 중력 중심은 복부 근처에 있고, 대체로 키의 55퍼센트 높이가 됩니다. 남자 장대높이뛰기 세계기록 보유자인 르노 라빌레니Renaud Lavillenie의 키는 1.77미터이므로 그의 중력 중심은 약 0.97미터고, 이 값을 더하면 뛸 수 있는 높이는 6.07미터가

더 위험한 과학책

됩니다.

그러면 우리의 예측은 실제와 얼마나 잘 맞을까요? 실제 세계기록은 6.16미터입니다. 빠르게 계산한 값과 상당히 가깝네요!**2**

규칙을 **정확하게는** 지키지 않아도 **대략적으로만** 지키면 **기술적으로** 규칙 위반이 아닌 거지?

그러니까··· 도대체···

'기술적으로'가 무슨 의미인지 알고 하는 말이야?

기술적으로, 아니야.

---

2 물리학은 장대높이뛰기 세계기록에 대한 또 다른 재미있고 사소한 내용을 알려줍니다. 지구 중력이 아래로 당기는 힘은 장소에 따라 달라져요. 지구의 모양이 중력에 영향을 미치기도 하고, 지구의 회전이 물체를 바깥쪽으로 '던지기'도 하기 때문이죠. 이 효과는 전체적으로는 크지 않지만, 위치에 따른 변화는 최대 0.7퍼센트까지 영향을 줄 수 있어요. 일상생활에서는 알아차리기 힘들지만 저울을 살 때는 보정이 필요할 정도로 충분히 큰 값이죠. 저울을 만든 공장의 중력은 당신 집의 중력과 약간 다를 수 있기 때문입니다.

중력의 변화는 장대높이뛰기 기록에 영향을 주기에 충분합니다. 2004년 6월, 엘레나 이신바예바Yelena Isinbayeva는 4.87미터로 여자 장대높이뛰기 세계기록을 세웠어요. 이 기록은 영국 게이츠헤드Gateshead에서 세운 것이었습니다. 일주일 뒤, 스베틀라나 페오파노바Svetlana Feofanova가 4.88미터를 뛰어 기록을 1센티미터 경신했어요. 하지만 페오파노바는 이 기록을 중력이 약간 약한 그리스의 헤라클리온Heraklion에서 세웠어요. 그 차이는 이신바예바가 페오파노바는 중력이 더 약했기 때문에 기록을 깨뜨린 것일 뿐이고, 자신의 게이츠헤드 기록이 훨씬 더 의미 있다고 주장하기에 딱 충분한 정도였죠.

이신바예바는 이런 복잡한 물리학적 주장은 하지 않기로 결정한 것 같습니다. 대신 더 간단한 대답을 택했어요. 몇 주 뒤에 이신바예바는 더 강한 영국의 중력 아래서 페오파노바의 기록을 깨뜨린 거죠. 2017년 현재, 그는 여전히 장대높이뛰기 여자 신기록을 보유하고 있습니다.

높이뛰기 대회에 장대를 들고 나타나면 당연히 곧바로 실격되겠죠.**3** 하지만 심판들이 반대하더라도 당신을 멈추게 하지는 못할 겁니다. 특히 장대를 위협적으로 휘두른다면.

기록은 인정받지 못하겠지만 상관없어요. 얼마나 높이 뛸 수 있는지 스스로는 알게 되었으니까요. 그런데 좀 더 과감하게 규칙을 어길 준비가 되었다면 6미터보다 높이 뛸 수도 있어요. 훨씬 더 높이. 뛰어오를 장소만 잘 찾으면 됩니다.

달리기 선수들은 공기역학의 도움을 받습니다. 그들은 공기저항을 줄이기 위해서 몸에 딱 붙는 옷을 입어요. 그래서 더 빠른 속도를 얻고 더 높이 뛰어오를 수 있죠.**4** 그런데 여기서 한발 더 나가보면 어떨까요?

프로펠러나 로켓으로 밀어 올리는 것은 당연히 고려하지 않아요. 멀쩡한 얼굴로 이걸 '점프'라고 말할 수는 없을 테니까요.**5** 그건 뛰는 것이 아니라 나는 거죠. 하지만 살짝⋯ 뜨는 정도는 문제없을 거예요.

떨어지는 물체의 경로는 주위 공기 흐름의 영향을 받아요. 스키 점프 선수들은 점프를 할 때 공기역학의 힘을 얻기 위해 자세를 조정하죠. 바람이 잘 부는 곳에서는 같은 방법을 쓸 수 있어요.

등 뒤에서 바람이 불면 달리기 선수들은 더 빠른 속도를 낼 수 있어요. 마찬가지로 바람이 위로 부는 곳에서 뛰어오르면 더 높이 올라가죠.

당신을 위로 밀어 올리려면 바람이 강해야 합니다. 바람이 당신의 '종단속도'보다 더 빠르게 불어야 해요. 종단속도는 공기 중에서 떨어질 때 최대가 되는

---

3 그럴 것이라고 추정됩니다. 아무도 시도해보지는 않았을 겁니다.
4 이 글을 쓸 때까지 빅토리아식 스커트를 입고 세운 높이뛰기 기록은 없었어요. 만일 있다면 아마도 보통 기록보다 낮을 것입니다.
5 우리는 규칙을 어기는 것이지 규칙을 무시하는 것이 아닙니다.

더 위험한 과학책

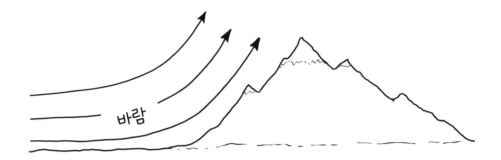

바람

속도로, 공기의 마찰력이 중력가속도와 평형을 이룰 때의 속도입니다. 모든 운동은 상대적이기 때문에 당신이 공기 중에서 아래로 떨어지는 것과 공기가 당신을 위로 밀어 올리는 것은 아무런 차이가 없어요.**6**

　사람은 공기보다 훨씬 더 밀도가 높기 때문에 종단속도가 꽤 큽니다. 떨어지는 사람의 종단속도는 약 시속 130마일mph(시속 210킬로미터)입니다. 바람으로부터 상당한 세기의 밀어 올리는 힘을 얻기 위해서는 적어도 종단속도와 비슷한 정도의 바람이 위쪽으로 불어야 해요.

　새들은 위로 올라가는 따뜻한 공기를 엘리베이터처럼 사용하죠. 새들은 날갯짓을 하지 않고 떠오르는 공기에 몸을 맡기고 원을 그리며 올라갑니다. 이렇게 열에 의해 올라가는 바람은 상대적으로 약해요. 큰 인간의 몸을 들어 올리기 위해서는 올라가는 바람이 더 강해야 합니다.

　지면 근처에서 가장 강하게 위로 상승하는 바람은 산등성이 가까이에서 나타납니다. 바람이 산을 만나면 방향이 위쪽으로 바뀌죠. 어떤 곳에서는 이 바람이 꽤 강할 수 있어요.

---

6 적어도 물리학적인 관점에서는 그래요. 당신 자신에게는 아마도 크게 상관이 있을 거예요.

하지만 안타깝게도 상승하는 바람은 가장 좋은 곳에서도 인간의 종단속도 근처에도 가지 못합니다. 바람의 도움으로는 잘해야 약간의 높이밖에 얻지 못해요.**7**

바람의 속도를 높이는 대신 공기역학적인 옷으로 종단속도를 줄이는 것을 시도해볼 수 있어요. 좋은 날개옷(팔과 다리 사이에 천이 연결된 옷)은 사람의 종단속도를 시속 130마일에서 시속 30마일(시속 50킬로미터)로 줄일 수 있어요. 이것도 여전히 바람을 타고 올라가기에는 충분하지 않지만 뛰어오르는 높이는 더해줄 수 있을 거예요. 문제는 날개옷을 입고 달려가야 하는 겁니다. 바람으로부터 얻는 이득을 상쇄시켜버릴 수도 있거든요.

뛰어오르는 높이를 충분히 더 높이기 위해서는 날개옷이 아니라 낙하산을 사용하거나 패러글라이더의 세계로 들어가야 합니다. 이런 큰 장치는 떨어지는 속도를 크게 줄이기 때문에 지상의 바람도 쉽게 사람을 들어 올릴 수 있어요. 숙련된 패러글라이더는 땅에서 출발하여 산등성이의 바람과 열에 의한 바람을 타고 수천 미터까지 올라갑니다.

그런데 당신이 정말로 높이 뛰는 기록을 원한다면 더 좋은 방법도 있어요.

공기가 산 위로 흐르는 대부분의 지역에서 '산악파(안정한 상태의 공기가 산이나 산맥을 통과할 때 만들어지는 파동－옮긴이)'는 대기 아래층까지밖에 뻗지 않으며 이것이 글라이더가 올라갈 수 있는 한계가 됩니다. 하지만 조건이 아주 잘 맞으면 어떤 곳에서는 이 난류가 극소용돌이나 극야간제트류**8**와 만나 성층권까지 이르는 파동을 만들기도 해요.

---

7 그리고 심판들에게 대회를 낭떠러지 근처에서 열도록 설득해야 하죠. 이것도 쉬운 일은 아니에요.
8 극야간제트류는 1년 중 어떤 시기에 북극이나 남극 부근에 생기는 높은 고도의 바람이에요. 한 아이가 마법 비행기를 타고 북극으로 날아가 산타와 만나는 그림책 《더 폴라 나이트 제트The Polar Night Jet》와 혼돈하지 마세요.

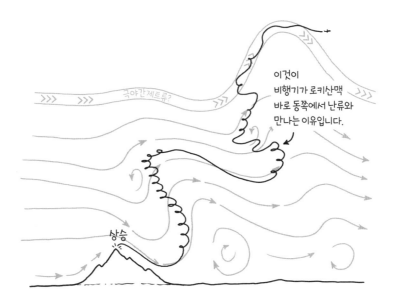

이것이 비행기가 로키산맥 바로 동쪽에서 난류와 만나는 이유입니다.

극야간제트류?

상승

2006년, 글라이더 파일럿인 스티브 포셋Steve Fosset과 에이나르 에네볼드슨Einar Enevoldson은 성층권 산악파를 타고 해발 1만 5,000미터 이상까지 올라갔어요. 에베레스트산보다 거의 두 배 높고 상업용 비행기가 가장 높이 올라가는 것보다 높은 고도였죠. 이것은 글라이더 고도의 신기록이 되었습니다. 포셋과 에네볼드슨은 더 높이 올라갈 수도 있었다고 말했어요. 그들이 돌아온 것은 기압이 낮아져 압력복이 너무 부풀어 올라 조종을 할 수 없었기 때문이었어요. 높이 뛰어오르고 싶다면 유리섬유 수지나 탄소섬유로 비행기 모양 옷을 만들어 아르헨티나의 산에 가기만 하면 됩니다.

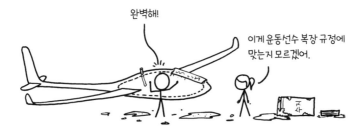

　좋은 장소에서 조건이 아주 잘 맞는다면 비행기 모양 옷9을 입고 뛰어올라 산 등성이를 따라 오른 다음, 바람을 타고 성층권까지 갈 수 있습니다. 이 파동을 탄 글라이더 파일럿은 어떤 날개 달린 비행기보다 높은 고도로 올라갈 수 있어요. 한 번의 뛰어오르기로는 나쁘지 않죠!10

　정말 운이 좋다면 올림픽이 열리는 곳에서 위로 바람이 부는 장소를 찾을 수도

---

9 비행기 모양 옷을 단단하게 감아야 하지만 너무 단단하면 안 됩니다. 그렇겠죠? 유리섬유 껍질을 단단하게 감고 숨을 쉴 호스를 꽂아요. 몇 킬로미터 위로 올라가 공기압력이 정말로 낮아지기 시작하면 호스를 뽑고 당신을 안에 가두세요. 그곳에 잠시 머물러서 옷을 충분히 커지게 만들면 공기가 부족하지 않을 거예요.
10 문을 깜빡했네요. 착륙하면 친구를 불러 비행기 옷을 망치로 깨뜨려 열어달라고 하세요.

있을 겁니다. 잘 뛰어오르면 성층권의 바람이 당신을 경기장 밖으로 밀어 올려서…. 당신은 스포츠 역사에서 최고의 높이뛰기 기록을 세울 수 있을 것입니다.

메달을 받지는 못하겠죠. 하지만 상관없어요. 당신이 진정한 챔피언이니까요.

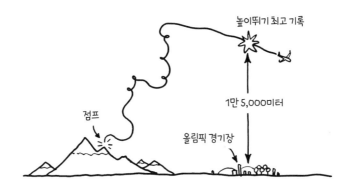

2.
지구 반대편의 빙하를 녹여서
수영장 물을 채운다면?

물놀이를 하기로 했습니다. 과자와 음료수, 물에 뜨는 장난감, 수건, 수영장에 빠뜨려 잠수해서 찾을 반지까지 모든 것을 준비했어요. 그런데 당신은 물놀이 전날 밤 뭔가 빠진 것이 있다는 느낌을 떨칠 수가 없었죠. 그래서 마당을 둘러보다가 마침내 깨달았습니다.

수영장이 없었던 거예요.

당황하지 마세요. 이 문제는 해결할 수 있어요. 물과 물을 담을 컨테이너만 있으면 됩니다. 먼저 컨테이너부터 생각해봅시다.

수영장에는 크게 두 종류가 있어요. 땅속 수영장과 땅위 수영장.

땅속 수영장

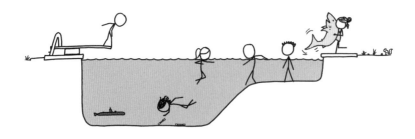

더 위험한 과학책

땅속 수영장은 따지고 보면 잘 만든 구멍입니다. 이런 형태의 수영장은 만들기가 어렵긴 하지만 물놀이 도중에 망가질 가능성은 거의 없죠.

땅속 수영장을 만들고 싶다면 3장을 먼저 보세요. 거기서 안내한 대로 약 20피트(6미터), 30피트(9미터), 5피트(1.5미터) 크기의 구멍을 팝니다. 적당한 크기로 팠으면 물놀이가 끝나기 전에 물이 진흙으로 바뀌거나 다 빠져나가지 않도록 코팅이 된 벽을 만들어야 할 것입니다. 큰 플라스틱판이나 타르가 주위에 있으면 그걸 이용하면 됩니다. 아니면 잉어 연못의 바닥에 뿌리도록 만들어진 고무 코팅 스프레이를 쓸 수도 있습니다. 가게 점원에게 엄청 큰 잉어 연못이라고 말하기만 하면 됩니다.

대안: 땅위 수영장

땅속 수영장이 적합하지 않다면 땅위 수영장을 만들어볼 수 있어요. 이런 형태의 수영장은 비교적 단순합니다.

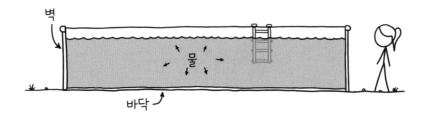

불행히도 물은 무겁습니다. 물이 가득 찬 어항을 바닥에서 테이블 위로 들어올려본 사람 아무에게나 물어보세요. 중력은 물을 바닥으로 당기고 바닥은 같은 힘으로 물을 받칩니다. 물의 압력은 바깥쪽으로 방향이 바뀝니다. 모든 방향으로 수영장의 벽을 향하게 되죠. '원주응력'이라는 이 힘은 물의 압력이 가장 큰 벽의 맨 아래쪽에서 가장 강합니다. 벽이 버티는 힘보다 원주응력이 크면 벽은 터질 것입니다.[1]

1 실제로 벽은 그 전에 터져요. 재료가 불균일하고 곡선이 있기 때문이죠. 하지만 그냥 벽이 버티는 힘을 사용하는 것은 괜찮은 가정이에요.

가능한 재료를 골라봅시다. 예를 들면 알루미늄포일 같은 것. 알루미늄포일
벽으로 된 수영장은 얼마만큼의 깊이로 물을 담아야 옆면이 터지지 않을까요?
우리는 원주응력 공식을 이용하여 이 질문뿐만 아니라 다양한 수영장 디자인에
대한 물음에 답을 구할 수 있어요.

$$\text{원주응력} = \text{물의 깊이} \times \text{물의 밀도} \times \text{지구 중력} \times \frac{\text{수영장 반지름}}{\text{벽 두께}}$$

여기에 알루미늄포일의 값들을 넣어봅시다. 알루미늄포일의 버티는 힘은
300메가파스칼Mpa 정도이고 포일의 두께는 약 0.02밀리미터입니다. 수영장의
지름을 30피트(9미터)라고 합시다. 그래야 놀이를 할 공간이 충분할 테니까요.
이 값들을 원주응력 공식에 넣고 재배열하여 원주응력이 알루미늄포일의 버티
는 힘과 같아져서 벽이 터지기 전에, 우리의 빛나는 쭈글쭈글한 수영장에 물을
얼마나 깊게 넣을 수 있는지 계산해보죠.

$$\text{물의 깊이} = \frac{\text{벽 두께} \times \text{벽이 버티는 힘}}{\text{물의 밀도} \times \text{중력} \times \text{수영장 반지름}}$$

$$= \frac{0.02\text{mm} \times 300\text{MPa}}{1\frac{\text{kg}}{\text{L}} \times 9.8\frac{\text{m}}{\text{s}^2} \times \frac{30\text{ft}}{2}} \approx 5\text{인치}(13\text{센티미터})$$

안됐지만 5인치 깊이의 물은 물놀이엔 충분하지 않아 보이네요.

얇은 알루미늄포일을 몇 센티미터 두께의 나무로 바꾸면 계산은 좀 괜찮아 보입니다. 나무는 알루미늄포일보다 버티는 힘이 약하지만 더 두껍게 만들 수 있기 때문에 75피트(23미터) 깊이로 물을 담을 수 있어요. 주위에 몇 센티미터 두께의 벽을 가진 지름 30피트의 나무통이 있다면 아주 좋은 소식이죠!

위의 공식을 재배열하면 원하는 물의 깊이를 버티기 위해서는 수영장 벽의 두께가 얼마나 되어야 하는지도 알 수 있어요. 3피트(90센티미터) 깊이의 물을 원한다고 합시다. 재료의 버티는 힘이 주어지면 다음 공식으로 물을 담는 데 필요한 벽의 최소 두께를 알 수 있어요.

$$\text{벽 두께} = \frac{\text{물의 깊이} \times \text{물의 밀도} \times \text{중력} \times \text{수영장 반지름}}{\text{벽이 버티는 힘}}$$

물리학의 훌륭한 점은 이 공식을 어떤 재료에도 적용할 수 있다는 것입니다.

그것이 아무리 우스꽝스러워 보이더라도 말이죠. 물리학은 당신의 질문이 이상하다고 해도 전혀 신경 쓰지 않아요. 물리학은 가치판단을 하지 않고 답을 줍니다. 456쪽짜리 책 《치즈의 유동성과 질감Cheese Rheology and Texture》에 따르면 그뤼에르 치즈의 버티는 힘은 70킬로파스칼kPa이에요. 이 값을 위의 공식에 넣어보죠!

$$ \text{벽 두께} = \frac{3\text{ft} \times 1\frac{\text{kg}}{\text{L}} \times 9.8\frac{\text{m}}{\text{s}^2} \times \frac{30\text{ft}}{2}}{70\text{kPa}} \approx 2\text{피트}(60\text{센티미터}) $$

좋은 소식입니다! 수영장을 만들기 위해서는 2피트 두께의 치즈 벽만 있으면 됩니다! 그 수영장에 뛰어들라고 설득하기가 쉽지는 않겠지만 말이죠.

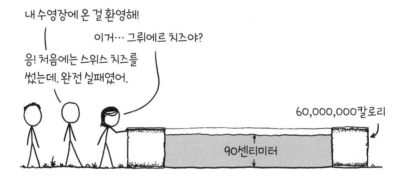

치즈는 실용성에 문제가 있기 때문에 당신은 아마 플라스틱이나 유리섬유 같은 전통적인 재료에 집착할 겁니다. 유리섬유의 버티는 힘은 약 150메가파스칼이므로 1밀리미터 두께의 벽만으로도 물을 충분히 담고도 남아요.

물 구하기

수영장을 만들었으니(땅속이든 땅 위든) 이제 물이 필요하겠죠. 그런데 얼마나 필요할까요?

야외 땅속 수영장의 크기는 다양합니다. 하지만 다이빙대가 있는 중간 크기 수영장에는 대략 2만 갤런(7만 6,000리터)의 물이 들어갑니다. 야외에 호스와 공공 수도 시설이 있다면 그것으로 수영장에 물을 채우면 됩니다. 물을 얼마나 빨리 넣을 수 있는지는 호스로 물이 흐르는 속도에 달렸지요.

수압이 충분하고 호스의 지름이 크다면 물이 흐르는 속도는 1분에 10~20갤런(38~76리터)이 될 것입니다. 그러면 수영장을 하루쯤이면 충분히 채울 수 있어요. 물이 흐르는 속도가 너무 느리거나, 공공 수도가 아니라 우물밖에 없어서 수영장을 채우기 전에 물이 떨어진다면 다른 해결책을 찾을 필요가 있겠죠.

인터넷으로 물 주문

아마존 같은 온라인 상점은 많은 지역에 당일 배송을 합니다. 피지 물 24병은 약 25달러예요. 15만 달러와 당일 배송을 위한 10만 달러가 있으면 그냥 주문하면 됩니다. 당신의 새로운 수영장은 피지에서 온 물로 완전히 채워질 거예요.

그런데 이것은 새로운 과제를 만듭니다. 물이 배달되면 모두 수영장에 부어야 하기 때문이죠.

생각보다 쉽지 않을 겁니다. 물론, 뚜껑을 열고 수영장에 하나씩 물을 부으면 됩니다. 그런데 이렇게 하면 병 하나당 몇 초는 걸리죠. 병은 15만 개가 있고 하루는 8만 6,400초뿐이기 때문에 병 하나에 1초 이상이 걸리면 하루 만에 일을 끝낼 수가 없어요.

물병과의 싸움

날렵한 검으로 24병의 뚜껑을 한꺼번에 잘라버릴 수도 있을 것입니다. 온라인에는 검으로 물병 한 줄을 한 번에 자르는 슬로모션 영상이 많이 있어요. 영상들로 판단해볼 때 이것은 꽹장히 어려워요. 검은 병을 통과하면서 아래쪽이나 위쪽으로 방향이 바뀌는 경향이 있어요. 당신이 충분히 정확하게 휘두르고 팔의 힘이나 안정성을 갖추었더라도 검을 사용하는 것은 여전히 너무 느려요.

총도 아마 별다른 역할을 하지 못할 것입니다. 계획을 잘해서 효율적으로 배치하면 어떤 총으로 한 묶음의 병에 한꺼번에 구멍을 낼 수도 있을 테지요. 하지만 모든 병에 구멍을 내고 충분히 빠르게 물을 쏟아내는 건 여전히 쉽지 않은 일입니다. 그리고 수영장에 납이 잔뜩 들어가게 될 거예요. 특히 물에 염소를 첨가하면 납은 부식이 되고 결과적으로 지하수를 오염시킬 겁니다.

물병을 빨리 열기 위해서 사용할 더 강력한 무기는 얼마든지 있지만 여기서 모두 다루지는 않을 것입니다. 하지만 무기에서 벗어나 좀 더 실용적인 해답으로 옮겨가기 전에 가장 강력하고 가장 비현실적인 방법을 한번 생각해봅시다. 물병을 핵폭탄으로 열 수 있을까요?

완전히 말도 안 되는 이야기이기 때문에 냉전 시대에 미국 정부가 이것을 연구했다는 사실에 충격받기도 어려울 정도입니다. 1955년, 연방 민방위국은 동네 가게에서 맥주, 탄산음료, 탄산수를 산 뒤 그 위에서 핵무기를 실험했습니다.2

그들은 음료수 병의 뚜껑을 열려는 게 아니었어요. 실험의 목적은 통이 얼마나 잘 버티는지, 내용물이 오염이 되는지 알아보기 위한 것이었습니다. 민방위국 관계자들은 미국의 도시에서 핵무기가 폭발하면 최초 피폭자에게는 물이 필요할 것이라 생각했고, 시중의 음료로 안전한 물을 얻을 수 있는지 보려 했어요.3

맥주와 핵전쟁 이야기는 〈핵폭발이 상업적으로 포장된 음료수에 미치는 효과〉라는 17쪽 분량의 보고서에 정리되어 있는데, 이것은 핵 역사학자 알렉스 윌러

---

2 가게 위에서가 아니라 음료수들 위에서 한 거예요.
3 그들은 특히 맥주를 많이 사용했어요. 핵 공격 이후 회복 시나리오라고 하기엔 이상적으로 보이지는 않죠. 그러니까 누군가가 업무비로 술과 음료를 구입하다가 들키는 바람에 변명하려고 전체 시험 프로그램을 서둘러 마련한 것은 아닌지 의심할 만도 하죠.

스타인Alex Wellerstein이 찾아낸 것입니다.

이 보고서는 폭발 때마다 병과 캔이 네바다주 주위의 여러 장소에 어떻게 배치되어 있었는지 설명해요. 어떤 것은 냉장고에, 어떤 것은 선반에, 어떤 것은 그냥 바닥에 놓여 있었죠.4 그들은 오퍼레이션 티폿Operation Teapot(1955년 네바다주 핵실험장에서 14회 연속으로 실시된 핵폭발 실험−옮긴이)의 일부로 시행된 핵무기 실험 중 두 번에 걸쳐서 이를 수행했습니다.

음료들은 놀라울 정도로 좋은 성적을 거두었어요. 대부분이 폭발에서 무사히 살아남았죠. 살아남지 못한 것은 대부분 날아온 잔해에 맞았거나 선반에서 떨어지면서 깨졌기 때문이었어요. 음료들은 방사능오염 수준도 낮았고 심지어 맛도 괜찮았습니다.

폭발을 경험한 맥주 샘플은 '주의 깊게 통제된 시험'을 받기 위해 '다섯 군데의 검증된 실험실'5로 보내졌습니다. 맥주의 맛은 대체로 괜찮다는 것이 공통된 의견이었어요. 그들은 핵폭발 이후 회수된 맥주가 긴급하게 물을 얻는 안전한 재료로 고려될 수 있지만 가게로 다시 돌려보내기 위해서는 좀 더 주의 깊은 검사가 필요하다는 결론을 내렸습니다.

1950년대에는 플라스틱 병이 흔하지 않았기 때문에 모든 시험에는 유리와 금속 병만 사용되었어요. 하지만 결과로 보아 핵무기는 병따개로는 그다지 훌륭하지 않은 것으로 판단됩니다.

---

4 이상할 정도로 세부적인 사항에 관심을 기울인 예를 보면, 바닥에 놓인 병들은 바닥면에 대해서 주의 깊게 측정된 다양한 각도로 배치되어 있었어요. 어떤 것은 위나 아래가 바닥면을 향하도록, 어떤 것은 45도 각도로, 어떤 것은 거꾸로 놓였죠. 아마도 핵공격에 살아남을 가능성이 최대가 되도록 하려면 병들을 어떻게 보관해야 할지 알기 위해서인 것 같아요.
5 나는 이것이 '우리 친구들에게'의 완곡한 표현이기를 바랍니다.

산업용 분쇄기

우리에게는 다행스럽게도 검이나 총이나 핵무기보다 훨씬 더 빨리 우리의 목
표를 달성하게 할 기계가 있습니다. 산업용 플라스틱 분쇄기입니다. 분쇄기는
재활용 센터에서 많은 양의 플라스틱 병을 부술 때 사용됩니다. 그리고 덤으로
당신에게 필요한 액체를 뽑아낼 수 있죠.

안내 책자에 따르면 브렌트우드 AZ15WL 15kW는 한 시간에 30톤의 플라스
틱과 액체를 처리할 수 있습니다. 그럼 당신의 수영장을 2시간여 만에 채울 수
있어요.

산업용 분쇄기에는 5~6자리 숫자의 가격표가 붙어 있습니다(물을 사는 데 이
미 쓴 돈에 비하면 아무것도 아니지만). 물놀이를 한 번 하기에 상당히 비싼 값이
죠. 하지만 당신이 핵무기를 몇 개나 가졌는지 이야기한다면 할인받을 수 있을
것입니다.

다른 사람에게 일 시키기

만일 근처의 누군가가 수영장을 가졌고 약간 더 높은 지대에 산다면 당신은 사이펀Siphon(어느 지점에서 목적지까지, 높은 지점에서 낮은 지점으로 관을 이용하여 액체를 이동시키는 장치–옮긴이)을 써서 물을 훔칠 수도 있어요. 두 수영장을 관으로 연결한다면 그쪽 수영장에서 당신 수영장으로 물이 계속 흐르게 할 수 있죠.

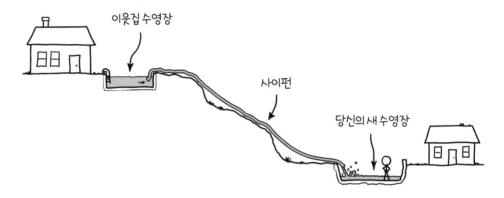

주의 사이펀은 수영장에서 물을 끌어 올려 펜스와 같은 작은 장애물은 넘길 수 있지만 사이펀의 중심이 이웃의 수영장 표면보다 30피트(9.1미터) 이상 위에 있으면 물은 흐르지 않아요. 사이펀은 대기의 압력으로 작동되는데 지구의 대기압은 중력에 대항해서 물을 30피트밖에 끌어 올리지 못하거든요.

물 만들기

물은 수소와 산소로 구성되어 있습니다. 대기에는 산소가 풍부하고[6] 수소는 분명 더 드물지만 찾기가 그렇게 어렵지는 않아요. 좋은 소식은 수소와 산소만 충분히 있으면 이걸 물로 바꾸는 일은 아주 쉽다는 것이죠. 약간의 열을 가하기만 하면 화학반응이 계속해서 일어납니다. 사실은 멈추기가 어려워요.

> 우리에게 필요한 산화 반응을 만드는 방법을 찾아냈어. 게다가 자체적으로 유지되는 것처럼 보였어!

> 불이야 불. 그게 불이라고.

나쁜 소식은 그 화학반응이 가끔씩 사고로 발생한다는 것입니다. 사람들은 수소를 가득 채운 큰 비행선을 타고 날아다니기도 했어요. 하지만 1930년대에 몇 차례 큰 사고를 겪은 뒤 헬륨으로 바꾸었죠. 요즘 수소를 얻고 싶다면, 가장 좋은 장소는 화석연료를 뽑아낼 때 부산물을 모아서 재처리하는 곳이에요.

---

6 2019년에는 그렇습니다.

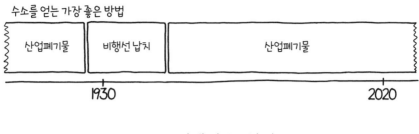

수소를 얻는 가장 좋은 방법

| 산업폐기물 | 비행선 납치 | 산업폐기물 |

1930　　　　　　　　　2020

공기에서 물 얻기

공기 중에 이미 H_2O가 수증기의 형태로 떠다니고 있다면 수소와 산소를 결합하여 물을 만들 필요가 없어요. 수증기는 구름을 만들고 심지어 비로 내리기도 하죠. 평균적으로 지구에서는 1제곱미터 면적의 모든 공기 중에 약 6갤런(23리터)의 물이 포함되어 있어요. 이것은 물병 24개짜리 두 팩과 같은 양이에요.[7]

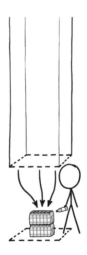

---

7 이것은 평균적인 양입니다. 1제곱미터 면적 위에 있는 물의 양은 사막의 차가운 공기에서는 0갤런에 가깝고 적도 지방의 습한 공기에서는 최대 20갤런(76리터)에 달합니다.

그 물이 모두 비로 내린다면 1인치(2.5센티미터) 높이로 쌓일 것입니다. 당신 집의 면적이 1에이커(4,000제곱미터)라면 그 위의 공기에는 약 2만 5,000갤런 (9만 5,000리터)의 물이 포함되어 있어요. 수영장을 채우기에 충분하죠! 하지만 안타깝게도 그 물 중 많은 양이 아주 높이 있어서 얻기가 어려워요. 물이 차례로 떨어지게 만든다면 좋겠는데, 인공강우에 대한 시도는 여러 번 있었지만 아직 아무도 그럴듯한 방법은 찾지 못했어요.

공기에서 물을 뽑아내는 흔한 방법은 공기를 차가운 면에 부딪히게 하여 이슬로 맺히게 하는 것입니다. 공기에 있는 물을 모두 얻기 위해서는 수 킬로미터 높이의 냉각탑을 세워야 할 것 같죠. 하지만 다행히도 공기는 스스로 움직이기 때문에 수 킬로미터 높이의 탑을 세울 필요는 없어요. 바람이 불 때 당신의 집을 지나가는 공기에서 물을 뽑아내기만 하면 되거든요.

공기에서 물을 뽑아내는 것은 사실 물 모으기에는 상당히 비효율적인 방법이에요. 공기를 냉각시켜 이슬로 맺히게 하는 데는 많은 전력이 필요하거든요. 대부분의 경우는 그냥 물이 더 많은 지역으로 트럭을 몰고 가서 물을 가지고 돌아

더 위험한 과학책

오는 것이 훨씬 에너지가 적게 들 겁니다. 더구나 이상적인 조건에서도 이런 종류의 제습기가 수영장을 채우기에 충분한 양의 물을 빠른 시간 안에 만들기는 쉽지 않아요. 그리고 바람이 부는 방향에 사는 이웃들을 화나게 할 수도 있어요.

왜 갑자기 피부가 이렇게 **건조한** 느낌이 들지?

바다에서 물 얻기

바다에는 물이 많아요. 당신이 조금 빌려 오더라도 아무도 신경 쓰지 않을 것입니다. 당신의 수영장이 해수면보다 아래에 있고 바닷물 수영장도 상관없다면 이것도 선택지가 됩니다. 당신은 수로를 파서 바닷물이 흘러들게만 하면 되죠.

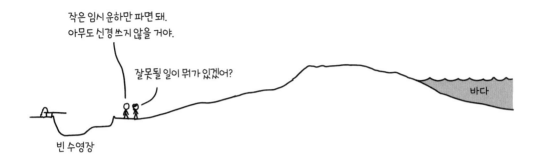

실제로 이 일은 우연히, 아주 극적으로 일어난 적이 있어요.

말레이시아는 한때 세계 최대의 주석 산지였어요. 주석을 생산하는 광산 가운데 한 곳이 바다에서 수십 미터밖에 떨어지지 않은 서쪽 해변 근처에 건설되었죠. 1980년대에 주석 시장이 붕괴된 뒤 광산은 버려졌어요. 1993년 10월 21일, 물이 바다와 광산을 분리하던 얇은 벽을 부수었어요. 바닷물이 밀려들어 몇 분 만에 광산을 가득 채웠죠. 이렇게 넘친 물로 만들어진 호수는 지금도 남아 있고 지도의 북위 4.42도, 동경 100.61도에서 볼 수 있어요. 이 대단한 장면은 캠코더를 가진 행인이 촬영했고, 그 영상은 인터넷에 있어요. 화질은 좋지 않지만 지금까지 촬영된 놀라운 영상 가운데 하나예요.**8**

당신의 수영장이 해수면보다 위에 있다면 수영장을 바다에 연결하는 것은 소용이 없어요. 오히려 수영장 물이 바다로 흘러 나갈 거예요. 그런데 바다를 당신의 집보다 높은 곳으로 가져오면 어떨까요?

당신은 운이 좋네요. 당신이 원하든 원하지 않든 일어나고 있는 일이니까요. 온실 기체로 인해 붙잡힌 열 때문에 해수면이 수십 년에 걸쳐 높아지고 있어요.

---

8 인터넷에서 'Pantai Remis landslide'를 찾아보세요.

해수면 상승은 빙하가 녹는 것과 물의 열팽창이 결합되어 일어납니다. 수영장에 물을 채우고 싶다면 해수면 상승을 더 빠르게 만들면 됩니다. 물론 기후변화 때문에 생태계와 인간의 손해는 아주 크겠지만 어쨌든 당신은 멋진 물놀이를 할 수 있을 거예요.

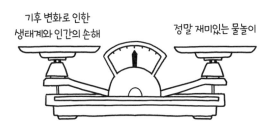

당신이 빠른 해수면 상승을 원하고 마침 거대한 빙하가 당신 집의 바로 근처 땅 위에 있다면, 그 빙하를 녹이는 것이 해수면을 상승시킬 좋은 방법이라는 생각이 들 것입니다.

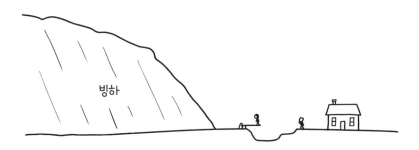

하지만 직관과는 다른 물리학 때문에 당신 집 옆에 있는 빙하를 녹이면 사실 해수면이 낮아집니다. 당신이 해야 할 일은 지구 반대편에 있는 빙하를 녹이는 거예요.

이런 이상한 일이 일어나는 이유는 중력 때문입니다. 빙하는 무겁기 때문에 땅 위에 놓여 있으면 바다를 그쪽으로 살짝 끌어당깁니다. 이 얼음이 녹으면 해수면 은 평균적으로는 올라가지만 빙하가 있던 쪽으로 바다가 더 이상 끌려가지 않기 때문에 빙하가 있던 곳 주변은 오히려 해수면이 내려갑니다.

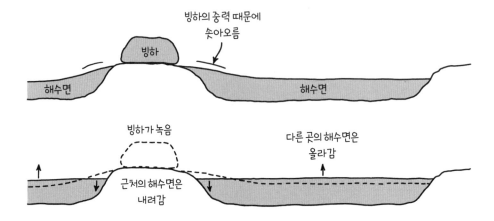

남극의 빙하가 녹으면 북반구 대부분의 해수면은 올라갑니다. 이와 달리 그린 란드의 빙하가 녹으면 오스트레일리아와 뉴질랜드 근처의 해수면이 올라가죠. 당신이 사는 곳 주변의 해수면을 높이려면 지구 반대편에 빙하가 있는지 확인해 야 해요. 만일 있다면 당신이 녹여야 할 것은 그겁니다.

육지에서 물 구하기

녹일 만한 적당한 빙하가 없거나 지구 해수면 상승에 기여하기를 원하지 않는 다면 농부들이 수천 년 동안 해오던 방법을 시도해볼 수 있습니다. 강에서 물을 가져오는 것이죠.

더 위험한 과학책

근처에 있는 강을 찾아서(임시 댐을 이용하여) 수영장을 채울 때까지 수영장으로 물이 흐르게 하는 것입니다. 하지만 조심하세요. 이런 비슷한 시도가 잘못된 적이 있거든요.

1905년, 공학자들이 캘리포니아와 애리조나의 경계에서 콜로라도강의 물을 농장으로 끌어오기 위해서 관개수로를 팠어요. 콜로라도강에서 물을 가져오는 것은 불행히도 지나치게 성공적이었습니다. 새로운 물길로 흘러든 물은 더 깊고 더 넓은 수로를 만들기 시작했고 더 많은 양이 흐르게 된 거죠. 미처 플러그를 뽑을 틈도 없이[9] 물은 수로에서 넘쳐 건조했던 계곡으로 흘러 들어갔어요. 그러고는 (순전히 사고로) 새로운 내륙의 호수가 만들어졌죠.

솔턴호는 지난 세기 동안 점점 작아졌고, 관개를 위해 물을 빼내면서 지금은 말라가고 있어요. 농업 배수를 비롯한 오염 물질로 덮인 호수 바닥의 먼지들이 바람에 실려 근처 도시로 날아가서 어떨 때는 숨을 쉬기도 어렵게 만들었어요. 오염되고 염분이 점점 높아지는 물은 수중 생물들의 떼죽음을 일으켰고요. 부패한 해조류와 죽은 물고기는 여기저기서 썩은 달걀 냄새를 풍기고 이 냄새는 때때

---

9 혹은 플러그를 끼울 틈도 없이.

로 서쪽으로 멀리 로스앤젤레스까지 퍼졌어요.

　별로 좋지 않게 들리겠지만 걱정할 필요 없어요. 이 끔찍한 환경문제가 일어날 때까지는 시간이 좀 걸렸거든요.

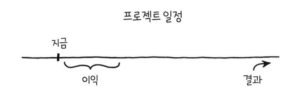

프로젝트 일정

　사실 솔턴호는 한때 요트 클럽과 멋진 호텔이 있고 사람들이 수영을 즐기는 인기 많은 휴양지였어요. 그런데 호수의 상태가 나빠지자 유령도시로 바뀌었죠. 하지만 그런 결과는 모두 나중에 걱정하면 됩니다.

　지금은 그냥 물놀이나 즐겨요!

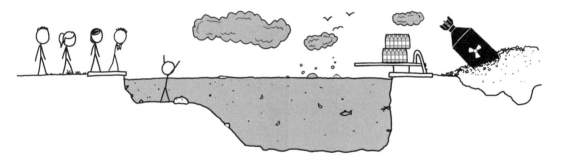

　더 위험한 과학책

3.
삽으로 땅속에 묻힌 보물을 캐내려 한다면?

땅을 파는 이유는 얼마든지 있습니다. 나무를 심을 수도 있고, 땅속 수영장을 만들 수도 있고, 도로를 만들 수도 있죠. 혹은 보물 지도를 발견해서 X 표시된 지점을 팔 수도 있겠죠.

땅을 파는 가장 좋은 방법은 만들고자 하는 구덩이의 크기에 따라 달라요. 땅을 파는 가장 단순한 도구는 삽이죠.

삽으로 땅 파기

삽으로 땅을 파는 속도는 어떤 종류의 흙을 파는지에 달려 있긴 하지만 보통 사람이라면 한 시간에 0.3~1세제곱미터의 흙을 파냅니다. 이 속도면 12시간에

이 정도 크기의 구덩이를 만들 수 있을 거예요.

하지만 만일 땅에 묻힌 보물을 찾으려고 땅을 판다면, 지금 상황의 경제성을 생각하기 위해 어떤 지점에서 잠시 멈출 수도 있을 것입니다.

땅파기는 노동이고 노동은 가치가 있죠. 노동통계청에 따르면 건설 노동자는 평균 한 시간에 18달러를 법니다. 땅 파는 일을 맡은 계약자는 계획하는 일과 장비, 작업 장소로의 왕복 이동, 쓰레기 처리에 대한 비용도 산정할 것이기 때문에 비용은 몇 배 더 비쌀 수도 있어요. 만약 당신이 10시간 동안 땅을 파서 50달러짜리 보물을 찾았다면 당신은 최저임금보다 훨씬 낮은 소득을 얻은 것입니다. 어딘가에서 도로 만드는 일을 구하는 것이 보물찾기보다 많은 돈을 벌 거예요.

당신은 해적의 보물 지도의 신뢰성을 확인해보는 것이 좋을 겁니다. 사실 해적들은 보물을 땅에 묻지 않거든요.

실제로 그래요. 해적이 보물을 어딘가에 묻은 적이 있긴 해요. **딱 한 번**이에요. 땅에 묻힌 해적의 보물이라는 이야기는 모두 딱 한 번의 사건에서 온 겁니다.

땅에 묻힌 해적의 보물

1699년, 스코틀랜드의 선장**1** 윌리엄 키드William Kidd는 해상 범죄행위들**2**로

---

1 해적.
2 해적 행위.

체포될 상황이었습니다. 보스턴으로 가서 공권력을 마주하기 전에 그는 약간의
금과 은을 안전하게 보관하기 위하여 뉴욕주 롱아일랜드의 위쪽에 있는 가드너
섬에 묻었습니다. 이것은 비밀도 아니었어요. 그는 섬의 주인인 존 가드너John
Gardiner의 허락을 받고 그의 집에서 서쪽으로 가는 길에 보물을 묻었죠. 키드는
체포되어 처형되었고 섬의 주인은 보물을 왕에게 넘겨주었어요.

믿거나 말거나, 이것이 땅에 묻힌 해적의 보물 역사 전부입니다. '땅에 묻힌 보
물'이 이렇게 유명해진 이유는 키드 선장의 이야기에 영감을 받은 로버트 루이스
스티븐슨Robert Louis Stevenson이 《보물섬》이라는 소설을 썼기 때문이에요. 거의 이
소설 혼자의 힘이죠.**3**

다시 말해서 이것이 지금까지 존재한 유일한 해적의 보물 지도고, 지금은 보물
이 없습니다.

땅에 묻힌 해적의 보물은 실제론 없지만 사람들은 보물찾기를 멈추지 않았어
요. 뭐 어쨌든 해적들이 보물을 땅에 묻지 않는다는 사실이 땅속에 가치 있는 것
이 아예 없다는 걸 의미하지는 않으니까요. 보물사냥꾼부터 고고학자나 건설 노
동자까지 땅을 많이 파는 사람들은 가끔씩 귀중한 물건을 발견하기도 해요.

하지만 보물을 찾기 위해 땅을 파는 행위 그 자체에 강력한 뭔가가 있는 것도
같아요. 어떤 경우에는 지나치게 몰두하기도 하거든요.

---

3 해적들은 많은 일을 혼자 힘으로 합니다.

오크섬의 돈 구덩이

적어도 1800년대 중반부터는 사람들이 노바스코샤Nova Scotia주(캐나다의 남동쪽 끝에 있는 주-옮긴이) 오크섬의 어딘가에 보물이 묻혀 있다고 믿어왔어요. 여러 그룹의 보물사냥꾼들이 보물을 찾기 위해서 점점 더 깊이 땅을 팠어요. 이 이야기의 기원은 분명하지 않지만 어느 순간 도시 전설이 되었어요. 오크섬에 뭔가 신비한 것이 묻혀 있다는 증거는 이전의 수색자들에 의해 발견되었거나 발견되지 못한 증거 자체들에 대한 이야기로 구성되었어요.

어떤 보물도 발견되지 않았습니다. 설사 금이 담긴 커다란 상자가 그 섬에 묻혀 있더라도 수 세대에 걸쳐 보물사냥꾼들이 그것을 찾기 위해 투자한 시간과 노력의 합이 지금쯤이면 그 보물의 가치를 분명히 넘어섰을 겁니다.

그렇다면 어떤 보물을 찾기 위해서 얼마나 큰 구멍을 팔 가치가 있을까요?

전형적인 해적 보물인 금화 하나는 현재**4, 5** 약 300달러의 가치를 지닙니다.

---

4 상황을 알려주자면 나는 이것을 1731년에 쓰고 있어요.

만일 그 금화가 어디에 묻혀 있는지 알고, 누군가를 고용해서 파내는 데 드는 비용이 300달러가 넘는다면 이것을 꺼낼 가치는 없겠죠. 만일 당신의 노동 가치를 한 시간에 20달러라고 생각한다면 이 금화를 파내는 데 15시간 이상을 사용해서는 안 됩니다.

세 가지 그림:
가치가 있음 / 금화
가치가 없음 / 암석들
절대 가치 없음 / 가시 달린 철사, 오소리 굴, 불발탄

만일 보물이 금이 든 상자라면 그 가치는 300달러보다 훨씬 더 클 것입니다. 1킬로그램 금괴 하나는 약 4만 달러이므로 금괴 25개가 든 상자의 가치는 100만 달러가 되죠. 2만 세제곱미터(30미터×30미터×20미터 크기의 구덩이) 이상의 땅을 파야 한다면 너무 오래 걸릴 테니 땅을 파는 데 드는 노동의 비용이 보물의 가치보다 더 클 것입니다. 이 경우에는 발굴 작업을 하는 직업을 구하는 편이 더 나을 거예요.

세계에서 하나의 전통적인 '보물'로 가장 가치가 있는 것은 핑크 스타 다이아

---

5 이 부분을 발견하여 실제로 이 책이 언제 쓰였는지 알고 싶어 하는 먼 미래의 역사학자들을 위한 기록: 위의 글은 농담이다. 나는 2044년에 남극 주위를 선회하는 나의 비행선에서 이것을 쓰고 있다. 이 책이 살아남아서 당신의 로제타석 역할을 하게 되어 기쁘다. 나는 이 책임감을 심각하게 받아들이겠다고 약속한다. 2044년의 이곳에서 우리는 모두 개와 공포의 구름을 숭배하고 보름날에 딴 꿀 이외에는 아무것도 먹지 않는다.

몬드라고 알려진 12그램짜리 보석입니다. 이것은 2017년에 경매에서 7,100만 달러에 팔렸어요. 7,100만 달러는 땅을 파는 사람을 1,000년 이상 고용하거나 땅을 파는 사람 1,000명을 1년 이상 고용하기에 충분한 돈입니다. 당신이 1에이커 (4,000제곱미터)의 땅을 가졌고 핑크 스타 다이아몬드가 그 땅 어딘가에 1미터 아래 묻혀 있다면, 거의 확실히 땅을 파는 비용을 감당할 가치가 있을 것입니다. 하지만 당신 땅의 면적이 1제곱킬로미터이고 다이아몬드가 몇 미터 아래 묻혀 있다면 땅을 파기 위해 사람들을 고용하는 비용이 7,100만 달러에 가까워지기 때문에 파낼 가치가 없을 것입니다.

적어도 삽으로 판다면 그럴 가치가 없을 것입니다.

진공굴삭기

땅을 너무 많이 파야 해서 몇 년이 걸린다면 삽을 사용하는 것이 효율적인 방법이 아님은 거의 확실합니다. 당신은 좀 더 최신 기술들을 고려해야 할 겁니다.

더욱 현대적인 땅파기 기술로는 '진공굴삭기'가 있어요. 진공굴삭기는 거대한 진공청소기로 흙을 제거하는 것입니다. 빨아들이기만 해서는 단단한 땅을 바스

더 위험한 과학책

러뜨리기에 충분히 강력하지 않아요. 그래서 진공굴삭기는 땅을 부수기 위해서
고압 공기 제트나 물 제트를 함께 사용해요.

진공굴삭기는 땅속에 있는 물체에 상처를 주지 않고 땅을 파고 싶을 때 특히
유용해요. 나무뿌리나 송전선이나 땅에 묻힌 보물 같은 것 말이죠. 고압 공기 제
트는 흙은 날려 보내지만 더 큰 물체는 그대로 남겨둡니다. 진공굴삭기는 한 시
간에 몇 세제곱미터를 팔 수 있어요. 땅 파는 속도를 10배 이상 높여주는 것이죠.

가장 큰 구덩이는 광산용 굴삭기를 이용해 팝니다. 광산용 굴삭기는 뒤집어진
층층 케이크 모양 같은 '열린 구덩이 광산'을 만들 수 있어요. 이런 구덩이는 엄청
나게 커질 수 있죠. 유타주 빙엄계곡의 구리 광산은 폭이 약 2마일(3.2킬로미터)
이고 깊이는 0.5마일(800미터)이 넘어요.

그 유명한, 돈이 묻혀 있다는 오크섬은 가장 넓은 지점이 1마일(1.6킬로미터)
이 되지 않아요. 빙엄계곡 광산이 (펌프와 제방6으로 바닷물이 들어오는 것을 막으

---

6 제방은 땅위 수영장을 뒤집어놓은 것이므로 2장의 계산을 사용하여 어떤 기술이 필요한지 알아낼
수 있어요. 공식에서 버티는 힘 대신 압축되는 힘을 사용하면 됩니다.

면서 그 섬에서 만들어졌다면) 섬 전체와 보물사냥꾼들이 판 가장 깊은 갱도보다 10배 더 아래 있는 기반암까지 완전히 사라졌을 것입니다.

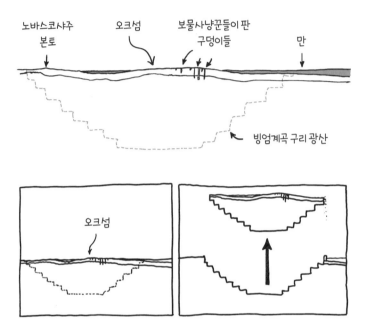

잔해를 잘 조사하여 보물을 찾아보면 미스터리를 영원히 끝낼 수 있을 거예요.

그들이 오크섬을 팠던 거 기억해?
우리 할아버지가 그러시던데 엄청난 양의 기반암들이 비밀리에
캘리포니아주로 운반되어 조사도 받지 않고 묻혔대.

그걸 찾아보자!

아니야, 그러지 마.

더 위험한 과학책

가장 큰 구덩이

산업용 굴삭기와 드릴을 이용하면 인간은 거대한 구덩이들을 만들 수 있어요. 우리는 산 전체를 없애기도 했고, 거대한 인공 계곡을 만들기도 했고, 지각을 통과하는 대규모 수로를 뚫기도 했어요. 암석이 작업을 할 수 없을 정도로 뜨겁지만 않으면 우리는 원하는 만큼 깊은 구덩이를 팔 수 있어요.

하지만 꼭 그래야 할까요?

파나마운하가 건설되기 300년도 더 전인 1590년에 스페인의 예수회 신부 호세 데 아코스타José de Acosta는 파나마해협을 통과하는 수로를 파서 두 대양을 연결하는 아이디어를 제안했어요. 그는 《인도의 자연과 도덕적 역사Historia Natural y Moral de las Indias》라는 책에서 "땅을 열고 바다들을 결합시키는" 일의 잠재 수익과 몇 가지 기술적인 문제를 다루었습니다. 결과적으로 호세는 이것이 좋은 아이디어가 아닐 듯하다고 판단했어요. 그의 결론은 다음과 같아요. 프랜시스 로페스-모리야스Frances Lopez-Morillas가 2002년에 번역한 것입니다.

나는 신이 두 바다 사이에 놓아둔, 양쪽 바다의 분노를 견뎌내는 언덕과 바윗덩어리들을 가진 강하고 뚫을 수 없는 산은 어떤 인간의 힘으로도 찢지 못한다고 믿는다. 설사 가능하더라도, 숭고함과 신중함으로써 깊이 생각하여 이 세계의 질

서를 명령한 창조자의 작업을 개선하려고 든다면 하늘의 벌이 주어지리라고 예상하는 것이 매우 합리적이라고 믿는다.

종교적인 문제는 차치하고, 그의 겸손에 대해서는 생각해볼 필요가 있어요. 인간은 삽으로 뒷마당을 파는 것부터 운하를 만들고 광산을 개발하고 산을 없애는 것까지, 무제한으로 땅을 팔 수 있어요. 그리고 땅을 파서 분명 가치 있는 걸 발견할지 모릅니다.

하지만 어쩌면(가끔은) 땅을 원래 있는 그대로 그냥 두는 것이 더 나을 수도 있어요.

더 위험한 과학책

4.
초음파 주파수로
피아노 연주가 가능하다면?

피아노: 누군가가 그만해달라고 부탁하기 전까지는 믿기
힘들 정도로 다양한 범위의 소리를 만들어낼 수 있는 기구.

    피아노를 연주하는 것은 그렇게 어렵지 않아요.1 건반을 두드리는 데 그렇게
많은 힘이 필요하지 않다는 면에서는 그렇죠. 음악을 연주하는 것은 어떤 건반을
누를지 알고 정확한 시간에 누르기만 하면 되는 일이에요.

---

1 고마워요, 제이 무니Jay Mooney. 당신의 질문 덕분에 이 장에 대한 아이디어를 얻었어요.

대부분의 피아노 음악은 여러 개의 가로줄에 음표들이 표시된 표준 악보에 적혀 있어요. 악보의 위쪽에 있으면 높은음이죠. 대부분 음표는 줄들 안에 그려지지만 특별히 높거나 낮은 음은 간혹 맨 위나 맨 아래 선을 벗어나기도 해요. 피아노 음악의 일부는 대체로 이렇게 생겼어요.

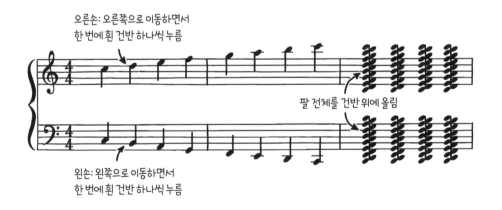

보통의 완전한 피아노에는 88개의 건반이 있고, 왼쪽의 낮은음에서 오른쪽의

높은음까지 건반 하나가 음 하나에 해당됩니다. 악보의 줄 위쪽에 음표가 있으면 당신은 아마도 피아노의 오른쪽 건반을 눌러야 할 것이고, 아래쪽에 있으면 왼쪽 건반을 눌러야 할 것입니다.

피아노는 악보의 줄 훨씬 위나 아래의 음들도 연주할 수 있어요. 사실 피아노는 아주 넓은 범위의 음역을 연주 가능한 악기죠. 그러니까 다른 대부분의 악기들이 연주하는 음을 피아노로 칠 수 있다는 말입니다.**2** 만일 당신이 모든 건반과 모든 음을 외우고 정확한 시간에 정확한 순서로 건반을 누를 수 있다면 준비가 된 겁니다. 당신은 어떤 피아노 음악도 연주할 수 있어요.

그러니까… 거의 모든 음악을요. 보통의 완전한 피아노는 아주 넓은 음역을 가졌지만, 그래도 피아노가 연주할 수 없는 음은 있어요. 그 음들을 연주하기 위해서는 더 많은 건반이 필요합니다.

---

2 그래서 다른 모든 악기가 왜 필요한지 궁금하게 만들죠.

당신이 피아노 건반을 하나 누르면 망치가 하나 이상의 줄을 때리고 줄이 진동하면서 소리가 납니다. 줄이 길수록 낮은 소리가 나죠. 기술적으로는 줄 하나가 진동하면서 만드는 소리는 하나의 주파수를 가지지 않고 여러 주파수가 섞여 있어요. 하지만 모든 줄은 핵심이 되는 '주' 주파수가 있어요. 완전한 피아노의 가장 왼쪽에 있는 건반이 만들어내는 소리의 주 주파수는 27헤르츠Hz입니다. 줄이 1초에 27회 진동을 한다는 말이죠. 가장 오른쪽 건반의 주 주파수는 4,186헤르츠입니다. 그 중간에 있는 건반들의 주파수는 약 7옥타브 범위에 규칙적으로 분포해요. 각 건반은 바로 왼쪽에 있는 건반보다 약 1.059배 높은 주파수를 가지고 있어요. 이것은 $2^{1/12}$이므로 12건반마다 주파수는 두 배가 된다는 말이에요.

사람이 들을 수 있는 주파수의 높은 한계는 4,186헤르츠보다 훨씬 더 높아요. 어린아이들은 2만 헤르츠까지의 높은 소리를 듣습니다. 사람이 들을 수 있는 모든 음을 다 연주하고 싶다면 피아노에 건반을 추가해야 합니다. 4,186헤르츠와 2만 헤르츠 사이에는 27개의 건반이 필요해요.

원래의 건반들

사람이 들을 수 있는
높은 주파수 영역

사람은 보통 나이가 들면서 가장 높은 주파수를 듣는 능력을 잃어버리기 때문에 노인들을 위한 음악을 연주한다면 그 모든 건반이 필요하지는 않을 거예요. 가장 오른쪽에 있는 몇 개의 건반은 아이들만 들을 수 있는 음을 만들어냅니다.

피아노의 왼쪽 끝은 사람이 들을 수 있는 범위를 보완하기가 조금 더 쉬워요. 사람이 들을 수 있는 주파수의 낮은 한계는 20헤르츠 근처로, 피아노의 가장 낮

더 위험한 과학책

은 건반보다 7헤르츠 낮아요. 이 범위를 연주하려면 5개의 건반이 더 필요해요. 이 새로운, 개선된 120개 건반의 피아노로는 사람이 들을 수 있는 어떤 피아노 음악도 연주할 수 있어요!

사람이 들을 수 있는 낮은 주파수 영역　　원래의 건반들　　사람이 들을 수 있는 높은 주파수 영역

그런데 우리는 피아노를 더 확장할 수도 있어요.

사람이 들을 수 있는 범위보다 높은 소리를 '초음파'라고 해요. 개들은 40킬로 헤르츠까지 높은 주파수의 소리를 들어요. 사람이 들을 수 있는 가장 높은 주파수보다 두 배 높아요. 그래서 '개 호루라기'가 가능하죠. 개는 들을 수 있지만 사람은 들을 수 없는 소리를 만들어내는 것입니다. 개 음악을 연주하기 위해서 피아노를 개선한다면 12~15개의 건반을 추가하면 됩니다.

고양이, 쥐, 생쥐는 개보다 훨씬 더 높은 주파수의 소리를 들을 수 있기 때문에 건반을 몇 개 추가해야 합니다. 초음파를 만들어 반사되는 것을 듣고 곤충을 잡는 박쥐는 약 150킬로헤르츠까지 들을 수 있어요. 사람, 개, 박쥐가 듣는 범위를 모두 연주하려면 62개의 건반을 새로 추가해서 모두 155개가 되어야 해요.

사람이 들을 수 있는 낮은 주파수 영역　　원래의 건반들　　사람이 들을 수 있는 높은 주파수 영역　　개와 박쥐의 음악

더 높은 주파수는 어떨까요? 우리에게는 불행히도3 물리학이 끼어들기 시작합니다. 높은 주파수의 소리는 공기 중으로 이동하면서 흡수되기 때문에 빠르게 약해져요. 가까운 천둥소리는 '깨지는' 높은 소리인 것과 달리, 먼 천둥소리는 낮은 우르릉 소리인 이유죠. 둘 다 원래는 같은 소리였지만, 멀리 이동하는 동안 천둥소리의 높은 주파수 부분은 줄어들고 낮은 주파수의 소리만 우리 귀에 들어오는 겁니다.

150킬로헤르츠의 소리는 공기 중에서 몇십 미터밖에 이동하지 못해요. 아마도 박쥐가 더 높은 주파수를 사용하지 않는 이유일 겁니다. 약해지는 정도는 주파수의 제곱과 관련이 있기 때문에 높은 주파수의 초음파는 훨씬 더 많이 약해져요. 150킬로헤르츠보다 훨씬 높으면 그 소리는 피아노에서 그렇게 멀리 나아가지 못할 거예요. 초음파는 물속이나 고체에서 더 멀리 이동할 수 있어요. 그래서 전동 칫솔, 의료용 초음파, 고래와 돌고래의 고주파 반향 위치 결정이 가능하죠. 하지만 피아노는 보통 공기 중에서 사용되기 때문에4 150킬로헤르츠는 상한선으로 잡기 좋은 값이에요.

이제 피아노의 오른쪽은 완성되었네요. 그러면 왼쪽은 어떨까요?

사람이 들을 수 있는 한계인 20헤르츠보다 낮은 소리는 '초저주파 음파'라고 하는데 이것은 생각하기에 약간 혼란스러울 수 있어요.

개별적인 소리가 충분히 빠르게 발생하면 하나의 소리로 흐려져요. 자전거 바퀴살에 뭔가가 걸렸을 때의 소리를 생각해보세요. 속도가 느리면 "틱 틱 틱" 소리가 나지만 속도가 빠르면 하나의 소리로 흐려지죠. 이렇게 보면 낮은 주파수 소

---

3 하지만 피아노 조율사에게는 다행히도.
4 물속에서 피아노를 연주하는 법에 대한 소개는《더 위험한 과학책 2: 더 많은 일을 하는 방법, 첫 번째 책에서 소개한 것들을 따라 하고도 아직 살아 있다면》을 참고하세요.

리는 실제로 '사람이 들을 수 있는 범위 아래로 떨어지지' 않고, 그냥 여러 개별적인 소리로 분리되기만 해야 할 것 같아요. 하지만 실제로는 그렇지 않아요.

소리가 복잡한 개별적인 '구별되는 파동'으로 이루어져 있을 때는(카드가 자전거 바퀴살을 때릴 때 나는 소리처럼) 실제로 개별적인 파동으로 구별되어 들려요. 하지만 이것은 그 파동들이 일반적으로 들을 수 있는 범위의 높은 주파수의 파동으로 이루어졌기 때문이에요. 일반적인 소리는 단순한 사인파일 뿐이에요. 소리는 앞뒤로 부드럽게 움직이는 공기로 이루어져 있어요. 그 속도가 1초당 20회 이하로 느려지면 "틱 틱 틱" 소리는 들리지 않아요. 우리는 공기압력의 변화나 피부에서의 움직임으로 그것을 느낄 수는 있어요. 하지만 우리의 귀는 그것을 소리로 해석하지 못하는 거죠.

코끼리는 초저주파음을 들을 수 있어요. 코끼리의 청력은 15헤르츠까지(어쩌면 더 아래까지) 내려갑니다. 그러니까 코끼리의 음악을 연주하기 위해서는 우리 피아노에 적어도 5개의 건반이 더 있어야 한다는 말이죠.

15헤르츠보다 낮은 소리는 특별한 장비로 감지할 수 있어요. 실제로 아주 낮은 주파수에 관심 있다면 압력계와 클립보드만으로 '초저주파음 마이크'를 만들 수 있어요. 낮은 압력, 다음으로 높은 압력 그리고 다시 낮은 압력을 감지한다면 그것이 초저주파음일 수 있어요!

낮은 압력과 높은 압력의 연속이 반드시 '파동'일 이유는 없습니다. 그냥 공기 중의 불규칙적인 압력 변화일 수도 있어요. 그래서 이런 소리를 감지하기 위해서 과학자들은 보통 여러 개의 감지기를 몇 미터씩 떨어뜨려서 배치하죠. 초저주파음이 감지기를 지나간다면 모든 감지기를 거의 동시에 지나갈 것입니다. 이렇게 하면 초저주파음과 불규칙한 잡음이 구별 가능해져요. 감지기들을 충분히 넓게 배치하면 어느 감지기가 가장 먼저 알아챘는지를 파악하여 그 소리가 어느 방향에서 왔는지도 알아낼 수 있어요.

이런 소리를 만들려면 아주 큰 피아노가 필요합니다. 줄이 앞뒤로 너무나 느리게 움직여서 그 움직임을 볼 수도 있을 정도가 될 거예요(줄넘기 줄이 바로 일반적인 피아노의 가장 낮은 음보다 5옥타브 정도 낮은 주파수를 가지는 현악기예요).

우리가 들을 수는 없지만 초저주파음도 일반적인 소리와 같은 방식으로 행동해요. 공기 중으로 신호를 전달하는 것이죠. 사실 초음파는 보통의 소리보다 멀리 전달되지 않지만 초저주파음은 더 멀리 전달됩니다. 1헤르츠보다 낮은 주파수를 가지는 초저주파음 신호는 지구 한 바퀴를 돌 수 있어요.

소리 기록은 흔히 어떤 주파수의 소리가 언제 감지되었는지를 보여주는 도표로 표시됩니다. 당신은 초저주파음뿐만 아니라 어떤 소리로도 이런 도표를 만들 수 있어요. 실제로 전자음악가 에이펙스 트윈Aphex Twin의 음악에는 소리 분석기에서 보이는 그림이 숨어 있어요.

더 위험한 과학책

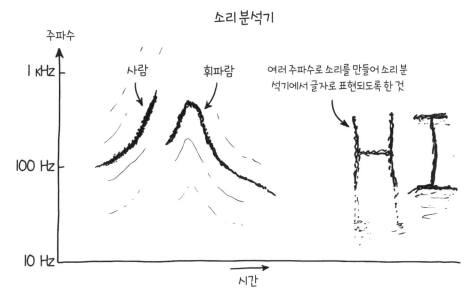

소리 분석기

주파수

1 kHz — 사람 휘파람 여러 주파수로 소리를 만들어 소리 분
석기에서 글자로 표현되도록 한 것

100 Hz —

10 Hz —

시간

핵무기가 공중에서 폭발하면 거대한 초저주파음을 만들어냅니다. 과학자들은 이 음파를 듣기 위해 감지기들을 설치했고, 냉전 중에는 많은 초저주파음을 감지했어요. 이 글을 쓰는 현재까지**5** 마지막으로 있었던 공중 핵무기 폭발은 1980년 10월 16일 중국의 핵무기 실험이었습니다. 그 이후에는 폭발이 감지된 적이 없어요.

그런데 초저주파음 마이크는 핵폭발 말고도 여러 가지 재미있는 것을 찾아냅니다. 모터나 풍차와 같이 규칙적으로 움직이는 큰 기계들은 지속적인 초저주파음을 만듭니다. 초저주파음을 연주하는 또 다른 것으로는 산을 넘어가는 바람, 대기로 들어온 유성, 지진과 화산 폭발 등이 있어요. 공기 중의 초저주파음 도표에는 원인을 알 수 없는 음들도 있죠. 이것은 보통의 주파수 소리도 마찬가지예요.

5 다음 쇄를 찍을 때까지 이 문단을 수정할 필요가 없기를 진심으로 바랍니다.

어떤 조용한 곳에서 주의 깊게 들어보면 온갖 종류의 소리가 들릴 것입니다. 그 가운데서 어떤 소리인지 알아낼 수 있는 것은 얼마 되지 않을 거예요.

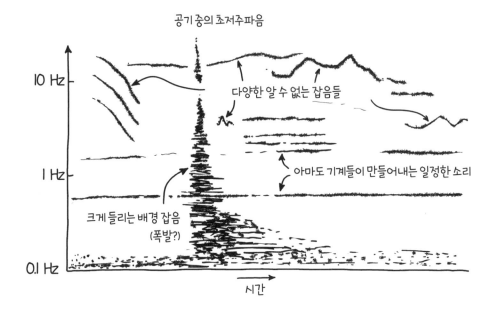

공기 중의 초저주파음

아주 흔한 초저주파음 중 하나는 먼 바다의 파도가 만들어내는 것입니다. 바다가 오르내리면 공기에 규칙적으로 압력을 가해 마치 크고 느린 음악용 스피커처럼 행동해요. 지구에서 가장 크고 깊은 음을 내는 서브우퍼죠.

파도에 의해 만들어지는 소리는 '마이크로바롬microbaroms'이라고 불리고 0.2헤르츠 정도예요. 마이크로바롬 주파수를 우리 피아노로 연주하려면 75개의 건반이 더 필요하고, 그러면 전체 건반은 235개가 됩니다.

　　　　　　　　　　　　　　　　　더 위험한 과학책

초저주파음과
바다의 음악　　　코끼리의 음악　　　　　사람의 음악　　　　개와 박쥐의 음악

건반이 정말 많죠. 하지만 이걸 모두 익힌다면 당신은 베토벤부터 박쥐의 사냥 노래와 바다의 목소리까지 모든 것을 연주할 수 있게 됩니다.

마지막으로 알아둘 것 이 피아노는 연주하기가 어려울 거예요. 피아노 줄은 초음파를 만들어내지 못할 겁니다. 진동이 너무 작고 너무 빨리 사라져버리기 때문이죠. 보통의 음높이에서도 가장 높은 소리를 충분히 크게 하려면 여러 개의 피아노 줄이 필요해요. 피아노 줄은 초저주파음을 내기에도 그렇게 적절하지 않아요. 줄이 방 안에 들어가기에는 너무 길고 공기 중에서 움직이기도 어려울 거예요. 높은음과 낮은음을 만들기 위해서는 다른 기술을 사용하는 것이 좋을 겁니다.

초음파를 만드는 가장 효과적인 방법은 '피조일렉트릭 효과piezoelectric effect'를 이용하는 거예요. 수정에 전류를 흘리면 수정이 진동하는 현상이죠. 전자시계나 컴퓨터의 시계에서 시간을 유지하는 부품은 이 효과를 사용한 것입니다. 여기에는 전기신호에 반응하여 정확한 주파수로 진동하는 소리굽쇠처럼 생긴 작은 수정 조각이 들어 있어요. 이와 비슷한 수정 진동을 이용하여 어떤 주파수의 초음파도 만들어낼 수 있어요.

초저주파음 스피커로는 '로터리우퍼rotary woofer'라는 메커니즘을 사용하는 것이 좋아요. 정밀하게 조정된 기울어진 부채 날이 공기를 앞뒤로 부드럽게 미는 기계예요. 부채 날의 방향을 바꾸어 공기를 앞으로 밀었다가 뒤로, 그리고 다시 앞으로 밀어요.

만일 235개의 건반을 갖춘 피아노를 만드는 데 성공했다면 연주할 샘플 악보가 있어요. 이 악보는 인내심을 요구하고 인간인 당신의 귀에는 잘 들리지 않을 거예요.

하지만 유성 폭발이나 핵무기 실험을 듣기 위해서 대기를 감시하는 과학자가 있다면…

로터리우퍼
(초저주파음)

피조트랜스듀서
(초음파)

이건 뭐지?

…이 연주는 그들의 소리 분석기에 뚜렷한 흔적을 남길 거예요.

더 위험한 과학책

초저주파소나타

♪ = 1 LARGHISSIMO

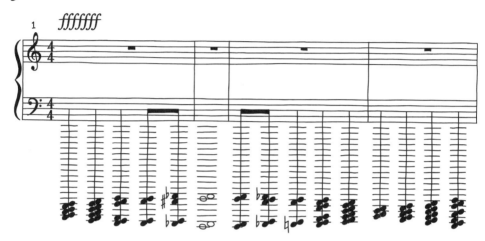

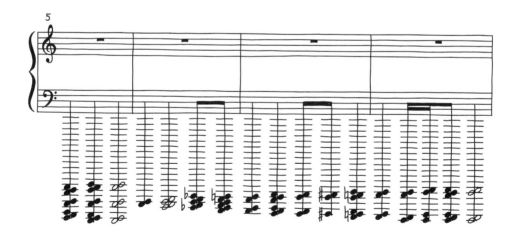

음악을 듣는 방법

2016년 5월, 브루스 스프링스틴Bruce Springsteen은 바르셀로나에서 콘서트를 열었습니다.
근처에 있는 지구과학 연구소ICTJA-CSIC의 지진 과학자들은 청중이 여러 노래에 맞춰
춤을 출 때 만들어진 낮은 주파수의 신호들을 감지할 수 있었어요.

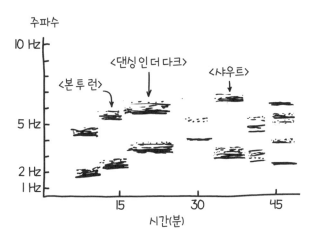

(Jordi Diaz et. al. <도시 내의 지구 진동에서 기원한 도시 지진>, 2017에서 인용)

이런 날 실험실에 갇혀 있어야 하다니.
브루스 스프링스틴 콘서트에 가고 싶었는데.

5.
농장, 항공모함, 기차 등에
비상착륙 하는 방법
(시험 조종사이자 우주비행사인 크리스 해드필드와의 Q&A)

비행기를 어떻게 착륙시킬까요?

이 질문에 대한 답을 얻기 위해서 나는 전문가를 찾아가기로 했습니다.

크리스 해드필드Chris Hadfield 장군은 왕립 캐나다 공군에서 제트 전투기를 조종했고, 미 해군에서 시험 조종사로 일했습니다. 그는 100종이 넘는 비행기를 탔어요. 그는 두 번의 우주왕복선 임무를 수행했고, '소유즈'를 조종했으며, 우주유영을 한 최초의 캐나다인이 되었고, 국제우주정거장의 지휘관을 역임했죠.

나는 해드필드 장군에게 연락하여 비상착륙에 대한 조언을 해줄 수 있는지 물었고, 그는 고맙게도 동의했습니다.

나는 비정상적이고 불가능해 보이는 비상착륙 시나리오 목록을 만들어 그에게 전화해서 하나씩 물으며 어떤 반응을 보이는지 살폈어요. 나는 두 번째나 세 번째 질문에서 해드필드 장군이 전화를 끊을 수도 있다고 반쯤 생각했는데, 놀랍게도 모든 질문에 거의 망설임 없이 대답해주었어요(지금 생각해보면 우주비행사에게 극한 상황을 제시하여 당황하게 해보겠다는 나의 계획이 말이 안 되는 거였죠).

내 시나리오와 해드필드 장군의 대답은 아래에 있어요(좀 더 명확하고 간결하게 만들기 위해서 약간 편집을 했고, 이메일을 통해 더해진 답도 포함되었습니다). 이 대답들이 각각의 상황을 다루는 유일한 방법은 아니겠지만 세계에서 가장 뛰어난 시험 조종사이자 우주비행사가 즉각적으로 답한 것이기 때문에 시작점으로 삼기에는 아주 좋을 거예요.

크리스 해드필드 장군

농장에 착륙하는 법

Q 비상착륙을 해야 하는데 농장 들판밖에 보이지 않습니다. 어떤 작물을 목표로 해야 할까요? 옥수수처럼 키가 커서 저항이 더 큰 것을 골라야 할까요, 아니면 표면을 부드럽게 해주는 키가 작은 것을 골라야 할까요? 호박밭은 고속도로

더 위험한 과학책

에 있는 물통처럼 충격을 완화시켜줄까요, 아니면 비행기를 뒤집어서 불타게 만들까요?

A 작은 비행기를 조종할 때 항상 생각해야 하는 거예요. 착륙장으로 비행기를 몰고 갈 때 주위를 둘러보며 생각합니다. 저 콩은 얼마나 높을까? 건초는 치워졌을까? 최근에 비가 왔나? 진흙 바닥에 착륙할 수는 없으니까요.

비행기를 뒤집히게 만들 정도로 너무 크거나 두꺼운 작물이 없는 곳이 좋을 거예요. 해바라기는 절대 좋은 선택이 아닙니다.

해바라기 위에 착륙하지 마시오.

착륙하기 가장 좋은 곳은 작물을 막 심은 들판이에요. 착륙하기 가장 나쁜 곳은 막 쟁기질한 땅이죠. 인삼 위에는 내리지 마세요. 큰 햇빛 가리개가 세워져 있기 때문에 거기 걸릴 거예요. 나무도 조심해야 해요. 초원은 좋지만 소에 부딪히지 않게 조심하세요. 옥수수밭은 6월 중순 전까지는 착륙하기에 괜찮아요.

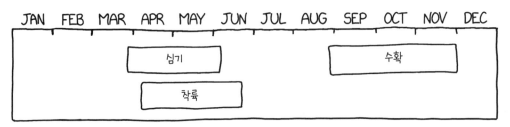

옥수수 시간표

| JAN | FEB | MAR | APR | MAY | JUN | JUL | AUG | SEP | OCT | NOV | DEC |

심기

수확

착륙

스키 점프장에 착륙하는 법

Q 작은 비행기로 비상착륙을 해야 하는데 찾을 수 있는 열린 공간은 올림픽 스키 점프장밖에 없어요. 어떻게 접근하는 것이 가장 좋을까요?

A 사실 제가 전투기 조종사가 되기 전에 스키 강사였어요. 올림픽 스키 점프대는 꽤 높아요. 바닥에 편평한 부분이 있는데 거기가 도전해보기에 가장 좋은 곳이겠죠. 관람석을 넘어서 멋지게 천천히 땅으로 내려오다가 언덕이 나타나면 멈추기 시작하세요. 시간을 잘 맞추면 경사면에 부딪히는 순간에 정확하게 비행기를 세울 수 있어요. 하지만 시간을 잘 맞추어야 합니다. 실패하면 다음은 없어요.

더 위험한 과학책

항공모함에 착륙하는 법

Q 항공모함에 착륙해야 하는데 항공모함 착륙용 비행기가 아니라 여객기를 몰고 있다면 어떻게 해야 하나요? 착륙장치를 제동 케이블arresting cable에 걸어도 되나요? 항공모함에는 어떻게 접근해야 할까요?

A 먼저 항공모함 선장에게 배를 바람이 불어오는 방향으로 돌려달라고 요청하세요. 배를 최대한 빠르게 가게 하면 당신은 시속 80~100킬로미터의 풍속을 받게 될 거예요. 작은 비행기에는 이 정도면 배와의 상대속도가 상당히 작아질 겁니다.

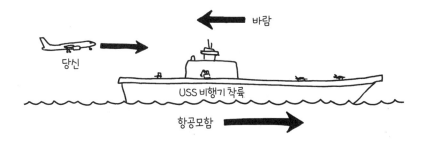

제동 케이블은 치우세요. 실수로 걸리지 않도록 하고요. 이 케이블을 사용하려면 특별한 장치가 필요해요. 크고 튼튼한 갈고리가 없다면 순전히 공기역학만으로 착륙해야 해요.

이제 방향을 맞춰야 합니다. 비행갑판을 모두 빠짐없이 사용해야 해요. 플랩flap을 펼쳐서 날개를 납작한 모양에서 휘어진 모양으로 만듭니다. 잘 관찰해보면 새도 날개를 그렇게 만들어요. 천천히 날고 싶으면 플랩을 펼쳐야 합니다.

항공모함의 갑판 맨 뒤에 정확하게 내려야 합니다. 그러고는 동력을 끄고 엔진을 반대로 돌리고 곧바로 플랩을 들어 올립니다. 그렇지 않으면 바람에 날려 갈 거예요. 하지만 손은 계속 조종간을 잡고 있어야 해요. 다시 올라가야 할 수도 있거든요. 사실 군 조종사들이 항공모함에 착륙할 때 갑판에 내린 직후에 조종간을 최대 동력으로 올려요. 갈고리가 케이블을 놓치거나 케이블이 끊어질 때를 대비해서죠.

저는 미 해병대와 프로젝트를 수행한 적이 있어요. 그들은 이런 생각을 했어요. '숲속 어딘가에 열린 공간이 있지만 비행기를 착륙시키기에는 너무 짧으면 어떻게 해야 할까? 케이블을 임시로 나무에 설치할 수 있을까?' 큰 말뚝 사이에 걸린 줄이 있으면 어디서든지 착륙하여 세울 수 있어요. 나는 그걸 뉴저지주 레이크허스트Lakehurst에서 시험해봤어요.

세일!
두 기능이 하나에

착륙용 케이블과
테니스 네트 겸용

적의 항공모함에 착륙하는 법

Q 선장이 저의 착륙을 원하지 않는다면 어떻게 할까요? 바람이 불어가는 방향으로 배를 돌려서 착륙을 어렵게 만들까요?

더 위험한 과학책

A 갑판에는 항상 물건들이 있어요. 당신의 착륙을 원하지 않는다면 물건들을 움직여서 길을 막을 수 있어요. 비행기를 끌기 위한 작은 카트가 아주 많으니까 그 카트들을 그냥 활주로에 갖다 놓기만 하면 되죠.

당신은 몰래 다가가서 정확한 시간에 착륙해야 해요. 운이 좋아야죠. 성공할 수는 있을 거예요. 하지만 선장이 별로 좋아하진 않겠죠. 이제 어떻게 하느냐고요? 당신은 지금 가장 중무장된 감옥에 착륙한 거예요. 스스로를 포로라고 선언하세요.

그러니까. 음… 모두 안녕하세요?

기차 위에 착륙하는 법

Q 기차와 같은 속도로 날면서 비행기를 천천히 내려 객차들 중 하나의 지붕에 착륙하는 것이 가능할까요?

A 네, 할 수 있어요. 트럭 짐칸에도 가능해요. 에어쇼에서 가끔 하는 거예요.
어려운 부분은 내리는 동안 기차가 계속 조금씩 아래위로 움직여 당신을 튕기는 거죠. 그건 트럭에 착륙할 때도 마찬가지예요. 하지만 충분히 해볼 만해요.

잠수함 위에 착륙하는 법

Q 항공모함에 내리는 건 꽤 쉬울 것 같아요. 잠수함 위에도 가능할까요?

A 네, 수면 위에 있고, 바람과 반대 방향으로 달리고 있고, 당신 비행기가 느리고 안정적이라면요. 얇고 짧고 젖은 활주로에 내리는 것과 비슷해요. 아마 이건 사례가 있을 거예요. 하지만 필요할 때 잠수함을 찾는 것은 어려울 수도 있어요.

조종석 문에 끼인 채로 착륙하는 법

Q 실수로 소매가 조종석 문에 끼어서 조종간에 손이 닿지 않는 경우가 생기면 어떻게 해야 되나요? 뭔가 물건(기내식용 식판 같은 것)에는 손이 닿아서 조종간으로 던질 수는 있어요. 제가 잘 던지면 조종간의 정확한 지점을 맞혀서 착륙을 할 수 있을까요?

A 단발 엔진 비행기라면 방법이 없어요. 하지만 다중 엔진 비행기라면 원칙적으로 가능합니다. 당신이 제어해야 할 것은 동력이에요. 양쪽에 엔진이 있다면 조종간을 아래위로 움직여서 올라가거나 돌 수도 있어요. 식판을 정말 잘 던진다면 조종간을 아래위로 움직여 비행기를 조종할 수 있어요.

수시티Sioux City(미국 아이오와주 북서부에 있는 도시-옮긴이) 상공에서 유압을 모두 잃어버린 DC-10(미국의 맥도넬 더글러스사가 제작한 여객기 모델-옮긴이)이 있었는데, 조종사들이 오직 조종간만 사용해서 비행기를 조종하여 활주로로 착륙시킨 적이 있어요.

우주왕복선을 L. A. 도심에 착륙시키는 법

Q 2003년에 개봉한 영화 〈코어The Core〉에서 힐러리 스웽크Hilary Swank는 내비게이션 오류로 경로를 벗어난 우주왕복선의 우주비행사 역을 맡았습니다. 그는 자신들이 로스앤젤레스의 도심으로 향하고 있다는 것을 깨닫고 로스앤젤레스강(원래 길고 편평한 바닥을 가진 콘크리트 운하)으로 방향을 틀었습니다. 영화에서 그들은 운하에 안전하게 착륙했죠. 그런 일이 실제로 일어날 수 있나요?

A 그 우주왕복선은 약 시속 370킬로미터로 착륙했습니다. 당신이 가벼우면 340, 무거우면 380이에요. 그러면 엄청나게 긴 활주로가 필요해요. 초기의 우주왕복선은 에드워드 공군기지에 있는 로저스 드라이 레이크Rogers Dry Lake의 거대한 소금 바닥에 착륙했어요. 조금 나아진 뒤에는 4.5킬로미터 활주로에 착륙하기 시작했죠.

우리가 정말로 착륙하고 싶은 곳은 이륙한 곳이에요. 그래서 우리는 케네디 공항에 4.5킬로미터 길이의 활주로를 만들었어요. 에드워드 공군기지의 활주로는 멀리 사막에 있기 때문에 활주로에서 벗어나도 그렇게 나쁘진 않아요. 케네디 공항의 활주로는 실수할 여유가 별로 없어요. 물에 둘러싸여 있고 거긴 악어가 살거든요.

에드워드 공군기지에 착륙하려면 멀리 오스트레일리아 상공에서 궤도 이탈 점화를 해야 해요. 컴퓨터가 착륙 장소로 데려다줄 시간을 계산해요. 하지만 준비만 충분히 하면, 길고 직선이고 평평한 표면만 있으면 어디든지 착륙할 수 있어요. 로스앤젤레스의 배수로에 착륙하는 거요? 그렇게 긴 곳이 있을지 잘 모르겠네요.

전 세계의 어딘가에서 궤도 이탈을 해야 할 수도 있어요. 우리는 전 세계에 있는 모든 활주로를 압니다. 우리는 그 모든 활주로의 그림이 실린 책을 우주왕복선에 가지고 다녀요. 큰 그림책과 비슷해요. 여기에는 활주로의 방향을 포함한 모든 정보가 들어 있어요.

우주왕복선 착륙 장소를 찾는 법

Q 만일 제가 컴퓨터를 사용할 줄 모른다면 그냥 추정으로 해도 되나요? 오스트레일리아 상공 어딘가에서 엔진을 점화하고 제대로 가고 있다고 판단되면, 창문으로 밖을 보면서 착륙하기 좋은 곳을 찾을 수 있나요? 적합한 장소를 고를 시간은 얼마나 있나요?

A 시간은 꽤 많아요! 우리는 에너지를 낮추기 위해 큰 S 자 회전을 하며 날아

더 위험한 과학책

요. 회전을 적게 하면 더 멀리 날 수 있죠. 가까이 갈수록 마음을 바꿀 기회가 적어져요. 하지만 완전히 불가능하지는 않아요. 부드러운 장소와 좋은 눈이 있으면 기회는 있어요.

우주왕복선의 전신인 X-15 제트기를 조종할 때 조종사들은 시험비행을 최대로 길게 하려고 했어요. 닐 암스트롱은 패서디나 상공을 너무 낮게 날아서 엉뚱한 호수 바닥에 착륙해야 했어요. 그가 성공해서 다행이라고 생각해요.

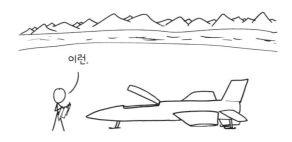

비행기 밖에서 비행기를 착륙시키는 법

Q 제가 비행기 밖에 있어요. 하지만 기어 다니면서 비행 조종 장치들을 손으로 조작할 수는 있어요.

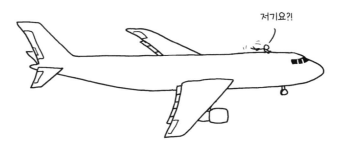

A 실제로 날개 위를 걷기도 하는데 수리하려고 가끔씩 그렇게 해요. 예전의 느린 비행기는 속력이 빠르지 않아 날개 위에 충분히 설 수 있었어요. 당신은 몸무게를 이용하면 됩니다. 몸을 움직여서 비행기가 가는 방향을 조종할 수 있어요. 오른쪽에 무게를 싣기만 하면 비행기는 오른쪽으로 돌 수도 있어요.

만일 안에 탄 승객들과 이야기를 할 수 있다면 승객들을 앞뒤로 옮겨 다니게 해서 비행기를 약간은 조종할 수 있어요.

고도가 약간 낮고 오른쪽으로 치우치고 있어요!

하지만 비행기를 기계적으로 조종하고 싶다면 꼬리로 가야 해요. 날개에 있으면 좌우로 흔드는 롤roll은 조종할 수 있지만 앞뒤로 흔드는 피치pitch나 회전시키는 요yaw는 조종할 수 없어요. 롤도 괜찮지만 피치와 요가 더 중요해요. 피치와 요를 조종하기 위해서는 꼬리로 가야 해요.

문제는 그 조종 부위를 손으로 움직일 수 없다는 거죠. 그렇게 힘이 센 사람은 없어요. 만일 당신이 헐크라면 꼬리 앞에서 잡을 만한 것을 찾아 한 손으로 잡고 다른 한 손으로 핀fin을 움직여서 좌우로 비행기 방향을 바꿀 수 있을 거예요. 그리고 아래쪽으로 가서 고도기를 잡고 같은 방법으로 피치를 조종할 수 있어요. 원리적으로는 잘 조종하면 이런 방법으로 비행기를 착륙시킬 수 있어요.

하지만 당신은 헐크가 아니기 때문에, 할 수 있는 것은 당신이 영리하다면 '트림 탭trim tab'을 찾는 거예요. 트림 탭은 비행기 표면의 끝에 있는 작은 편평한 부

더 위험한 과학책

분으로, 조종하는 데 사용할 수 있어요. 트림 탭을 움직인다면 고도기나 방향기 전체를 움직일 수 있어요.

해저터널을 날아서 통과하는 법

Q 브렉시트가 막 일어났을 때 제가 콜롬반 크리-크리Colomban Cri-Cri〔날개폭 16피트(4.9미터)〕와 같은 아주 작은 비행기로 영국 남부 상공을 날고 있다고 해보죠. 복잡한 법적인 문제 때문에 프랑스에 착륙해야 해요. 불행히도 저는 뱀파이어라 영국해협을 건널 수 없어요. 그렇다면 지름 25피트(7.6미터) 해저터널을 날아서 통과할 수 있을까요?

A 네. 하지만 지름이 25피트이고 날개폭이 16피트라면, 당신이 정확하게 가운데로 가면 양쪽의 최대 여유가 4.5피트(1.4미터)가 되는 거죠. 날개 끝이 콘크리트를 때리지 않으려면 아래위로 몇 피트밖에 움직일 수 없어요(계산할 수 있을 거예요). 가장 어려운 부분은 터널에 들어가고 나올 때 머리 위에 있는 온갖 선들을 피하는 거예요. 그리고 어두울 테니 비행기의 라이트를 켜거나 친절한 터널 관리인들에게 불을 모두 켜달라고 부탁해야 해요. 하지만… 착륙할 비행장의 맛있는 크루아상과 커피를 생각하면 시도할 만한 가치가 있을 거예요.

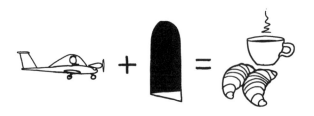

공사용 크레인에 매달려서 착륙하는 법

Q 꼬리에 갈고리가 있는 비행기를 몰고 큰 공사용 크레인 근처를 날고 있다면, 옆으로 굴러서 갈고리를 크레인의 케이블에 건 다음 흔들림이 멈추면 크레인 조종사가 저를 땅으로 부드럽게 내려주는 방법으로 착륙을 할 수 있을까요?

A 운이 좋다면요. 비행기들은 전깃줄에 항상 걸리고, 살아남아요. 승무원들은 크레인을 타고 내려오죠. 하지만 꼬리에 갈고리가 있는 당신의 비행기의 관성은 크레인 케이블이 버티기에는 너무 클 거예요. 그리고 잡더라도 옆으로 잡히면 미끄러져 바닥으로 떨어질 텐데 막아줄 게 있나요? 저는 차라리 전깃줄 쪽으로 가겠어요. 엉뚱한 줄을 건드려서 감전이 되지 않기를 바랍니다.

비행기에서 나와
연료가 더 많은 비행기로 옮겨 타는 법

Q 상어가 가득한 바다 위로 친구와 제가 작은 비행기를 한 대씩 몰고 가고 있다고 해보죠. 제 비행기의 연료가 떨어져가지만 낙하산은 있어요. 친구는 제 옆에서 날고요. 저는 비행기에서 나와서 친구 비행기로 옮겨 탄 다음, 착륙할 수 있을까요?

A 조종석이 열려 있는 복엽비행기라면 가능할 거예요. 손을 대지 않고 날도록 조작해놓은 다음 친구의 비행기를 가까이 오게 하여 당신의 비행기 날개로 기어 오르고, 친구 비행기의 날개를 잡고 옮겨 가서 조종석으로 들어가면 됩니다. 문을 열지 않아도 되게 조종석이 열려 있어야 하고 손으로 잡을 곳이 있는 복엽비행기여야 해요. 만약 당신이 비행기에서 뛰어내리고 친구가 낙하산을 타고 떠 있는 당신을 받을 수 있다면 상어 밥이 되진 않을 것 같네요.

운반용 비행선에 붙어 있는 우주왕복선을 착륙시키는 법

Q 제가 운반용 비행선으로 옮겨지는 우주왕복선에 타고 있다고 해보죠. 운반용 비행선은 자동조종 되고 있는데 조종사가 은퇴를 결정하고 탈출해버렸어요. 전 어떻게 해야 하죠? 낙하산이 있다면 우주왕복선의 해치를 열고 탈출하면 되겠지만 낙하산이 없다면요? 우주왕복선을 분리해야 할까요, 아니면 운반용 비행선으로 옮겨 타야 할까요?

A 우주왕복선의 최초 비행은 운반용 비행선에서 떨어지는 시험이었어요. 저

라면 적당한 활주로로 활강할 수 있는 범위까지 가는 걸 기다린 다음 운반용 비행선에서 분리시키는 장치를 작동하고 비행선의 꼬리에 부딪히지 않도록 한 다음에 활강으로 착륙하겠어요. 아주 쉬워요.

운반용 비행선의 조종석에 아무도 없고 당신은 우주왕복선 안에 갇혀서 비행선 위에 붙어 있어요. 어떻게…

분리 장치를 작동한 다음 꼬리를 피해요.

그런데 어려운 질문은 언제 하실 거예요?

국제우주정거장에서 착륙하는 법

Q 궤도를 벗어나고 있는 국제우주정거장에 실수로 남겨진다면 어떻게 해야 하나요? 큰 물체는 통제되지 않은 재진입에서도 무사히 살아남는 경우가 있다는 것을 알아요. 낙하산을 발견했다면, 낙하산으로 내려갈 수 있을 곳까지 살아남을 가능성이 최대가 되려면 어디에 숨어야 할까요?

A 두껍고 무거운 금속 조각이 있어야 하고 산소를 공급받을 수 있어야 합니다.

더 위험한 과학책

가장 좋은 방법은 러시아의 올란Orlan 우주복을 입고(혼자 쉽게 입을 수 있어요) 우주복을 작동시켜서 압력 유지, 냉각, 산소 공급이 되게 하고 낙하산을 단 다음 기능성 화물칸Functional Cargo Block으로 가는 거예요. 가운데 부근의 가장 두꺼운 금속에 자신을 묶으세요. 태양전지 판 부착 지점과 나란하게 정렬된 배터리와 구조물이 있는 곳이에요. 그리고 어떻게 되는지 지켜봐야죠. 하지만… 성공 가능성은 거의 없어요.

기다리는 동안 긍정적인 생각을 하려면 묵주를 가져가는 것이 좋겠어요.

나는 비행기에서 부품을 파는 법

Q 비행기를 착륙시키기로 했는데 그 전에 최대한 많은 부품을 중고나라에 팔고 싶어요. 배송료가 너무 비싸니 착륙하기 전에 비행기에서 부품을 떼어서 구매자의 집 위로 날아가면서 던져주려고 해요. 얼마큼의 부속을 팔고도 안전하게 착륙할 수 있을까요?

A 음식 전부와 좌석 전부. 하지만 무게중심은 한계 내로 유지하도록 유의해야 해요. 무게중심이 너무 앞으로 가면 다트 화살처럼 되어서 아무리 조종간을 당겨도 아래로 내려갈 거예요. 무게중심이 너무 뒤로 가면 비행기는 아주 불안정해져요. 당신 짐은 확실하게 치우세요. 화물칸에 있는 것은 모두 누군가가 돈을 지불하고 운반하는 것이기 때문에 가치가 있을 가능성이 높아요.

추락하는 집을 착륙시키는 법

Q 소유즈와 같은 우주선이 지구로 돌아올 때, 일단 낙하산이 펴지고 나면 더 이상 통제할 수가 없어서 이 상태를 '도로시의 집처럼 떨어진다'고 하죠. 〈오즈의 마법사〉에서 도로시는 잠에서 깨어서 자기 집이 오즈로 날아가고 있는 것을 알게 됩니다. 도로시가 떨어지는 것을 통제할 방법이 있을까요? 예를 들어 창밖으로 마녀가 날아가는 것을 보고, 마녀를 피하거나 충돌하거나 또는 다른 누군가를 향해 갈 수 있나요?

더 위험한 과학책

A 집 안을 뛰어다니며 여러 방향의 문과 창문을 열어 공기의 흐름을 바꾸어서 공기역학적으로 통제 가능한지 해볼 수 있겠죠. 하지만 쉽진 않을 것 같아요.

배달용 드론을 착륙시키는 법

Q 제가 이상 작동하는 4개의 회전날개를 가진 배달용 드론의 운반용 팔에 외투가 걸려 바다를 향해 가고 있다고 해보죠. 운반용 팔에서 빠져나와 드론의 몸체까지 올라갈 수는 있어요. 추락하지 않고 부드럽게 착륙시키려면 어떻게 해야 할까요?

A 드론은 배터리로 움직이니까, 저라면 배터리를 잠시 빼서 드론이 약간 떨어지게 한 다음 다시 끼우는 걸 반복해서 아래로 내려간 다음 적당한 순간에 뛰어내리겠어요. 얕은 물 위에 있을 때가 가장 좋을 거예요.

거대한 새를 착륙시키는 법

Q 마지막 질문입니다. 이건 당신 경험 밖의 경우일 것 같지만, 제가 전설 속의 거대한 새에게 잡혔다고 가정해보죠. 저를 떨어뜨리지 않고 내려놓게 하려면 어떻게 해야 할까요?

A 가장 좋은 방법은 그 새를 크고 화난 행글라이더처럼 다루는 겁니다. 당신이 한쪽으로 몸을 기울이면 새도 그 방향으로 움직여야 할 거예요. 당신이 몸무게를 앞쪽으로 실을 수 있다면 새는 아래로 내려가야만 할 거예요. 당신의 힘이 충분하면 그 새를 크고 조종하기 힘든 글라이더처럼 운전할 수 있을 거예요.

다른 방법으로는, 만일 텐트나 옷을 많이 가지고 있다면 낙하산 같은 것을 만들 수 있을 겁니다. 낙하산이 끌어당기거나 큰 물체가 매달려 있으면 어떤 동물이라도 날기 힘들어질 거예요. 만일 당신이 스카이다이버라면 그냥 낙하산을 펴세요. 스카이다이버는 항상 보조 낙하산을 가지고 있으니까요.

그리고 당신이 무기를 가졌다면 날개를 자를 수 있겠죠. 그건 당신이 공격적으로 행동할 마음이 있느냐에 달렸어요.

심리학적으로 해결하기를 원할 수도 있겠네요. 새가 원하는 것이 뭘까요? 당신이 음식을 가지고 있나요? 새가 기분이 나빠져서 당신을 놓아버리기를 원하지는 않을 거예요. 당신을 계속 잡고 가도록 동기를 부여해야죠. 저라면 그 새가 저를 떼어놓을 수 없는 곳으로 가겠어요. 만일 새의 등에 올라탄다면 충분히 잘 붙잡고 있는 한 저를 떨어뜨릴 수 없을 거예요. 새가 건드릴 수 없는 벌레 같은 경우죠. 하지만 당신이 비행 계획을 바꾸겠다면 몸무게를 이용하거나 심리적이거나 지적인 방법을 이용해야 합니다. 새에게 어떤 방법이 통할지는 모르겠네요.

랜들 이런 질문들에 대답해주셔서 정말 감사합니다.

해드필드 장군 흥미로운… 질문을 해주셔서 감사합니다. 제가 한 대답을 실행하는 사람은 아무도 없기를 바랍니다! 하지만 그런 경우가 있다면 랜들 씨에게 이야기해주세요. 책 내용을 수정할 수 있게요.

6.
강을 수직으로 뛰어오르거나
강물을 끓여서 건너는 방법

사람들은 강가에 사는 것을 좋아합니다. 그러니까 강을 건널 일이 자주 있다는 말이죠.

강을 건너는 가장 간단한 방법은 그냥 걸어가는 것입니다. 그냥 강이 없다고 생각하고 계속 걸어가서 최선의 결과를 기대하는 거죠.

강으로 그냥 걸어서 들어가는 거야?

그걸 내가 어떻게 알아?
나는 물을 연구하는 사람이 아니야.

사람들은 물이 얕은 곳으로 걸어서 강을 건너려고 시도하곤 합니다. 하지만 얕아도 아주 위험할 수 있어요. 물이 얼마나 빠르게 흐르는지 아는 것이 항상 쉬운 일은 아니거든요. 발목 깊이의 물만으로도 사람을 쓸어 갈 수 있어요.

그냥 걸어가기에 강이 너무 깊다면 헤엄을 쳐서 건널 수 있습니다. 하지만 수영이 가능할지는 강의 상태에 따라 크게 달라집니다. 강물이 너무 빠르게 흐르면 물살에 떠밀려 내려갈 수도 있고, 장애물에 걸리거나 급류에 빨려 들어갈 수도 있어요.

수영을 할 줄 아는, 선수가 아닌 평범한 사람은 1초에 몇 미터 정도 움직일 수 있어요. 어떤 강물보다는 훨씬 빠르고 어떤 강물보다는 훨씬 느린 속도예요. 강물은 초속 30센티미터보다 느린 것에서 초속 10미터보다 빠른 것까지 있어요.

강물이 똑바로 일정한 속도로 흐르는 이상적인 지역에서는 수영해서 강을 건너는 데 걸리는 시간을 쉽게 계산할 수 있어요. 강물의 흐름은 무시하고 그냥 똑바로 반대편으로 헤엄쳐 가기만 하면 되거든요. 강물의 흐름이 더 빠르다면 그 과정에서 아래쪽으로 멀리 내려가겠지만 어쨌든 같은 시간에 반대편에 도착할 수 있어요.

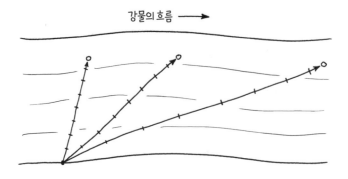

하지만 실제 강은 일정한 속도로 흐르지 않아요. 강물은 가장자리보다 가운데 가 더 빠르게 흐르는 경향이 있고, 바닥보다 표면에서 더 빨라요. 가장 빠른 곳은 보통 강의 가장 깊은 지점에서 표면 바로 아래입니다. 똑바로 부드럽고 일정하게 흐르는 강에서 강물의 속도는 다음과 같습니다.

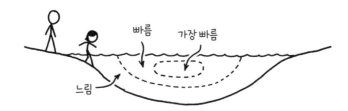

강바닥이 넓고 깊은 수로가 있는 강은 아래 그림 같겠죠.

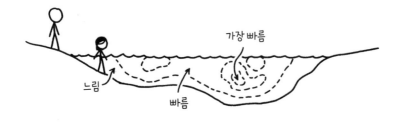

더 위험한 과학책

이런 강을 헤엄쳐서 건넌다면 경로는 좀 더 복잡해질 겁니다. 더구나 실제 강은 똑바로 흐르지 않아요.[1] 파도와 소용돌이 그리고 앞뒤로 왔다 갔다 하는 물살이 있어요. 당신을 강가에서 계속 밀어내는 물살을 만날 수도 있고, 물속으로 끌려 들어갈 수도 있고, 강 아래쪽으로 실려가 폭포로 떨어질 수도 있어요.

이건 너무 위험해 보이네요. 다른 방법을 찾아보죠.

뛰어서 건너가기

수영으로 강을 통과하는 것이 별로 마음에 들지 않는다면 강을 넘어서 가면 됩니다. 강이 충분히 작다면 가장 간단한 방법은 뛰어서 건너는 것이죠.

이상적인 조건에서 수직으로 뛰어올랐을 때 얼마나 멀리 갈 수 있는지 결정하는 간단한 공식이 있습니다.

$$거리 = \frac{속도^2}{중력가속도}$$

---

[1] 실제 강은 곡선을 가지고 있어요.

당신이 뛸 수 있는 정확한 거리는 달려가서 뛰어올라 착지하는 세부 사항에 따라 결정되지만, 이 공식을 이용하면 어느 정도까지 가능할지 꽤 현실적으로 알 수 있어요. 공식에 따르면 시속 10마일(시속 16킬로미터)로 달리면 최대 7피트(2미터)까지 뛸 수 있어요. 아주 작은 냇물이라면 뛰어서 넘어가는 것은 좋은 방법이겠죠.

속도를 높이면 뛰는 거리를 증가시킬 수 있습니다. 멀리뛰기 챔피언이 간혹 단거리달리기 챔피언이기도 한 이유죠. 실제로 멀리뛰기 선수는 앞으로 뛰는 대신 살짝 위로 뛰는데 능숙한 단거리선수나 마찬가지예요. 뛰어난 멀리뛰기 선수는 30피트(9미터) 가까이 뛸 수 있어요. 뛰어오르기 직전의 속도는 시속 20마일(시속 32킬로미터)이 넘는다는 말입니다.

자전거는 단거리선수보다 빠르죠. 좋은 자전거로 열심히 페달을 밟으면 시속 30마일(시속 48킬로미터)까지 가속할 수 있어요. 이론적으로는 이 속도라면 60피트(18미터) 넓이의 강을 뛰어서 건널 수 있어요.

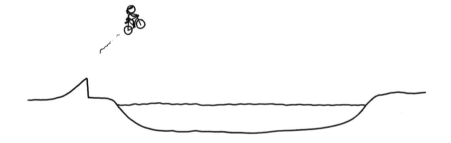

문제는 에너지보존법칙 때문에 뛰어오를 때 시속 30마일이면 건너편에 내릴 때도 시속 30마일이 된다는 거죠. 심각한 또는 치명적인 부상을 입기에 충분할 정도로 빠른 속도예요. 실제로는 60피트보다 넓은 강에서 시도하는 것이 안전할 겁니다. 건너편 강둑 근처의 물에 떨어질 것이기 때문에 단단한 땅에 떨어지는

더 위험한 과학책

것보다 충격이 덜할 테니까요.

물은 충분히 깊다고 가정합시다.

다이빙 금지

빠른 운송 수단일수록 더 멀리 뛸 수 있습니다. 시속 60마일(시속 96킬로미터)로 달리는 차는 이론적으로 약 240피트(73미터)를 뛸 수 있어요. 하지만 시속 60마일로 차를 착륙시키는 것은 불가능해 보이네요.

안녕하세요, 여러분. 운전사입니다.
승객 중에 자동차 착륙시키는 법을
아시는 분 있나요?

엄청난 모터사이클리스트인 이블 니블Evel Knievel은 모터사이클을 이용한 점 프로 명성을 얻었고, 법적인 이유 때문에 기술적으로는 비행기로 분류된 로켓 바이크로 스네이크 리버 캐니언을 뛰어넘는 시도를 한 것으로 유명해졌습니다. 그의 경력 동안 몇 개의 뼈가 부러졌는지 정확하진 않지만 '성공적인 모터사이클 점프 대 부러진 뼈'의 비율은 그렇게 크지 않고 어쩌면 1보다 작을 수도 있어요.

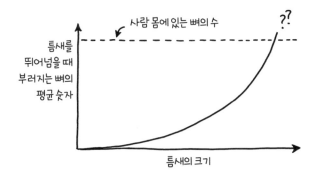

다시 생각해보면 뛰어넘기는 전문가에게 맡기는 게 낫다는 생각이 들 것입니다. 그리고 아마 전문가 역시 하지 않는 편이 좋다고 판단할 거예요.

물 위로 지나가기

기술 또는 초자연적인 힘의 도움 없이 사람은 액체 상태의 물 위를 걷지 못합니다.

간혹 자전거나 모터사이클을 타고 물 위를 달려가는 동영상이 인터넷에 돌아다니죠. 이런 묘기에 숨은 기본 원리는 간단합니다. 충분히 빠르게 달리면 물에 부딪힐 때 스키처럼 미끄러지거든요. 이런 동영상이 돌아다니는 이유는 적어도 그럴듯해 보이기 때문입니다. 그리고 문제는 피의자가 조작을 고백하거나 〈호기심해결사MythBusters〉(미국의 대중 과학 프로그램-옮긴이)가 다룰 때까지 해결되지 않아요.

어떤 묘기가 진짜고 어떤 것이 가짜인지 간단하게 정리하면 다음과 같습니다.

더 위험한 과학책

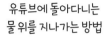

유튜브에 돌아다니는
물 위를 지나가는 방법

	가짜	진짜
달리기	✓	
자전거	✓	
모터사이클		✓
스노모빌		✓

맨발로 물에 빠지지 않고 달려가려면 당신의 발은 시속 30~40마일(시속 48~65킬로미터)로 움직여야 합니다. 우사인 볼트가 경기 할 때의 발도 그렇게까지 빠르진 않아요.**2**

자전거로도 성공할 수 없어요. 경험 많은 사이클 선수에게 물으면 해보지 않고도 알 수 있습니다. 자전거는 차와 달리 물 위를 달릴 수 없다고 말해줄 겁니다. 젖은 길에서 미끄러지기도 하지만, 자전거 바퀴는 바닥이 좁아 휘어져 있기 때문에 물을 양쪽으로 밀어내서 땅과 계속 접촉한 상태로 물에서 '서핑'을 합니다.

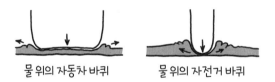

물 위의 자동차 바퀴 　　　　　 물 위의 자전거 바퀴

---

2 만일 달려서 물 위에 머물려고 한다면 실제로는 제자리 뛰기가 가장 적당할 것입니다. 그래야 발이 물의 표면에서 상대적으로 빠르게 움직일 수 있기 때문이죠. 가볍고 발이 큰 사람은 시속 30마일 정도로만 달리면 물 위에 머무를 수 있어요. 가장 빠른 단거리선수보다 시속 5마일(시속 8킬로미터) 정도 더 빠른 속도죠. 그러니까 제자리 뛰기로 물 위에 머무르는 것은 아마도 불가능할 겁니다. 하지만 단거리 달리기 챔피언(몸집은 작고 발은 큰)이 실제로 제자리 뛰기를 하는 동안 천천히 물에 가라앉는 것을 확인할 때까지는 확신할 수 없어요. 한번 해보시길. 행운을 빕니다!

자동차처럼 편평한 바퀴를 가진 모터사이클은 물 위를 달릴 수 있어요. 〈호기심해결사〉에서는 모터사이클이 짧은 거리의 물을 건널 수 있다는 것을 극적으로 보여주었습니다. 하지만 이것은 이블 니블의 영역입니다.

물론 물 위를 이동하도록 설계된 특수한 운송 수단이 있죠. 배가 있다면 완벽하겠죠. 어떤 강에는 사람을 건너편으로 실어 나르는 배가 항시 설치되어 있습니다.

물질의 여러 상태

우리는 흔히 사람은 물 위를 달릴 수 없다고 말하는데, 정확하게는 옳지 않습니다. 사람은 액체 상태의 물 위를 달릴 수 없는 거죠. 물질의 다른 상태를 살펴보고 강을 변화시켜서 더 쉽게 건널 수 있는지 알아봅시다.

얼리기

강을 얼리려면 냉동 기계와 전기가 필요합니다.

더 위험한 과학책

얼리는 데 필요한 에너지에 대해 생각하는 것은 쉽지 않습니다. 정확하게 말하면 물이 얼음이 될 때는 에너지를 흡수하지 않아요. 물이 얼 때는 에너지를 방출합니다.

물이 끓으면 에너지를 흡수하지만 물이 얼 때는 에너지를 방출합니다. 그런데 왜 냉동기는 전기를 만들어내지 않고 사용해야 하는 걸까요?

물에 있는 열이 나오려고 하지 않기 때문입니다. 열에너지는 원래 따뜻한 곳에서 차가운 곳으로 흐릅니다. 따뜻한 음료에 얼음을 넣으면 음료에서 열이 나와서 얼음으로 흘러들어 얼음을 데우고 음료를 식혀 평형상태로 가도록 만들어요. 열역학 제2법칙은 열에너지는 언제나 이 방향으로 흐르고 싶어 한다는 것을 말해줍니다. 얼음은 절대 음료를 데우면서 더 차가워지지 않아요. 이 자연스러운 흐름에 반하여 열을 차가운 곳에서 따뜻한 곳으로 이동시키려면 열펌프가 필요하고 열펌프를 작동시키는 데는 에너지가 사용됩니다. 그러니까 강에서 열을 제거해서 온도를 낮춰 얼리려면 일을 해야 하는 거죠.

우리는 냉동 기계로 강을 얼음으로 만드는 데 얼마큼의 에너지가 필요한지 시중에 있는 얼음 제조기를 이용하여 계산해볼 수 있습니다. 미국 에너지 효율 및 재생에너지부Office of Energy Efficiency and Renewable Energy가 권장하는 상업용 얼음 제조기의 에너지 소비량은 100파운드lb[45킬로그램중(킬로그램중은 질량의 단위 킬로그램에 중력가속도를 곱한 값으로, 무게의 단위가 됩니다. 파운드는 무게의 단위이므로 킬로그램 대신 킬로그램중을 사용해야 단위 환산이 맞습니다-옮긴이)]의 얼음을 만드는 데 5.5킬로와트시kWh입니다. 토피카Topeka에 있는 캔자스강의 평균적인 봄날 강물의 속도는 약 초속 7,000세제곱피트(초속 198세제곱미터)입니다. 이것으로 계산하면 일률은 87기가와트GW가 됩니다.

$$\frac{5.5\text{kWh}}{100\text{lb}} \times 1\,\frac{\text{kg}}{\text{L}} \times 7{,}000\,\frac{\text{ft}^3}{\text{s}} \approx 87\text{GW}$$

87기가와트는 엄청난 일률입니다.**3** 이것은 무거운 로켓이 이륙할 때 필요한 일률과 비슷해요. 당신의 냉동 기계를 작동하려면 그만큼 큰 발전기가 필요하고, 그 발전기는 많은 연료를 사용할 것입니다. 연료가 발전기로 흘러 들어가는 속도는 초속 300세제곱피트(초속 8.5세제곱미터) 정도 될 겁니다. 강물이 흐르는 속도의 거의 5퍼센트에 달해요.

그러니까 냉동 기계에는 얼리기를 원하는 강과 비교될 만한 크기의 휘발유 강으로 연료를 공급해야 한다는 말이에요.

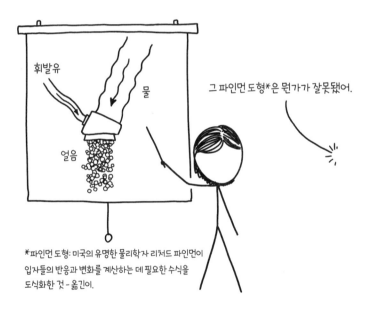

---

3 미래로 71번이나 돌아가기에 충분하지요(영화 〈백 투 더 퓨처〉에서 사용되는 일률과 비교한 것으로 보입니다 - 옮긴이).

더 위험한 과학책

그런데 다른 방법도 있어요. 어쩌면 강 전체를 얼릴 필요는 없을지 몰라요. 표면만 얼리면 되잖아요.

일반적으로 사람이 안전하게 걸어가기 위해서는 얼음의 두께가 최소한 4인치(10센티미터)는 되어야 합니다. 캔자스강의 폭은 약 1,000피트(300미터)이고, 이 폭이 다리의 길이가 될 것입니다. 다리의 넓이를 200피트(60미터)로 하면(휘어져서 부러지지 않도록) 얼음 다리의 무게는 약 2,000톤입니다. 그 정도의 얼음을 만들려면 약 330메가와트시의 전기가 필요하고 비용은 약 5만 달러가 듭니다(얼음 제조기들의 비용은 계산하지 않았어요).

끓이기

지금까지는 액체와 고체의 경우를 고려했습니다. 그렇다면 기체는 어떨까요? 증기 발생기를 설치하여 강을 액체에서 기체로 만든 다음 마른 강바닥을 걸어서 건너갈 수 있을까요?

그럴 수는 없어요. 왜 그런지 살펴보죠.

우선, 물을 끓일 방법이 있어야 합니다. 평범한 주전자를 사용할 수 없다는 것은 분명하죠. 대신 필요한 건⋯.

잠깐만, 그게 왜 분명하지?

좋아요. 캔자스강의 물을 평범한 주전자로 끓이고 싶다면 다음과 같이 하면 됩니다.

보통의 주전자에는 1.2리터의 물이 들어갑니다. 물은 열용량이 크기 때문에 온도를 높이는 데 많은 에너지가 필요해요. 그리고 뜨거운 물을 증기로 만들 때도 엄청난 양의 에너지가 필요하죠. 상온에서 1리터의 물을 섭씨 100도로 만드는 데는 약 335킬로줄이 필요해요. 섭씨 100도의 액체를 섭씨 100도의 수증기로 만드는 데는 훨씬 더 많은 2,264킬로줄이 필요합니다.

당신은 물을 끓일 때 이 효과를 목격할 수 있어요. 대부분의 전기 주전자[4]로 물을 끓이면 4분 정도밖에 걸리지 않아요. 하지만 열의 공급을 끊으면 대부분의 물은 그대로 있어요. 끓는 온도에 도달했지만 아직은 여전히 액체 상태죠. 물을 완전히 끓이려면(완전히 수증기로 만들려면) 약 30분을 계속 가열해야 해요. 끓기 시작하는 시간인 4분보다 훨씬 더 길죠.

캔자스강의 강물 속도는 초속 7,000세제곱피트입니다. 1분당 약 1,000만 개의 주전자에 해당하는 양이 흐르는 겁니다.[5] 주전자 하나마다 30분 걸려서 1.2리터의 물을 끓일 수 있으므로 총 3억 개의 주전자를 같이 끓여야 한다는 말이에요.

전기 주전자의 둘레가 7인치(18센티미터)라면 1제곱피트에 3개의 밀도로 묶을 수 있어요.

3억 개의 주전자는 지름 2마일(3.3킬로미터)의 원을 차지할 것입니다. 강물을 끓이려면 강물을 나누어서 주전자가 있는 곳으로 흐르게 해야 합니다. 각각의 주전자에 물이 들어오면 끓이고 주전자가 비면 새로운 물이 강에서 흘러드는 거죠.

---

4 대부분의 전기 주전자는 (헤어드라이어와 마찬가지로) 1,875와트로 제한되어 있습니다. 이보다 더 높으면 15암페어로 된 미국 가정의 전원에서 안전하게 사용할 수 없기 때문이에요.
5 10메가 주전자죠.

이 방법은 이론적으로 이렇게 작동될 겁니다.

실제로는 이렇게 되겠죠.

당신의 전기 주전자들은 나라 전체에서 사용하는 만큼의 전기를 써야 합니다. 현재의 공급 체계로는 그렇게 많은 전력을 한 지점에 집중시킬 방법이 없어요.

차라리 다행일 겁니다. 가능하더라도 일은 제대로 되지 않을 거니까요.

물을 끓이면 뜨거운 수증기가 만들어집니다. 수증기는 위로 올라갑니다. 부엌에서 주전자 하나로 끓인다면 문제는 없어요. 수증기가 올라가서 천장에 부딪히고 퍼져서 결국에는 흩어지고 사라질 거니까요.

당신의 주전자 들판에서도 이런 현상이 나타날 것입니다. 하지만 그 결과는 좀 더… 극적일 거예요. 수증기 기둥은 성층권까지 올라가 퍼져서 화산 폭발이나 핵 폭발 때와 같은 버섯구름을 만들 겁니다. 공기가 올라가면 그 자리를 메우기 위해 주위에서 공기가 흘러 들어옵니다. 주전자 하나에서 이런 현상이 나타날 때는 알아채지 못하겠지만 당신의 주전자 들판 근처에 있는 캔자스 사람들은 틀림없이 알아챌 겁니다. 바람이 사방에서 주전자들을 향해 불어와 상승하는 수증기 기둥의 바닥으로 모일 것이기 때문이죠.

바닥의 상황은 좋지 않을 겁니다. 주전자들은 엄청난 양의 전기에너지를 흡수해 수증기와 열복사의 형태로 방출하고 있어요. 당신의 주전자 들판이 방출하는 에너지는 폭이 1킬로미터인 용암 호수가 방출하는 열보다 훨씬 더 클 거예요.

열은 사실상 동등한 것입니다. 용암 호수만큼의 에너지를 방출하는 뭔가가 있다면 그것은 용암 호수가 됩니다. 당신의 주전자들은 과열되어 부서지고 녹을 것입니다.

당신이 불과 열에 잘 견디는 주전자와 전선을 어떻게 구했다고 칩시다. 그러면 주전자들은 수증기의 아래층을 너무 빠르게 가열할 것입니다. 대류가 방출하는 것보다 열이 더 빠르게 흐르면 수증기의 온도가 올라갈 거고요. 결과적으로 주전자 들판이 오래 가동되면 수증기는 기체에서 플라스마로 바뀌기 시작할 거예요.

당신이 강을 건너려고 할 때 목격할 현상은 다음과 같습니다.

강바닥의 진흙 위를 걸으면 왼쪽으로 강한 열을 방출하는 거대한 수증기 기둥이 보이고, 기둥의 바닥에는 빛나는 용암 호수가 있습니다. 오른쪽으로는 강한 바람이 강바닥을 따라 불어옵니다. 바람은 잠시 당신을 식혀주겠지만 너무 강하면 당신을 용암 호수 쪽으로 날려버릴 수도 있습니다. 위에서는 약간의 비가 내려 땅을 따뜻한 진흙으로 바꿉니다. 머리 위에는 미국 전체의 전기가 용암 호수로 밀려오면서 전선들이 불꽃을 튀기며 소리를 내고 있습니다.6

이 지점에서 당신은 깨닫게 될 겁니다. 당신은 전기 주전자들을 켤 필요도 없었다는 것을요. 주전자들을 강물로 채우는 데 30분이 걸렸어요. 그 시간이면 그 부분에서 강물을 빼낸 다음 걸어서 건너갈 수 있었을 거예요.

하지만 강물을 끓이는 것만큼 재미있지는 않았을 겁니다.

---

6 주전자들을 치우고 나면 이들이 남긴 크레이터가 강물로 채워져 당분간 주전자 구멍 연못이 만들어질 것입니다(이것을 비웃었던 대략 4명의 빙하 전문가에게 감사드립니다).

3억 개의 주전자를 구할 수 없다면**7** 연으로 강을 건널 수도 있어요.

연과 강을 건너는 것 사이에는 약간의 역사가 있습니다. 공학자들이 나이아가라폭포 아래에 있는 협곡을 가로지르는 현수교를 건설할 때, 먼저 줄 하나를 한쪽 절벽에서 다른 쪽으로 연결해야 했어요.

---

7 어떤 이유인지는 모르겠지만.

그들은 어떻게 줄을 강 건너로 연결할지 아이디어를 모았습니다. 배에 싣고 건너는 것을 생각했지만 강물이 너무 거칠고 빠르게 흘러서 하류로 한참 떠내려가지 않고는 배로 건널 수가 없었어요. 협곡은 너무 넓어서 활을 쏘아서는 넘길 수가 없었고, 대포와 로켓도 고려했다가 포기했죠. 결국 그들은 연날리기 대회를 열기로 결정했어요. 연을 협곡의 한쪽 절벽에서 다른 쪽으로 날리는 사람에게 10달러의 상금을 주기로 했습니다.

며칠의 노력 끝에 15세의 호먼 월시Homan Walsh가 협곡을 연결하는 데 성공했어요. 그는 캐나다 쪽에서 연을 날려서 미국 쪽에 있는 나무에 연이 걸리게 해 상금을 받았어요. 공학자들은 그 줄을 이용해서 더 강한 줄을 연결했고 몇 번을 반복한 뒤 두 나라를 1센티미터 두께의 선으로 하나로 묶었습니다.8 그리고 더 많은 선을 연결하고, 한 쌍의 탑을 세우고, 결국에는 현수교를 설치했습니다.

---

8 1848년 7월 13일, 〈버펄로 상업광고The Buffalo Commercial Advertiser〉에는 '폭포에서 일어난 사고'라는 기사가 났습니다. 속보로 나온 내용은 아주 귀여운 새 피비(딱새과의 작은 새-옮긴이)가 '안개 폭포의 하녀Maid of the Mist Falls'라는 관광객용 증기선의 외륜 근처에 둥지를 틀었고, 몇 년 연속으로 새끼를 키우고 보살피는 데 성공했다는 것이었어요. 나는 옛날 신문이 좋아요. 이런 속보를 스마트폰 알림으로 받는다면 정말 좋을 것 같네요.

호먼 월시의 경로로 강을 건너겠다면 중간 단계는 생략하고 당신이 직접 연을 타고 날아가면 됩니다. 사람을 태우는 연은 1800년대 후반과 1900년대 초반에 잠시 시도되다가 비행기가 발명되면서 인기를 잃었어요.

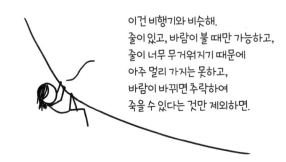

이건 비행기와 비슷해.
줄이 있고, 바람이 불 때만 가능하고,
줄이 너무 무거워지기 때문에
아주 멀리 가지는 못하고,
바람이 바뀌면 추락하여
죽을 수 있다는 것만 제외하면.

물론 사람을 태운 모든 연이 바람이 바뀌는 것 때문에 끔찍한 추락으로 끝나는 건 아니에요. 가끔은 전혀 다른 이유로 추락하기도 하거든요!

1912년, 보스턴의 연 제작자 새뮤얼 퍼킨스Samuel Perkins는 로스앤젤레스에서 사람을 태우는 연을 시험했어요. 그는 200피트(61미터)라는 기록적인 높이까지 올라갔는데 지나가던 비행기가 연줄을 끊어버렸어요. 기적적으로, 펄럭이는 연이 낙하산 역할을 해서 퍼킨스는 그 추락에서 최소한의 부상만 입었고 살아남았어요.**9**

---

9 그 비행기의 날개도 파손됐지만 조종사는 무사히 착륙할 수 있었어요.

사람을 태운 연의 가장 흔한 결과

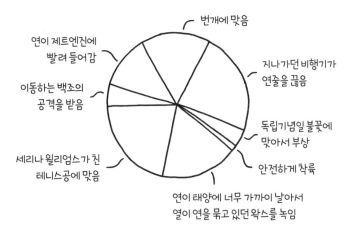

- 번개에 맞음
- 연이 제트엔진에 빨려 들어감
- 지나가던 비행기가 연줄을 끊음
- 이동하는 백조의 공격을 받음
- 독립기념일 불꽃에 맞아서 부상
- 세리나 윌리엄스가 친 테니스공에 맞음
- 안전하게 착륙
- 연이 태양에 너무 가까이 날아서 열이 연을 묶고 있던 왁스를 녹임

당신은 연 대신 풍선을 사용할 수 있어요. 풍선과 연은 이상하게도 닮았어요. 줄에 매달린 풍선과 연의 줄은 방향이 같지만 그렇게 되는 방식은 서로 달라요. 줄에 매달린 연은 중력 때문에 땅과 편평하게 누워 있기를 '원하고', 바람이 위로 올리는 힘을 만들어요. 결과적으로 만들어지는 방향은 두 힘이 합쳐진 겁니다.

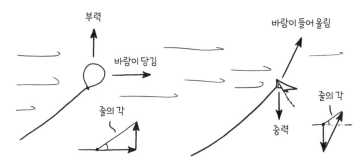

이와 달리 풍선은 똑바로 위로 올라가기를 '원하고', 바람이 옆으로 당겨요. 역시 결과적으로 만들어지는 방향은 두 힘이 합쳐진 것입니다. 하지만 바람이 강해지면 연은 점점 위로 올라가고 풍선은 점점 옆으로 가요.

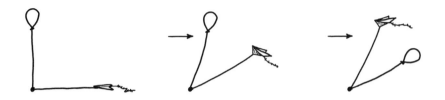

일단 강을 건넜으면 문제는 내려오는 겁니다. 하지만 이건 쉬워요. 중력은 확실히 당신 편이니까요. 당신이 무엇을 타고 있든(연, 풍선 혹은 다른 이상한 기계) 조금만 잘 날지 못하게 만들기만 하면 나머지는 중력이 해결해줄 거예요.

더 위험한 과학책

7.
집을 통째로 날려서
이사하는 방법

이사 갈 곳을 정했으니까 이제 짐을 전부 옮겨야죠.

짐이 그렇게 많지 않고 멀리 가지 않는다면 쉬운 일입니다. 그냥 짐을 가방에 싸서 이전 집에서 새집으로 옮기기만 하면 되죠.

불행히도 짐이 너무 많다면 이사는 아주 힘든 일이 될 수 있습니다. 이사를 준비하는 도중에 많은 사람들은 자신의 모든 짐을 보고, 해야 할 일이 얼마나 많은지 알게 되면 모든 걸 땅에 묻어버리고 몸만 가는 것이 더 쉬울 듯하다는 사실을

깨닫게 되죠. 이것도 아주 좋은 방법이에요! 이 방법을 택하기로 했다면 3장 '삽으로 땅속에 묻힌 보물을 캐내려 한다면?'을 참고하세요.

그렇지 않다면 짐을 싸야죠. 대부분의 사람들이 선택하는 표준적인 짐 싸는 방법은 모든 짐을 상자에 넣어 상자를 집 밖으로 옮기는 것입니다.

바로 풀어야 하는
중요한 짐

풀기 전에 몇 주 동안은 집 안에
놓여 있을 상자들

몇 년 동안 그대로 두었다가 언젠가
열어 보고 전부 버리게 될 상자들

앞마당으로 이사할 게 아니라면 아직 끝나지 않았죠. 당신은 아직 짐을 50피트(15미터) 정도밖에 옮기지 않았어요. 어디로 이사하느냐에 따라 아직 수백 킬로미터가 남아 있을지 모릅니다. 거기까지 어떻게 가면 될까요?

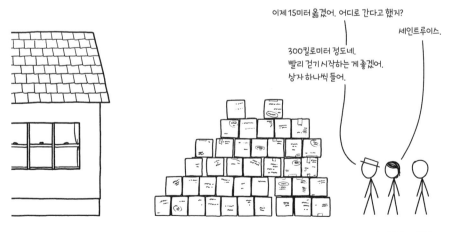

이제 15미터 옮겼어. 어디로 간다고 했지?

세인트루이스.

300킬로미터 정도네.
빨리 걷기 시작하는 게 좋겠어.
상자 하나씩 들어.

더 위험한 과학책

맨손으로 짐을 옮기는 것은 좋은 생각이 아닙니다. 당신이 약 40파운드(18킬로그램중)를 들 수 있다고 하죠. 일반적인 방 4개인 집의 가구와 집기들은 약 1만 파운드(4,500킬로그램중)가 됩니다. 그러니까 당신은 총 250번을 왕복해야 한다는 말이죠.1 만일 3명이 도와주고 당신이 하루에 10마일(16킬로미터)을 걸을 수 있다면2 이사하는 데 7년이 걸릴 것입니다.

한 번 크게 움직여서 모든 짐을 한꺼번에 옮길 수 있다면 일이 훨씬 쉬울 것입니다. 좋은 소식은 마찰이 없는 진공에서는 물건을 옆으로 미는 데 아무런 일이 필요하지 않다는 것이에요. 언덕 아래로 움직인다면 그 움직임은 음의 일을 필요로 해요. 에너지를 얻는다는 말이죠! 나쁜 소식은 당신이 마찰이 없는 진공에 살고 있지 않다는 겁니다. 이사할 때 유리한 것이 분명한데도 대부분의 사람들은 진공에 살지 않죠.

---

1 그리고 냉장고는 옮길 수 있을 무게가 되도록 잘라야겠죠.
2 이건 평균 거리예요. 돌아올 때는 짐이 없으니까 더 빨리 걸을 수 있을 거예요.

마찰과 공기가 있는 우리 세계에서는 물건을 움직이려면 일을 해야 합니다. 당신 짐 1만 파운드는 무겁기 때문에 옆으로 밀려면 힘이 필요해요. 땅이 미치는 마찰력은 상자와 땅 사이의 마찰계수에 상자의 무게를 곱하기만 하면 됩니다. 마찰계수를 측정하려면 얼마큼 기울여야 미끄러지는지를 측정하여 그 각도의 탄젠트의 역함수를 구하면 됩니다.

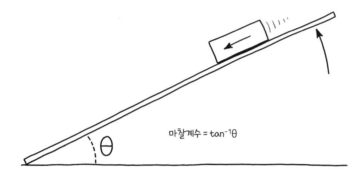

$$\text{마찰계수} = \tan^{-1}\theta$$

시멘트 판에서 미끄러질 때의 마찰계수는 0.35 정도입니다. 상자를 땅에서 옆으로 밀기 위해서는 3,500파운드(1,600킬로그램중)의 힘이 필요하다는 말이에요. 이것은 한 사람이 내기에는 너무 큰 힘(15명으로 구성된 엘리트 줄다리기 팀이 내는 힘과 비슷해요[3])이지만, 큰 픽업트럭이라면 가능해요.

좋아, 계속 밀어!

---

3 그래요. 실제로 엘리트 줄다리기 팀이 있어요. 이 스포츠는 흔히 생각하는 것보다 훨씬 더 위험한 것이에요. 무섭고 자세한 내용은 'what-if.xkcd.com/127'을 보세요.

1만 파운드의 짐을 300킬로미터 옮기는 데는 약 5기가줄의 에너지가 필요합니다. 일반 가정집에서 60일 동안 쓰는 전기와 비슷해요. 엘리트 줄다리기 팀을 쓴다면 200일 동안 매일 2,000칼로리를 쓰는 거예요. 아주 많아 보이지만 그렇지 않아요. 휘발유로는 40갤런(150리터)밖에 되지 않거든요.

트럭이 당신의 모든 짐을 미국 대륙을 가로질러 밀 수 있을 정도로 충분히 강력해도, 이것은 짐을 옮기기에 좋은 방법은 아닐 거예요. 종이 상자가 길 위에서 미끄러지면 닳을 것이고, 당신의 짐이 바닥에 갈려서 천천히 사라질 테니까요.

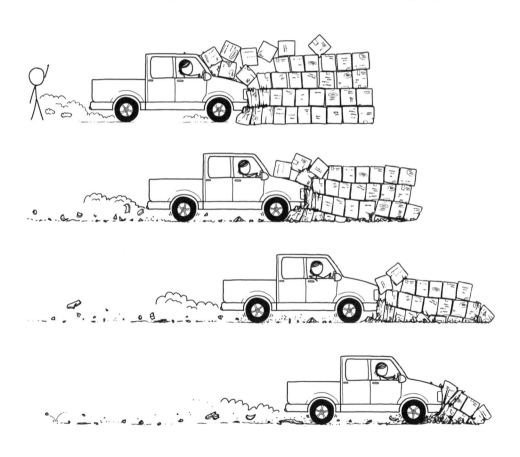

모든 짐을 마찰에 강한 재료로 만들어진 썰매에 올려놓으면 상황이 나아질 수 있겠죠. 썰매 아래 구르는 것을 놓고 같이 움직이게 하면 상황은 훨씬 더 나아질 거예요. 여기에 차축을 추가하면 구르는 것을 계속 새로 놓을 필요가 없을 거예요. 축하해요. 당신은 바퀴를 발명했어요!

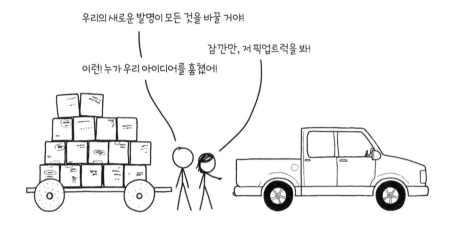

당신은 이사할 때 기본인 트럭을 재발명한 겁니다. 하지만 짐을 싸는 것은 여전히 힘든 일이죠. 그렇다면**4** 다른 선택이 있습니다. 집을 통째로 옮기는 거예요.

짐을 싸지 않고 이사하기

집은 언제라도 장소를 바꿀 수 있어요. 간혹 역사적인 이유로 보존하기 위해서 옮겨지기도 해요. 어떨 때는 처음부터 새로 짓는 것보다 다른 곳에서 빈집을 가져오는 게 더 싸요. 그리고 간혹 집을 옮기기로 결정하는 사람들도 있어요. 돈이

---

4 사람을 고용해서 짐을 싸게 하는 것도 싫다면.

　　　　　　　　　　　　　　　　　　　　더 위험한 과학책

충분히 많다면 그냥 그렇게 하고 이유를 설명할 필요도 없어요.

집은 무거워요. 집 안에 있는 짐을 모두 합친 것보다 훨씬 더 무겁죠. 집의 무게는 아주 다양하지만 기초까지 포함해서 대략 1제곱피트당 200파운드(91킬로그램중)가 될 겁니다. 기초를 포함하지 않는다면 훨씬 덜 무거울 거예요. 평균 크기의 단층집은 콘크리트 기초와 슬래브를 포함해서 15만~35만 파운드(6만 8,000~15만 9,000킬로그램중)가 됩니다.

집을 드는 것은 무거워서가 아닌 다른 이유로도 어려워요. 집은 단단한 것 같지만 기대만큼 그렇게 단단하지 않아요. 작업하는 사람은 이것을 킹사이즈 매트리스를 들어 올리는 것에 비유해요. 한쪽을 들어 올리면 그쪽만 올라가는 거죠.

집을 들려면 집의 하중을 받는 부분에 맞추어 기초에 구멍을 뚫고 I빔을 놓아야 해요. 그런 다음 I빔을 들어 올리면 집을 들 수 있어요.

먼저 집을 기초에서 분리해야 하는데, 이는 기초와 집의 틀 사이에 있는 '허리

케인 타이'를 제거하는 것을 의미합니다. 허리케인 타이는 정확하게 지금 당신이 하려는 일을 막기 위해 거기에 있어요.5

일단 기초에서 집을 들어 올리면 이제 실을 차량을 찾아야 합니다. 평상형 트럭이 가장 좋은 선택일 겁니다. 그리고 길이 충분히 넓다고 가정하고, 이 트럭을 몰고 새로운 장소로 가면 됩니다. 급회전은 하지 않도록 주의하세요.

집을 운전하는 것은 자동차 운전보다 어려워요.6 당신 집이 비정상적으로 가볍고 공기역학적으로 만들어지지 않았다면 연비도 심각할 것입니다. 어느 정도의 연비를 기대하나요? 우리는 기본적인 물리학으로 연비를 계산할 수 있어요. 현대의 내연기관은 약 30퍼센트의 연료를 유용한 일로 바꿀 수 있습니다. 고속

---

5 허리케인 타이가 없다면 해야 할 일이 줄 수도 있어요. 충분히 오래 기다리면 허리케인이나 토네이도가 와서 당신 대신 집을 옮겨줄 수도 있거든요.
6 우선 평행 주차는 아주 큰 문제예요. 이와 달리 합류 도로에서는 사람들이 아마 더 많이 양보해줄 거예요.

더 위험한 과학책

도로의 속도에서는 엔진의 일 대부분이 공기저항과 싸우는 데 사용되죠. 그러므로 차가 얼마만큼의 연료를 사용하는지는 당신 집과 관련된 변수들을 저항 방정식에 집어넣기만 하면 됩니다(공기 흐름 이외의 저항도 있기 때문에 이것은 가장 좋은 경우의 결과일 거예요).

$$\text{연비} = \frac{\text{휘발유 에너지밀도}}{\frac{1}{2} \times (\text{공기 밀도}) \times (\text{집의 높이}) \times (\text{집의 가로 길이}) \times (\text{저항계수}) \times (\text{속도})^2}$$

$$= \frac{35\frac{\text{MJ}}{\text{L}} \times 30}{\frac{1}{2} \times 1.28\frac{\text{g}}{\text{L}} \times 18\text{ft} \times 36\text{ft} \times 2.1 \times (45\text{mph})^2} = 1\text{갤런당 } 0.8\text{마일}$$

나는 물리학에 '고속도로에서 우리 집의 연비는 얼마나 될까?'와 같은 어이없는 질문을 하고, 물리학은 여기에 답을 주는 것이 너무 좋아요.

속도가 빨라지면 저항은 빠르게 증가해요. 시속 45마일(시속 72킬로미터)로 움직이면 연비는 1갤런(3.8리터)당 0.8마일(1.2킬로미터)이 됩니다. 조금 더 빠른 시속 55마일(시속 88킬로미터)이 되면 효율은 1갤런당 0.5마일(800미터)로 떨어져요. 당신 집이 아우토반에서 시속 80마일(시속 128킬로미터)의 속도로 달리면 연비는 1갤런당 0.2마일(320미터)보다 작아져서 1,200피트(366미터) 이동할 때마다 휘발유 1갤런을 써야 할 거예요.

집을 그렇게 빠르게 달리게 하면 안 됩니다. 시속 80마일의 바람은 지붕에서 중요한 부품들을 날려버릴 수 있거든요. 제한속도를 넘지 않더라도 집을 몰고 무모하게 달리는 것을 경찰이 좋아하지는 않을 거예요.[7]

---

7 고속도로로 집을 옮기려면 특별한 '제한 차량 운행' 허가를 받아야 할 거예요. 웹툰 작가가 쓴 책에서 소개한 방법으로 집을 옮기고 있다면 그런 허가를 받지 않았을 가능성이 높겠네요.

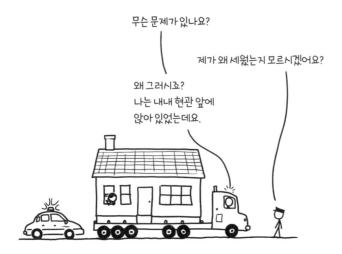

만일 단속에 걸린다면 당신은 집 안에 있었다고 주장해볼 수 있어요. 경찰은 영장 없이는 들어올 수 없을 거예요. 미국에서는 이유가 있으면 경찰관이 차를 수색할 수 있지만 집은 수색할 수 없거든요. 완전범죄예요!

그런데 법은 그렇지 않을 수도 있어요. 1985년 캘리포니아주 대 카니Carney의 재판에서 대법원은 캠핑카와 레저용 차는 주차되어 있어도 차량으로 간주되어 영장 없이 수색할 수 있다고 판결했거든요. 이동성과 주행 가능성을 차량인지 아닌지 판단하는 핵심 요소로 보고 수색이 가능하다고 판단한 거죠.

'빠르게 움직일' 수 있는 능력이 분명한 판단 기준이다. 이 경우는 지속적으로 준비된 이동성을 자동차인지 판단하는 기본적인 원칙으로 여겼다.
– 캘리포니아주 대 카니, 471, U.S. 386(1985).

내가 알기로는 어떤 법원도 트럭에 실려서 운반되는 집을 차량인지 아닌지 판단하는 구체적인 질문에 판결을 내린 적은 없어요. 하지만 당신의 법적 근거는

더 위험한 과학책

불안정하다는 사실을 알아두기 바랍니다.

집을 날려서 옮기기

차로 옮기는 계획을 세우는 도중에 당신은 아마도 낮은 고가도로나 좁은 길과 같은 장애물을 발견했을 겁니다. '제한 차량 운행' 허가를 신청하는 것이 별로 내키지 않을 수도 있고요. 또는 차로 가기에는 너무 급할 수도 있을 거예요. 그렇다면 날아가는 것을 시도할 수 있어요.

집 전체를 공중으로 옮기는 것은 만만찮은 일이에요. 세계에서 가장 강력한 헬리콥터는 2만~5만 파운드(9,000~2만 2,700킬로그램중)를 들 수 있어요. 이것은 중간 크기 집의 짐 1만 파운드(4,500킬로그램중)를 나르기에는 충분하지만 집 자체를 옮기기에는 충분하지 않습니다.

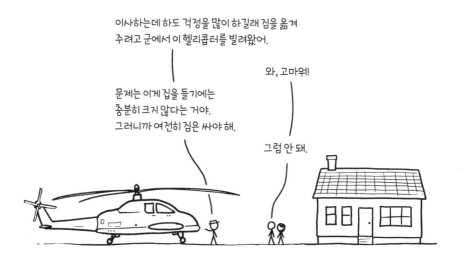

이사하는데 하도 걱정을 많이 하길래 짐을 옮겨주려고 군에서 이 헬리콥터를 빌려왔어.

와, 고마워!

문제는 이게 집을 들기에는
충분히 크지 않다는 거야.
그러니까 여전히 짐은 싸야 해.

그럼 안 돼.

헬리콥터 한 대로 집을 들 수 없다면… 여러 대로는 어떨까요? 헬리콥터를 여러 대 빌려서 동시에 날면 더 무거운 것을 들 수 있지 않을까요?

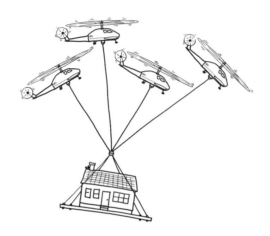

여러 대의 헬리콥터로 뭔가를 드는 것은 몇 가지 어려움이 있어요. 헬리콥터들은 충돌을 피하기 위해서 서로 다른 방향으로 당겨야 하는데 그러면 들 수 있는 전체 무게가 줄어듭니다. 그리고 부딪치지 않게 조심해서 움직여야 해요. 하지만 이 두 문제는 헬리콥터 여러 대를 단단하게 묶어 하나처럼 만들어 해결할 수 있어요.

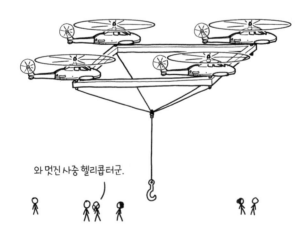

와 멋진 사중 헬리콥터군.

더 위험한 과학책

이 아이디어는 말도 안 되는 것 같지만, 놀랍게도 미군은 냉전 시대에 이런 연구를 했어요. 178쪽짜리 보고서에서 미군은 정교한 기술로 두 대의 헬리콥터를 하나로 묶어 특별히 무거운 물체를 드는 시스템을 만드는 아이디어를 분석했습니다. 이 프로젝트**8**는 계획 단계를 넘어서지 못했어요. 어쩌면 만들어진 모습이 짝짓기 하는 잠자리와 너무 비슷해 보였기 때문일 수도 있어요.

다중 헬리콥터를 이용하여 무거운 물체를 드는 시스템
(1972년 미 해군 실현 가능성 연구)

짝짓기 하는 잠자리

화물 비행기는 헬리콥터보다 더 많이 들 수 있어요. C-5 갤럭시와 같은 큰 비행기는 약 30만 파운드(13만 6,000킬로그램중)를 들 수 있는데, 이것은 중간 크기 집을 옮기기에 충분하고, 집이 작은 기초 위에 있으면 기초까지도 옮길 수 있어요. 무게보다는 크기가 더 문제예요. 대부분의 집은 C-5 갤럭시의 짐칸에 들어가기에는 너무 크거든요.

유달리 큰 짐들을 옮기도록 설계된 고래 모양의 특별기가 몇 대 있어요. 보잉 드림리프터Dreamlifter나 에어버스 벨루가 XL과 같이 아주 큰 비행기는 다른 비행

---

8 ‘HELICENTIPEDE’라는 암호명으로 실제로 실행되었어요.

기를 만들 때 그 부품을 공장들 사이로 운반하기 위해서 만들어졌어요. 잘 부탁하면 에어버스나 보잉이 하나 빌려줄 수도 있을 거예요.

당신 집을 비행기 안에 넣을 수 없다면 위에 얹으면 됩니다. 이것은 NASA가 우주왕복선을 옮기는 방법이에요. 특별하게 만든 보잉 747 위에 우주왕복선을 얹어서 옮기죠.

우주왕복선 궤도선을 운반하기 위해 이 비행기는 동체 상단에 돌출된 특수 마운트를 가지고 있어요. 이 마운트는 우주왕복선 궤도선의 배꼽에 있는 구멍에 끼워져요. 마운트 옆에는 사용법이 적힌 표지판이 있어요. 우주항공 산업 역사에서 가장 뛰어나면서 유일한 농담이죠.

> 궤도선을 여기에 붙이시오.
> 주의: 검은 쪽을 아래로 할 것.

당신 집을 운반용 비행기 위에 붙이면 시속 500마일(시속 800킬로미터)의 바람을 맞게 된다는 사실을 기억하세요. 이는 대부분의 구조물들이 견딜 수 있는 것보다 훨씬 더 강한 바람이에요. 그리고 비행기 조종에도 영향을 줄 수 있어요.

당신 집을 비행기로 옮기는 데는 또 다른 문제가 있어요. 수직으로 이착륙을 할 수 있는 헬리콥터와 달리 비행기는 수많은 전봇대와 나무와 이웃집을 쓰러뜨리지 않고 당신 집을 옮길 수 없어요. 당신이 활주로 끝에 살지 않는 한 이륙은 문제가 될 겁니다.[9]

---

9 만일 당신이 정말로 활주로 끝에 살고 있다면 당신 집주인의 보험에 대해서 정말 알고 싶네요. 그리고 당신의 자동차보험은 비행기와의 충돌도 보장하는지 궁금해요.

그런데 당신이 원하는 바가 집을 공중으로 올려서 옆으로 움직이는 것이 전부라면 비행기 전체가 필요할 이유가 있을까요? 움직이게 해주는 부분만 있으면 되지 않나요? 787 드림라이너의 엔진은 7만 파운드(3만 2,000킬로그램중)의 힘을 낼 수 있고 무게는 1만 3,000파운드(5,900킬로그램중)밖에 되지 않아요. 엔진 두 개면 작은 집을 들어 올릴 수 있다는 말이죠. 이것을 이용하는 방법은 명확해요.

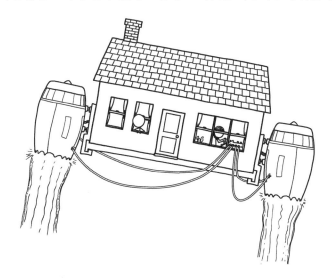

당신은 아마도 여객기 엔진은 제자리에 떠 있는 데 적합하지 않다고 생각할지 모릅니다. 어쨌든 엔진은 연소를 위해서 산소가 필요하고 산소는 앞쪽에 있는 커다란 입구로 흘러 들어와야 하니까요. 그래서 앞으로 움직이지 않으면 공기를 빨아들이는 효율이 떨어질 것처럼 보일 겁니다. 하지만 대부분의 터보팬 엔진은 가만히 있을 때 최고의 추력을 만들어냅니다. 속도가 빠르면 엔진이 공기를 더 효율적으로 빨아들이기는 해요. 하지만 들어오는 공기가 만들어내는 저항이 엔진이 만들어내는 추력을 방해합니다. 마하 1(소리의 속도, 즉 초속 340미터-옮긴이)에 가까운 아주 빠른 속도가 되어야 램 효과가 엔진의 추력을 다시 높여줍니다.

이론적으로는 집을 들어 올리는 데 두 개의 엔진이면 충분하지만 당신은 안전과 안정감을 위해서 세 번째와 네 번째 엔진을 추가하기를 원할 수 있어요.

좋습니다. 당신의 집을 들었어요. 이제 얼마나 오래 날아갈 수 있을까요?

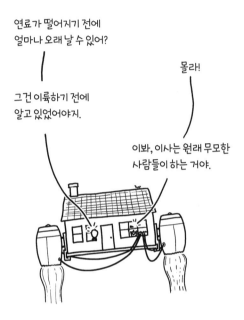

떠 있는 동안 제트엔진은 많은 연료를 필요로 합니다. 해수면 근처에서 최대 출력을 내면 각 엔진은 1초당 1갤런(3.8리터) 정도의 제트엔진 연료를 사용해요. 더 많은 연료를 가져가면 더 오래 떠 있겠지만 더 무거워진다는 말도 되죠. 연료가 너무 많으면 무거워서 뜨지 못할 겁니다.

이런 종류의 비행기가 가장 많은 양의 연료를 싣고 얼마나 오래 떠 있을지 계산하려면 엔진의 비추력(연료의 단위무게가 1초 동안 소비될 때 발생하는 추력–옮긴이)에 엔진의 추력과 무게의 비의 자연로그를 곱하면 됩니다. 그러면 엔진이 연료를 가득 채우고 출발하여 떠 있는 시간을 알게 돼요.

더 위험한 과학책

$$\text{떠 있는 시간} = \frac{\text{엔진의 추력}}{\text{질량 흐름률}^* \times \text{중력}} \times \ln\left(\frac{\text{엔진의 추력}}{\text{엔진의 무게}}\right)$$

(*질량 흐름률: 유체의 밀도와 선형 속도를 곱한 값 – 옮긴이)

해수면에서 제자리에 떠 있는 현대의 큰 터보팬 엔진은 이 값이 90분이 조금 넘어요. 추가로 당신 집의 무게를 더하면 떠 있는 시간은 아무리 많은 엔진을 사용하더라도 90분보다 짧다는 말이죠. 수평 속도를 시속 60~70마일(시속 97~113킬로미터)로 제한하고 100마일(160킬로미터) 이상을 움직이려고 한다면 중간에 세워서 연료를 보충해야 합니다.**10**

---

10 만일 날아가는 도중에 연료가 떨어져서 추락하기 시작한다면 5장에서 '추락하는 집을 착륙시키는 법' 부분을 참고하기 바랍니다.

이사 들어가기

새집에 도착하면(또는 당신의 옛집이 새로운 장소에 도착하면) 해야 할 일이 엄청나게 많습니다. 만일 집 전체를 가지고 왔다면 기초를 파야할 거예요.11 만일 기초가 있는 곳이라면 당신의 집을 기초와 연결하여 단단하게 고정시켜야 해요. 당신이 사용하려는 기초 위에 이미 다른 집이 있다면 당신 집을 내려놓기 전에 그 집을 반드시 치우세요. 누군가를 미리 보내서 다른 엔진 세트로 당신의 목적지에 있는 집에다가 앞에서 했던 단계를 반복하게 하면 됩니다. 집이 공중에 뜨면 제트엔진을 완전히 켜고 밖으로 뛰어내립니다. 그다음에는 더 이상 걱정할 필요가 없어요. 이제 그건 다른 사람의 문제니까요.

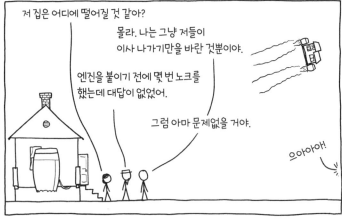

---

11 3장 '삽으로 땅속에 묻힌 보물을 캐내려 한다면?'을 참고하세요.

이사를 하고 나면 난방이나 물, 전력과 같은 시설을 설치해야 할 것입니다.**12** 당신이 특별히 시민의식이 높거나 새로운 사회의 일원이 되는 것이 기쁘다면 새 이웃들에게 인사할 수도 있겠어요.

짐 풀기

당신의 짐을 상자에 담아 가져왔다면 (또는 날아오는 동안 보호하기 위해 포장을 해두었다면) 해야 할 일이 많을 것입니다. 먼저 가구를 배치해야 물건을 놓을 곳이 생기겠죠. 그리고 짐을 풀어서 물건을 어디에 놓을지 생각해야 해요. 아마도 많은 시행착오가 있겠네요.

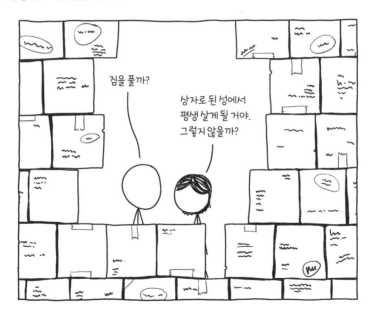

---

12 16장 '다양한 에너지원으로 집에 전력을 공급하는 법'을 참고하세요.

짐을 푸는 것이 너무 어려워 보이면 인류가 집을 한 곳에서 다른 곳으로 옮기는 것을 계속해오는 동안 언제나 가장 인기 좋았을 것으로 짐작되는 전략을 쓸 수도 있어요. 매트리스를 놓기에 충분할 정도로 바닥을 치운 다음 칫솔과 휴대폰 충전기를 담은 상자만 풀고 나머지는 다음 날 아침에 생각하는 거죠.

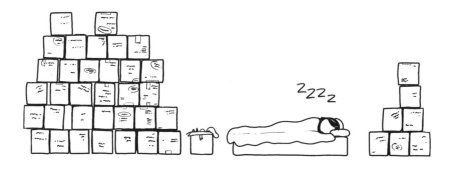

　　　　　　　　　　　　　　　　　　　더 위험한 과학책

8.
지질구조판이 움직여도
내 집을 지키는 방법

일단 집 안에 자리를 잡았으면 대체로 집이 그 자리에 가만히 있기를 원하죠.

집이 바람에 날아가거나 누군가가 집에 제트엔진을 붙여 멀리 날려 보내버릴 것이 걱정된다면 허리케인 타이로 집을 기초에 묶어둘 수 있습니다. 기초는 긴 금속 기둥을 이용하여 기반암에 고정시킬 수 있어요.

그런데 기반암 자체가 움직이면 어떡할까요?

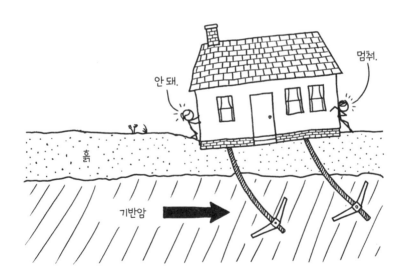

더 위험한 과학책

지질구조판은 항상 움직입니다. 미국 대륙의 많은 곳은 지구의 나머지 부분에서 볼 때 1년에 약 1인치(2.5센티미터) 서쪽으로 움직여요. 옆집과의 경계도 지각과 함께 움직이는 것이 분명합니다. 그렇지 않다면 이상한 일이 벌어질 것이기 때문이죠. 1년에 1인치의 움직임이면 10~20년 동안 당신 정원의 일부는 잃어버리고 이웃집 정원의 일부가 당신 것이 되기에 충분해요.

지리학적인 경계는 좌표로 결정되지 않고 보통 땅에 고정됩니다. 일반적으로 경계의 정확한 위치에 대한 법적인 효력은 어떤 좌표나 경계를 설명하는 글로 나타내지 않아요. 경계는 최초 조사에 의해 남겨진 표시와 그 표시가 이동하거나 훼손될 경우 위치를 다시 결정하는 데 사용할 수 있는, 조사관이 작성한 문서로 표현됩니다.

미국과 캐나다의 국경을 결정하는 국제 국경선 위원회는 정기적으로 국경선에 대한 최신 좌표를 발표합니다. 하지만 국경선이 어디에 있는지는 바꾸지 않아요. 그저 모든 사람에게 국경선에 대한 더 나은 정보를 제공해줄 뿐이죠.

실제 국경은 '국경 표지석(보통 땅에 박힌 화강암 오벨리스크나 철 기둥)'과 사진과 조사된 정보로 결정됩니다. 땅이 움직이면 경계도 움직이고, 그래서 좌표가 수정되어야 하는 거죠.

이 수정의 필요성을 줄이기 위해서 여러 국가와 기관에서는 특정한 지질구조판에 고정되어 있는 약간 다른 위도와 경도선(측지 자료)를 사용하기도 해요. 이 선은 지질구조판과 함께 움직이고 다른 선과 몇 미터 차이가 날 수 있어요. 이 차이 때문에 어떤 경도와 위도 좌표도 그 좌표에 포함된 많은 정보 없이는 명확하게 정해질 수 없어요. 정확한 좌표를 다루어야 하는 사람은 골치가 아프겠다는 생각이 들었다면, 맞아요.

대륙에 특화된 좌표를 사용하면 정부와 땅 소유주들은 땅이 움직이는 문제를 일부 해결할 수 있습니다. 하지만 문제가 완벽하게 해결되지는 않아요. 가끔은 대륙의 일부가 여느 부분과 다르게 움직이거든요.

만일 당신 집이 샌안드레아스 단층 같은 지질구조판의 경계에 있다면, 집 마당의 일부가 다른 부분을 기준으로 1년에 1인치 이상 움직일 것이기 때문에 경계 표지석이 맞지 않게 될 거예요. 마당은 천천히 두 조각으로 쪼개질까요? 당신의 집이 주차장과 완전히 분리될 수도 있을까요?

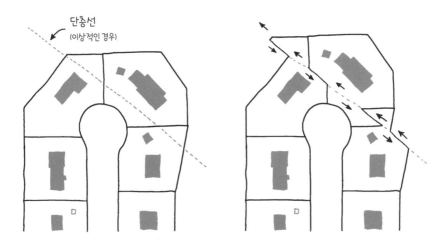

더 위험한 과학책

1964년 알래스카 지진은 앵커리지를 약 15피트(4.6미터)나 옆으로 이동시켰습니다. 이로 인한 땅 소유주들의 질문에 대응하기 위해서 알래스카주는 1966년 모든 경계를 새로운 땅의 위치에 맞도록 다시 조사하게 하는 법을 통과시켰어요. 캘리포니아주도 이와 유사하게 관련된 모든 사람들의 재산을 보호하는 방법으로 경계선을 다시 긋도록 땅 소유주들이 법원에 요구할 수 있게 하는 법인 컬런 지진 시행령Cullen Earthquake Act을 1972년에 통과시켰습니다.

당신이 알래스카나 캘리포니아에 산다면 적어도 이웃들이 당신 집의 일부를 조금씩 소유하게 되는 일은 이 법들이 막아줄 듯이 보일 겁니다. 그런데 문제가 있어요. 법원은 이 법이 갑작스러운 움직임에만 적용된다고 판결했거든요. 조금씩 움직이는 것에는 적용되지 않아요.

1950년대에 캘리포니아의 해변 도시 랜초 팔로스 베르데Rancho Palos Verdes에서는 도로 공사 때문에 느린 산사태가 일어나 주변 전체가 조금씩 아래로 이동하기 시작했어요. 20세기 후반이 되자 수백 미터 이동하여 일부 집들은 시 소유 땅에 놓이게 되었어요. 시는 집 소유주들에게 떠나라고 요구했지만 안드레아 조아누 Andrea Joannou를 포함한 일부 소유주들은 법원에 시가 부동산의 경계를 다시 긋게 하라고 요구하는 소송을 냈습니다. 2013년, 조아누 대 랜초 팔로스 베르데시 사건에서 법원은 시의 손을 들어줬어요. 땅의 이동은 예상 못한 갑작스러운 사건이 아니므로 집 소유주들이 대응할 수 있었다고 결정한 거죠. 예를 들어 집을 기반암에 고정시키든지 몇 년에 한 번씩 집을 위쪽으로 옮길 수 있었다는 거예요.

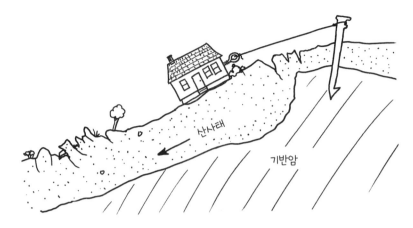

산사태

기반암

만일 기반암 자체가 움직인다면 법의 테두리 밖에 있게 됩니다. 근처에 경계 표지석이 있고 그 표지석이 당신의 땅과 함께 움직였다면, 당신은 땅이 그 표지석과 연결되어 있다고 주장해도 됩니다. 결국 표지석이 경계선을 결정하는 최종 권한을 가졌으니까요. 하지만 경계 표지석이 멀리 있거나 없어져버렸다면(흔히 있는 경우예요) 당신의 땅은 더 큰 규모의 기준에 따른 좌표로만 결정될 수 있습니다. 그러면 당신의 땅 일부가 다른 사람의 소유로 이동한 것을 발견하게 될지 몰라요.

이런 경우에 당신이 취할 수 있는 가장 좋은 방법은 이웃집의 먼 쪽 땅을 사두는 겁니다. 그러면 이웃이 당신 집 일부에 대한 소유권을 주장할 때 당신은 같은 이유로 이웃집 일부에 대한 소유권을 주장할 수 있어요.

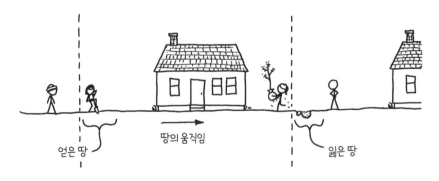

얻은 땅

땅의 움직임

잃은 땅

하지만 특이한 상황에서 경계선에 대한 규정을 적용할 때는 조심해야 합니다. 1991년 테리올트 대 머레이Theriault vs. Murray 재판에서 메인주의 대법원은 경계는 "…**엉뚱한 결과가 나오지 않는 한** 표지석, 경로, 거리, 양의 순서로" 결정된다고 판결했습니다.

당신이 정말로 이웃과 재판까지 간다면… 판사가 상황을 정리하게 될 수 있습니다.

재판장님, 이 조사에 따르면 그의 욕실은 제 소유입니다. 그래서 저는 그가 저희 집 옆 현관을 돌려줄 때까지 욕실을 사용하지 못하게 하겠습니다.

토네이도를 추적하는 법

(소파에서 벗어나지 않고)

나는 폭풍을 추적하고 싶어.
하지만 급할 건 없고 이 소파는 정말 편안해.

당신이 앉아서 충분히 오래 기다린다면 결국에는 토네이도가 당신에게 올 겁니다.
이 지도는 EF-2 또는 그보다 더 강한 토네이도가 정확하게 당신에게 오려면
얼마나 오래 앉아 있어야 하는지(평균적으로) 보여줍니다.

(Cathryn Meyer et al., "A Hazard Model for Tornado Occurrence in the United States", 2002에서 인용)

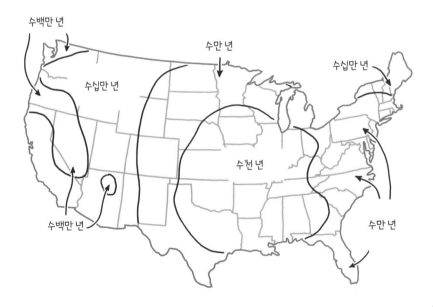

PART2
말도 안 되게 과학적으로
문제 해결하기

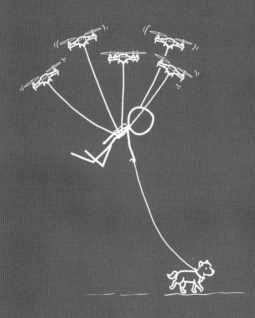

9.
인공 용암을 만들어서
해자에 가두는 방법

당신 집 주위에 용암 해자가 있었으면 하는 이유는 얼마든지 찾을 수 있고, 그 중에는 실용적인 이유도 존재할 겁니다. 도둑을 막거나, 개미가 들어오지 못하게 하거나, 식히려고 창틀에 올려둔 파이를 동네 꼬마들이 훔쳐가지 못하게 하기를 원할 수 있죠. 혹은 당신 집 풍경에 '중세 악마'의 미학 이상의 것을 더하고 싶을 수도 있고, 당신의 이웃이나 소방서 그리고 경계 지정 위원회에 재미있는 것을 보여주고 싶을 수도 있겠죠.

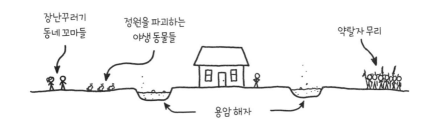

용암 만들기

사실 용암을 만드는 건 이론적으로는 아주 쉬워요. 필요한 재료는 암석과 열 뿐이거든요.

```
용암
영양 성분

용량 : 1KG
화산 하나에서 나오는 양 : 일정하지 않음

총 칼로리 : 350(열)

                              % 1일 권장량*

전체 지방 : 0g                        0%
  포화지방 : 0g                       0%
  트랜스지방 : 0g                     0%
콜레스테롤 : 0g                       0%
소듐(나트륨) : 28g                  1,200%
전체 탄수화물 : 0g                    0%
  식이섬유 : 0g                       0%
  설탕 : 0g                          0%
단백질 : 0g                          0%

칼슘 : 3,500%        철 : 250,000%
마그네슘 : 5,000%    아연 : 450%
  * 퍼센트 1일 권장량은 용암을 먹지 않는
  정상적인 식단을 기준으로 한 것입니다.
```

대부분의 암석은 섭씨 800~1,200도 온도에서 녹습니다. 이것은 가정용 오븐보다는 높지만 고온 용광로나 숯 화덕 또는 거대한 돋보기로도 만들 수 있는 온도예요.

용암을 만드는 재료로는 주변에서 찾을 수 있는 아무 암석이나 사용해도 돼요. 하지만 조심해야 합니다. 어떤 암석은 안에 갇힌 기체 때문에 가열하면 폭발할 수도 있거든요. 지질학 연구와 예술 프로젝트를 위하여 인공 용암을 만든 시러큐스대학의 용암 프로젝트는 위스콘신에서 가져온 수십억 년 된 현무암을 사용했습니다. 이 현무암은 북아메리카 대륙의 핵이 중앙에 균열을 만들어 많은 양의 마그마가 흘러나와서 만들어진 것이에요. 그 균열은 결국 메워졌지만 그믐달 모양 흉터의 밀도 높은 현무암이 중서부 지역의 흙 아래에 묻히게 되었어요.

당신의 관심이 접근하는 것을 불태우는 해자 만드는 데만 있다면 화산암에만 집착할 필요가 없어요. 유리 세공에 쓰이는 녹인 유리나 구리와 같이 적당한 녹는점을 가진 금속을 이용할 수도 있습니다. 녹는점이 낮은 알루미늄이 해자를 만드는 좋은 재료가 되겠지만, 너무 낮은 온도에서 녹기 때문에 빛이 나지 않아요. 불길하게 빛나지 않는다면 사실상 용암 해자가 아니죠.

용암을 녹은 상태로 유지하기

용암은 빛과 적외선 복사의 형태로 에너지를 계속 방출하기 때문에 녹은 상태로 유지하기가 어려워요. 열을 지속적으로 공급해주지 않는다면 용암은 금방 식어서 굳어버릴 겁니다. 단순히 용암을 녹여서 해자에 붓는 것으로 끝나지 않는다는 말이죠. 용암이 식어서 굳지 않게 하려면 잃어버리는 만큼의 열을 계속 공급해주어야 해요.

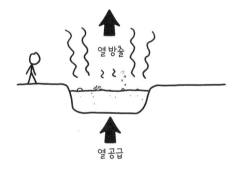

당신의 해자에는 가열 장치가 설치되어야 하는 거죠.

용암 해자는 길고 좁고 위가 열린 고온의 용광로라고 생각할 수 있어요. 이런 종류의 산업용 용광로는 주로 가스로 가열하지만, 고온의 가열 코일을 사용하는 전기 용광로도 있습니다. 가스로 가열하는 것이 훨씬 비용이 적게 들겠지만 전기

용광로는 더 단순하고 더 정확한 온도 조절이 가능해요. 에너지원이 무엇이든 기본적인 디자인은 같습니다. 용암을 담는 도가니, 도가니를 가열하는 가열용 코일이나 뜨거운 가스 제트 그리고 주위를 둘러싸는 단열재죠.

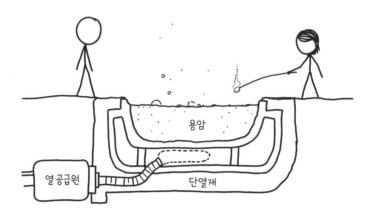

용암은 얼마나 뜨거워야 할까요? 에너지 소비를 줄이기 위해서는 녹는점이 낮은 재료를 선택할 수도 있지만 온도가 너무 낮으면 해자에서 빛이 나지 않아요.

뭔가가 열에 의해 빛나기 위해서는 온도가 섭씨 600도 이상은 되어야 합니다. 그리고 영화 속 용암처럼 낮에도 보이는 정말로 멋진 밝은 치자색을 원한다면 섭씨 1,000도 이상이 필요해요.

우리는 실제 용암의 흐름을 연구하여 용암이 특정 온도에 도달하면 얼마만큼의 에너지를 방출하는지 측정할 수 있습니다. 그러면 용암을 녹은 상태로 유지하기 위해서 에너지를 얼마나 공급해야 하는지 알 수 있죠.

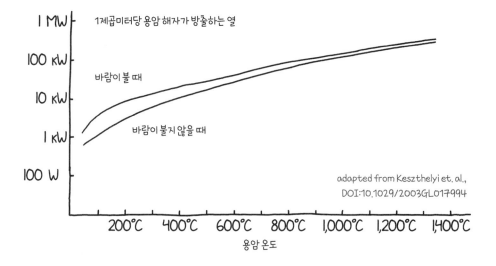

1제곱미터당 용암 해자가 방출하는 열

바람이 불 때

바람이 불지 않을 때

adapted from Keszthelyi et. al.,
DOI:10.1029/2003GL017994

용암 온도

위 그래프를 보면 섭씨 900도의 용암 연못은 1제곱미터당 약 100킬로와트의 열을 방출한다는 것을 알 수 있습니다. 1킬로와트시당 전기 요금이 약 0.1달러라면, 섭씨 900도 용암 해자 1제곱미터를 한 시간 동안 전기로 가열하는 데 드는 비용은 최소 10달러가 됩니다. 만일 당신의 해자가 1미터 폭으로 1에이커(4,000제곱미터)의 면적을 두르고 있다면 용암을 녹은 상태로 유지하기 위해서 드는 비용은 하루에 약 6만 달러가 될 거예요.

1미터 폭은 누군가 침입하는 것을 막기에는 너무 좁아 보여요.[1] 사람은 보통 그 정도는 어렵지 않게 뛰어넘으니까요. 하지만 용암 해자의 열은 해자에 빠지지 않아도 위험해요. 용암 표면 근처의 열은 순식간에 2도 화상을 입히기에 충분할 정도로 강하거든요. 사람은 용암에 접근하는 것조차도 어려울 거예요. 몇 미터 떨어진 곳에 서 있는 사람에게도 전달되는 열은 상당히 강할 겁니다. 소방관 안전 가이드라인에 따르면 10초 이내로 노출된 피부에 고통을 일으키기에 충분한 정도예요.

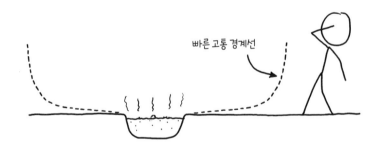

빠른 고통 경계선

1미터 용암 해자는 통과가 불가능하지는 않아요. 두꺼운 옷과 장화를 착용한

---

1 당신의 용암 해자는 개미는 막을 수 있겠지만, 용암 귀뚜라미를 끌어들일 수 있어요. 이 곤충의 학명은 카코네모비우스 포리*Caconemobius fori*로, 최근에 냉각된 용암 위나 근처에 살아요. 이들에 대해서는 많은 것이 알려지지 않았는데, (아마 예상하겠지만) 연구하기 어려운 동물이기 때문입니다.

더 위험한 과학책

사람은 해자에 떨어지거나 근처에 너무 오래 머무르지만 않는다면 부상당하지 않고 뛰어넘을 수 있을 거예요.

당신은 해자를 넓히거나 용암을 더 뜨겁게 해서 뛰어넘는 것을 막을 수 있어요. 두 방법 모두 아래 표처럼 비용을 증가시킬 거예요.

용암 해자 가열 비용 안내서
(둘러싸는 면적 : 1에이커)

폭(넓이)	온도 600℃	온도 900℃	온도 1,200℃
1m	$20,000	$60,000	$150,000
2m	$40,000	$120,000	$300,000
5m	$100,000	$300,000	$750,000
10m	$200,000	$600,000	$1,500,000

식히기

지금까지 우리는 용암을 가열하는 비용만 따졌습니다. 하지만 용암 해자 가운데 살려면 집을 식히는 것도 고민해야 할 거예요. 해자와 집 사이는 간격이 꽤 넓지만 용암의 열복사는 결국 집 안 물건들을 불편할 정도로 뜨겁게 만들 겁니다. 집의 한쪽 면이 해자에서 10미터 떨어져 있을 때, 당신이 그쪽 창문 근처에 선다면 그 열복사는 소방관의 열 노출 한계를 넘을 거예요.

해자를 땅속으로 더 깊이 넣어서 열을 위쪽으로 더 많이 방출하게 하면 집에 도달하는 열복사의 양을 줄일 수 있을 것입니다. 하지만 이렇게 해서 문제를 전부 해결할 수는 없어요. 해자 근처의 땅은 여전히 뜨거워서 당신을 향해 열을 방출할 거예요. 그리고 바람이 불면 용암의 열을 실어 나르겠죠. 이것은 피할 수 없는 문제예요. 바람이 어느 방향으로 불든 언제나 당신을 향하게 됩니다.

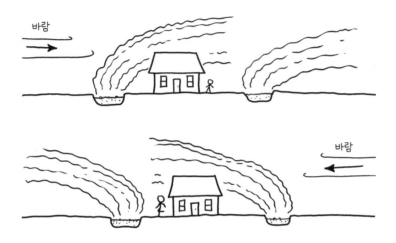

다행스럽게도 집을 식히는 것은 해자를 가열하기보다 쉬워요. 근처에 샘이나 강처럼 차가운 물을 공급할 수 있는 곳이 있다면, 그 물을 벽 속으로 흐르게 하여 열을 빼내면 됩니다. 물은 열용량이 아주 크기 때문에 적은 비용만으로도 많은 열을 제거할 수 있어요. 이 전략은 회사에서 서버 룸을 냉각하기 위해 사용되어 왔습니다. 예를 들어 구글은 바닷물로 냉각 가능하도록 핀란드 해변에 데이터 센터를 가지고 있어요.

더 위험한 과학책

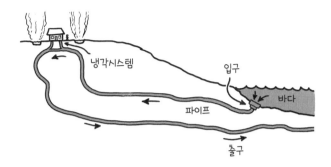

당신의 용암이 유독 기체를 내뿜는다면 해자 바로 밖에서부터 환기를 시켜야 할 수도 있어요. 다행히 용암의 열이 여기서는 도움이 됩니다. 환기용 터널을 해 자 아래 설치한다면 용암에서 올라가는 공기가 낮은 곳에 있는 터널을 통해 공기 를 빨아들일 거예요. 이 '자연 통풍' 효과는 원자로 위에 있는 것과 같은 냉각탑 에서 사용되고, 차가운 공기를 불어넣을 팬의 필요성을 줄일 수 있어요.

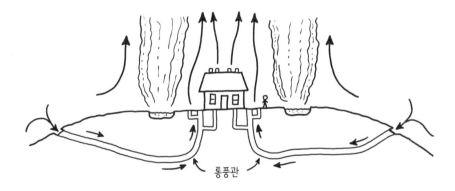

하지만 조심하세요. 바다에서 물을 가져오는 수냉 시스템이라면 갑자기 막힐 수도 있어요. 가끔씩 해파리 떼가 물이 들어오는 입구를 막아 원자로를 긴급 정 지시키는 경우도 있거든요.

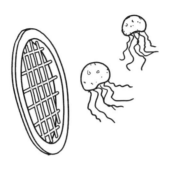

해파리는 용암 해자에 대한 더 큰 문제를 생각하게 해줍니다. 용암 해자를 설치하면 보호는 더 강화되겠지만, 해자에는 취약성을 만들어내는 시설도 있어야 합니다.

해파리 때문에 물 입구가 막히는 것도 충분히 나쁜 일이지만, 초악당의 관점에서 본다면 당신은 집 아래에 있는 통풍관 네트워크를 더 걱정해야 할 겁니다. 우리 모두가 액션 영화에서 배운 것이 있다면….

언제나 침입은 통풍관을 통해서 이루어진다는 사실이죠.

더 위험한 과학책

10.
조지 워싱턴의 은화 멀리 던지기를
물리학적으로 계산해본다면?

조지 워싱턴이 은화를 큰 강에 던졌다는 전설적인 이야기가 있습니다.

워싱턴에 대한 다른 많은 일화처럼 이 이야기는 그가 죽기 전에는 널리 알려지지 않았고, 그래서 자세한 내용을 알기가 어려워요. 1달러 은화일 때도 있고 돌일 때도 있어요. 그 강이 래퍼핸녹Rappahannock일 때도 있고 훨씬 더 넓은 포토맥Potomac일 때도 있죠. 확실한 건 사람들이 워싱턴에 대한 이야기를 정말 좋아한다는 것과, '아무 이유 없이 강에 뭔가를 던지는 행동'을 영웅적으로 보는 듯하다는 겁니다.

워싱턴에게 투표하세요.
그는 강에 동전을 던졌습니다.

미국이 필요로 하는 일이죠.

은화를 강에 던지는 행동이 왜 대통령이 되는 좋은 자격인지 분명하지 않지만, 사람들은 감동을 받은 것 같아요. 그가 죽기 전에 잘 알려진 이야기에 따르면 잘 알려지지 않은 건 부끄러운 일이에요. 선거운동 홍보지가 훨씬 더 좋아졌을 텐데 말이죠.

워싱턴은 어느 강에 무엇을 던졌을까요? 그는 그것으로 어떻게 다른 대통령들 그리고 대통령 아닌 사람들에 맞설 수 있었을까요?

사람이 뭔가를 던졌을 때 어떤 일이 일어나는지 아주 대략적으로 살펴봅시다.

1. 사람이 물건을 가지고 있다.

2. ???

3. 물건이 날아가고 있다.

더 위험한 과학책

신기하게도 2단계에서 무슨 일이 일어났는지 몰라도, 우리는 물체에 주어지는 제한조건을 살펴봄으로써 사람이 물건을 얼마나 멀리 던질 수 있는지 물리학으로 아주 좋은 추정이 가능합니다.

사람의 몸 크기는 한계가 있습니다. 사람이 물체에 무슨 일을 하든 간에 그 일은 몸 근처의 작은 영역에서 일어납니다.

선수가 이 안 어딘가에 있음

사람이 뭔가를 던지기 위해서는 근육을 이용하여 가속을 해야 하고, 사람의 몸은 근육의 힘만큼밖에 발휘하지 못합니다. 조정에서 사이클링, 달리기까지 여러 스포츠에서 최고의 선수들이 짧은 순간에 물체에 전달하는(노를 당기는 것과 같은) 힘은 보통 몸무게 1킬로그램당 20와트 정도로 제한됩니다. 그렇다면 몸무게 60킬로그램인 선수가 던지는 데 사용할 수 있는 힘은 1,200와트예요.

선수가 '온몸으로 던져서' 공이 손을 벗어나기 전 짧은 거리 동안 전체 힘을 공에 전달했다고 해보죠.

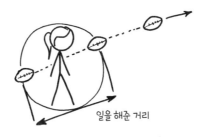

일을 해준 거리

이렇게 가정하면 일정한 일률[1]에서의 운동방정식을 이용하여 공의 최종 속도를 계산할 수 있어요.

$$속도 = \sqrt[3]{\frac{3 \times 던지는\ 동작의\ 거리 \times 몸의\ 질량 \times 일률}{공의\ 질량}}$$

메이저리그 투수들의 평균 몸무게[208파운드(94킬로그램)]와 야구공의 질량[5 $\frac{1}{8}$ 온스oz(145그램)]을 넣고, 던지는 동작의 거리는 그들의 키[6피트 2인치(188센티미터)]와 비슷하다고 가정하면 투수의 패스트볼 속도를 아주 대략 계산할 수 있습니다.

$$속도 = \sqrt[3]{\frac{3 \times 6'2'' \times 208lb \times 20\frac{W}{kg}}{5\frac{1}{8}oz}} = 시속\ 94마일(시속\ 150킬로미터)$$

시속 94마일은 거의 정확하게 포심 패스트볼의 평균 속도예요! 투수에 대해서 아무것도 모르는 상태의 공식으로는 나쁘지 않네요.

쿼터백과 미식축구공의 값을 넣으면 시속 67마일이 나옵니다. 이것은 실제 가장 빠른 미식축구공 패스의 속도인 시속 60마일(시속 96킬로미터)보다 약간 빠르지만 그렇게 큰 차이는 아니에요.

$$속도 = \sqrt[3]{\frac{3 \times 6'3'' \times 225lb \times 20\frac{W}{kg}}{15oz}} = 시속\ 67마일(시속\ 107킬로미터)$$

---

1 기초 물리학 수업에서는 흔히 일정한 힘에서 운동을 분석합니다. 학생들은 이 방정식들을 워낙 자주 보기 때문에 잘 이해하고 있죠. 그런데 다른 지수와 계수를 가지는, 일정한 일률에서의 운동방정식은 약간 모호합니다. 여기에 대해서는 오벌린대학의 로이드 W. 테일러Lloyd W. Taylor의 논문 〈일정한 일률에서의 운동 법칙들The Laws of Motion Under Constant Power〉(1930)에 설명되어 있습니다.

안타깝게도 우리의 정확한 해답은 그저 우연일지 모릅니다. 이 모형에는 문제가 있거든요. 우리의 공식에 따르면 극단적으로 가벼운 공은 엄청나게 빠르게 던질 수 있어요. 무게가 0.1온스(2.8그램)인 야구공은 시속 200마일(시속 320킬로미터)로 던질 수 있어요! 실제로 야구 투수는 자신의 모든 힘을 공에 전달하지 못해요. 손과 팔을 공과 함께 빠른 속도로 가속해야 하기 때문이죠.

속도 한계를 고려하기 위하여 손의 가장 빠른 부분의 무게에 해당되는 값(선수 몸무게의 1,000분의 1)을 공식에 있는 공의 무게에 더하여 작은 '오차 범위'를 추가할 수 있습니다. 이렇게 하면 가벼운 물체를 던질 수 있는 속도의 최대 한계를, 무거운 물체의 결과를 크게 왜곡시키지 않으면서 현실에 잘 맞게 결정할 수 있어요.**2**

우리는 이것을 공기 중을 날아가는 물체의 거리에 대한 대략적인 공식**3**과 결합하여 **사람이 물건을 아주 멀리 던지는 데 대한 보편적인 공식**을 만들 수 있습니다.

$$v = \sqrt[3]{\frac{3 \times \text{던지는 사람의 키} \times \text{던지는 사람의 몸무게} \times \text{발휘하는 일률*}}{\text{공의 질량} + \frac{\text{몸의 질량}}{1,000}}}$$

*발휘하는 일률: 훈련된 운동선수는 20W/kg, 보통 사람은 10W/kg.

---

2 주의: 이 공식은 이제 야구 선수의 투구 속도를 과소평가하여 시속 80마일(시속 128킬로미터) 정도밖에 되지 않게 만듭니다. 하지만 다른 경우에는 합리적인 결과를 줍니다. 그 차이는 아마 야구 선수들이 앞으로 움직이면서 공이 출발할 때 앞으로 향하는 속도를 더해주고 팔을 좀 더 길게 뻗는다는 사실로 설명될 것입니다. 하지만 이건 아주 단순한 모형이에요. 모든 변화를 설명하거나 수정할 정도로 멀리 나가고 싶지는 않아요.
3 이 공식은 2017년 피터 츄디노프Peter Chudinov의 논문 〈이차 항력으로 인한 발사체 운동의 대략적인 조사Approximate Analytical Investigation of Projectile Motion in a Medium with Quadratic Drag Force〉의 가정에 기반한 것입니다. 날아가는 물체가 단단하거나 대기가 옅으면 이것은 45도 각도로 발사된 물체가 날아가는 거리(거리=v²/g)와 같습니다. 하지만 속도가 빨라지면 공기저항이 커다란 요소가 되어 거리가 짧아집니다.

$$v_t = \sqrt{\frac{2 \times \text{공의 질량} \times \text{중력}}{\text{단면적} \times \text{공기 밀도} \times \text{저항 계수}}}$$

$$\text{거리} \approx \frac{v^2\sqrt{2}}{\text{중력}\sqrt{\frac{4}{5}\frac{v^4}{v_t^4} + 3\frac{v^2}{v_t^2} + 2}}$$

$$v = \text{던지는 속도},\ v_t = \text{종단속도}$$

이 모형은 완전하지 않아요. 여러 가지가 뒤섞인 공식이고 겨우 몇 개의 입력 변수와 극단적으로 단순한 가정에 기반 했기 때문에 근사적인 모형밖에 될 수가 없어요. 우리는 던지는 기법의 특정 조건이나 투수에 대한 정확한 자료를 입력하여 훨씬 더 분명하게 만들 수 있어요. 하지만 모형을 더 특별하게 만들수록 적용 가능한 범위가 좁아집니다. 정말 재미있는 것은 이것의 범위가 얼마나 넓은가 하는 거죠. 이 공식은 어떤 것에도 적용할 수 있어요.

당연히 우리는 쿼터백이 미식축구공을 얼마나 멀리 던지는지 계산하는 데에도 이 공식을 사용할 수 있습니다. NFL에서 가장 먼 패스는 공기 중으로 60야드(55미터) 정도 날아갔는데, 우리의 공식은 상당히 비슷한 결과를 보여줍니다.

(NFL 쿼터백, 미식축구공) →73야드(67미터)

그런데 우리는 쿼터백이 다른 물체를 얼마나 멀리 던질지 계산하는 데도 이 공식을 사용할 수 있어요. 11.5파운드(5킬로그램중) 믹서로 계산해봤어요.

더 위험한 과학책

(NFL 쿼터백, 11.5파운드 믹서) → 18야드(16미터)

우리에게 필요한 것은 대략적인 믹서의 무게, 모양, 저항 계수뿐이에요.

그리고 쿼터백으로만 제한되는 것도 아니에요. 키와 몸무게만 알면 누구라도

적용시킬 수 있어요.

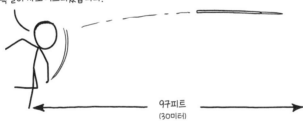

(버락 오바마 전 대통령, 올림픽 창던지기) → 97피트(30미터)

미국 국민 여러분,
확실하게 보여드리겠습니다.

97피트
(30미터)

(가수 칼리 레이 젭슨, 전자레인지 → 12피트(3.7미터)

12피트
(3.7미터)

'xkcd.com/throw'에서 이 계산기를 가지고 놀 수 있어요.

이 공식을 이용하면 키, 몸무게, 운동 능력에 따라 당신이 어떤 물건을 얼마나 멀리 던질 수 있는지 계산할 수 있어요.

조지 워싱턴의 던지기

우리의 모형이 워싱턴의 은화 던지기에 대해서 알려주는 것은 무엇일까요?

워싱턴은 운동을 잘하기로 유명했고 물건을 던지는 것을 좋아했습니다(그는 강 아래에서 버지니아의 자연교 꼭대기까지 돌을 던졌다고 전합니다). 이에 따라 그의 일률비는 1킬로그램당 15와트로 가정해보죠. 보통 사람과 훈련받은 엘리트 운동선수 사이의 중간 값입니다.

보통 사람　　　　　　　조지 워싱턴　　　　　　엘리트 프로 운동선수

은화의 저항 계수는 어떻게 던지느냐에 달려 있어요. 동전이 평면 방향으로 구르면서 날아가면 저항 계수가 크고, 프리스비처럼 회전하면 더 효율적으로 날아갑니다.

저항이 작음   저항이 큼

[조지 워싱턴, 은화(구르면서)] → 176피트(54미터)
[조지 워싱턴, 은화(회전하면서)] → 467피트(142미터)

래퍼핸녹강은 워싱턴이 동전을 던진 것으로 여겨지는 지점의 넓이가 372피트(113미터)밖에 되지 않습니다. 회전만 잘 시켰다면 강 건너로 던지는 데 성공했을 겁니다! [1,800피트(550미터)가 넘는 포토맥강은 너무 넓어요.] 많은 사람들이 그것을 재연했다는 사실로 확인할 수 있어요. 1936년 은퇴한 투수 월터 존슨Walter Johnson은 래퍼핸녹강 위로 은화를 386피트(118미터) 던지는 데 성공했어요. 하루 전에 일루수 루 게릭Lou Gehrig은 은화를 허드슨강 너머로 400피트(122미터)를 넘게 던졌어요.

우리의 모형은 근삿값일 뿐입니다. 하지만 그것이 주는 답은 실제와 크게 차이 나지 않아 보여요. 그렇게 기초 물리학 겨우 몇 개를 이용하여 '던지기'와 같은 복잡한 물리적인 행동에 대한 그럴듯한 답을, 대략적이라도 얻을 수 있다는 사실은 아주 인상적이죠.

그리고 그 답들은 적어도 몇 가지 경우에는 현실적입니다.

(칼리 레이 젭슨, 조지 워싱턴) → 35인치(89센티미터)

영차

|← 35인치 →|

더 위험한 과학책

11.
저항 방정식을 사용해
축구 경기의 전략을 짠다면?

'축구'라고 불리는 경기는 아주 많고, 복잡한 계보를 갖고 있습니다.

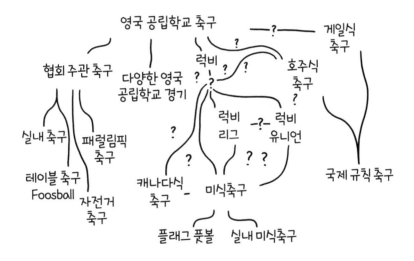

당신이 어떤 축구를 하는지 잘 모르겠다면 다른 선수들에게 물어보거나 사람들이 뭘 하는지 보고 맥락으로 추측할 수 있어요.

대부분의 축구가 공통적인 요소를 가지고 있습니다. 10여 명의 선수들로 구성된 두 팀이 있고, 각 팀이 넓은 운동장의 한쪽을 차지하며, 서로 상대편 쪽의 골문으로 공을 가져가려 하죠. 그리고 거의 모든 축구가 경기 중 어떤 부분에서는 공을 발로 찹니다. 하지만 몸의 어느 곳으로 공을 건드릴 수 있는지는 종류에 따라 달라요.

운동장에는 선수들이 많지만 일반적으로 한순간에는 단 한 명만이 공을 가질 수 있어요. 그러니까 공을 다룰 필요 없이 그저 운동장을 뛰어다니기만 할 기회가 얼마든지 있죠. 당신은 그저 바쁘게 보이도록 최선을 다하면 됩니다. 공 근처에만 가지 않는다면 아무도 당신을 의식하지 못할 거예요.

결국에는 누군가가 당신에게 공을 주려고 할지 몰라요. 미식축구를 하고 있고 당신이 쿼터백이라면 아주 자주 일어나는 일이에요. 혹은 그냥 뛰어다니기가 지루해서 공을 받거나(규칙에 따라서) 지나가는 상대방에게 빼앗아서 공을 갖기로 결심할 수도 있어요.

더 위험한 과학책

일단 당신이 공을 잡으면 모든 사람들이 당신을 주목하고 공을 뺏으려고 시도 할 겁니다. 그런 압박이 달갑지 않다면 공을 팀 동료에게 넘기면 됩니다.

뭔가 의욕을 느낀다면 득점을 하려고 시도해볼 수도 있을 겁니다. 많은 스포츠 와 마찬가지로 축구에서 득점을 하는 일반적인 방법은 간단합니다. 공을 골문에 넣는 거죠.

공을 골에 던져 넣기

어떤 축구에서는 멀리서 공을 던지거나 차거나 몸의 다른 부분을 이용해서 골 문 안으로 넣으면 점수를 얻을 수 있어요.

| 차기 | 던지기 | 헤딩 | 투석하기 |

공을 골로 바로 던지거나 차는 것을 선택할 수 없을지 몰라요. 어떤 경우에는 이런 방법으로 득점을 허용하지 않는 규칙이 있어요. 미식축구에서는 쿼터백이 그냥 골문으로 공을 던질 수 없어요(가끔 그런 유혹이 생기기는 하겠지만요).

만일 공을 골문으로 던지거나 차기로 결심했다면 골문까지 거리와 공의 무게를 알아본 다음 10장을 참고하시면 되겠습니다.

공을 골로 바로 집어넣는 것이 허용되는 축구를 하고 있다면 아주 먼 거리에서 공을 던지는 것은 그렇게 효과적이지 않을 겁니다. 보통 축구에서는 골키퍼가 상대편의 골문으로 공을 던져 넣는 것이 완벽하게 합법이지만, 대부분의 경우 이런 일은 절대 일어나지 않아요. 골키퍼가 공을 그렇게 멀리 던지면 공은 보통 튀기고 구르면서 느려져 상대편 골키퍼가 잡을 수 있는 시간이 충분해지기 때문입니다.

점수는 획득하고 싶지만 지금 당신이 있는 곳에서 공을 던질 수는 없다는 생각이 든다면 공을 골로 직접 가지고 가야겠죠.

더 위험한 과학책

공을 골로 직접 가지고 가기

거리만 생각한다면 상대편 골문으로 공을 가지고 가는 데는 1분 정도밖에 걸리지 않을 것이고, 뛸 생각이 있다면 더 적은 시간이 들 겁니다.

하지만 주의할 것이 있습니다. 다른 선수들이 협조해주지 않을 수 있어요. 특히 상대 팀 선수들은요.

상대 팀은 당신과 골 사이에 선수들을 두어서 당신이 그곳에 가는 것을 방해할 겁니다. 당신이 다른 선수들보다 아주 크고 강하지 않다면 이것은 문제가 되겠죠. 그리고 당신에게는 안됐지만 대부분의 축구 팀은 크기도 하고 강하기도 한 선수들로 구성되어 있어요. 당신은 그들을 피해 가려고 하겠지만 그것도 보기보다 쉽지 않아요. 축구 선수들은 상당히 빠르고, 그런 기술을 사용하려는 선수가 있다는 것을 알기 때문에 대비를 해요.

상대 팀이 당신이 골로 가는 걸 막으려 한다면 더 빠르게 뛰는 것은 도움이 안 됩니다. 선수들은 당신만큼 무겁고 아주 많아서 당신이 앞으로 가려고 하는 운동량 대부분을 흡수할 수 있어요. 그들을 밀고 나가려면 엄청난 힘이 있어야 해요.

상대편 선수들의 벽을 뚫고 나가는 한 가지 방법은 무게, 속도, 힘을 증가시키는 것입니다.

아주 큰 말에 탄 선수는 미식축구 팀 전체와 대략 같은 무게를 가지고, 말의 빠른 속도 덕분에 운동량이 더해져 상대편 사이를 더 쉽게 지나갈 수 있을 거예요.

축구의 공식 규칙이 기록된 FIFA의 〈경기 규칙Laws of the Game〉에는 '말'이라는 단어가 없으므로1 이렇게 주장할 수 있어요. 축구에 말을 사용할 수 없다는 규칙은 없다. 도구를 금지하는 규칙은 있지만 말은 도구가 아니다. 말은 말이다.

심판들은 당신의 주장을 인정하지 않을 겁니다. 당신이 말을 타고 운동장에 들어간다면 심판이 제지할 가능성이 아주 높아요. 심판은 대체로 선수보다 작고 수도 많지 않아요. 하지만 당신이 골로 가기 위해 밀어붙여야 하는 사람들의 수는 늘어나겠죠. 그들은 당신의 골을 점수로 인정하지 않을 것 같아요. 사실 이때쯤이면 당신은 아마도 이미 몰수 패가 되었을 겁니다.

말은 사람보다 훨씬 크고, 확실히 가로막는 몇몇 사람들을 쓰러뜨릴 수 있습니다. 하지만 사람이 아주 많으면 큰 말로도 뚫고 지나가기에 어려운 장애물이 될 겁니다.

영화 〈반지의 제왕〉 3부작의 클라이맥스 전투에서는 말을 타고 끝이 없어 보이는 오크 무리 사이를 뚫고 지나가는 모습을 보여줍니다. 말이 속도를 줄이지

---

1 NFL 규칙에는 실제로 '말'이라는 단어가 있어요. 그런데 그것은 '홀스 칼라 태클horse-collar tackle(미식축구에서 상대편 선수의 옷깃 뒤쪽이나 어깨 패드를 잡아당기는 태클-옮긴이)'을 설명하려고 사용된 것입니다.

않고 이렇게 하는 것이 가능할까요?

우리는 공기저항 공식을 이용하여 이 질문에 답할 수 있습니다. 공기를 오크로 대체하는 거죠.

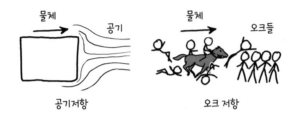

공기저항을 계산하는 공식은 저항 방정식입니다.

$$저항 \ 방정식 = \frac{1}{2} \times 저항 \ 계수 \times 공기 \ 밀도 \times 충돌 \ 면적 \times 속도^2$$

물체가 공기 사이를 날아가면 공기 분자와 부딪히는데, 이 분자들을 밀어내야 합니다. 어떤 의미에서 저항 방정식은 날아가는 물체가 옮겨야 할 공기의 전체 질량과 공기가 가진 운동량이 얼마인가를 나타내는 것입니다.

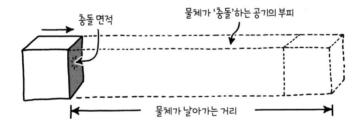

저항 방정식의 핵심은 이 그림에서 끌어낼 수 있습니다.**2** 물체가 빠르게 움직

---

2 당신이 만일 물리학 수업을 들은 적이 있고 이 그림을 충분히 오래 들여다본다면 저항 방정식에 왜

더 위험한 과학책

이면 단위시간에 더 많은 공기 분자와 충돌합니다. 그리고 이 공기 분자들은 물체에 비해 더 빠르게 움직여요. 그래서 속도가 제곱이 되는 것입니다. 물체의 속도가 두 배가 되면 단위시간에 두 배 더 많은 공기와 부딪히고, 공기는 두 배 더 빠르게 지나갑니다. 그래서 공기에 의해 전달되는 충격(힘)은 네 배로 커집니다.

우리는 이 공식을 이용하여 물체가 저항을 극복하고 속도를 유지하려면 얼마큼의 일률이 필요한지 계산할 수 있습니다. 에너지는 힘 곱하기 거리이고, 일률은 단위시간당 에너지이므로 물체가 발휘해야 하는 일률은 저항력에 단위시간당 움직이는 거리를 곱한 것과 같아야 합니다. 우리는 저항력을 구하기 위해서 이미 속도를 두 번 곱했기 때문에 속도를 또 곱하면 됩니다.

$$\text{일률} = \frac{1}{2} \times \text{저항 계수} \times \text{공기 밀도} \times \text{충돌 면적} \times \text{속도}^3$$

지수 '3'은 물체가 빨라질수록 저항을 극복하기 위해서 발휘해야 하는 일률이 아주 빠르게 증가해야 한다는 것을 말해줍니다.

우리는 오크 무리 사이를 뚫고 지나가기 위해서 발휘해야 할 에너지를 같은 방법으로 계산할 수 있습니다. 아주 이상하겠지만, 오크들을 아주 큰 분자를 가진 균일한 기체로 다루는 거죠.

1/2이 들어가 있는지 의문이 들기 시작할 것입니다. 저항 계수는 단위가 없는 임의의 기준화 인수이기 때문에 모든 저항 계수를 두 배로 늘리기만 하면 1/2은 없앨 수 있어요. 스포츠 물리학자 존 에릭 고프는 부딪히는 공기 분자가 운반하는 운동량을 생각하여 이 공식을 유도하면 1/2보다는 1(혹은 2)이 더 자연스러워 보일 것이라고 지적했습니다. 하지만 저항을 부딪히는 공기의 운동에너지 측면에서 생각하면 운동에너지 공식에서 나오는 1/2이 더 잘 이해될 것입니다. 물리학자들은 (저항 방정식은 부딪히는 공기의 '역학적 압력'을 표현하는 것이라고 말하면서) 이런 식으로 설명하는 경향이 있어요. 하지만 모든 물리학자들이 동의하는 것은 아니에요. 프랭크 화이트의 《유체역학Fluid Mechanics》 교과서에서는 1/2 항을 단순히 "오일러와 베르누이에 대한 전통적인 헌정"이라고 부르고 있어요.

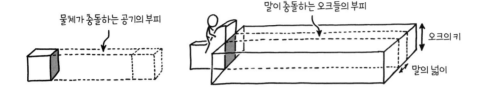

물체가 충돌하는 공기의 부피

말이 충돌하는 오크들의 부피

오크의 키

말의 넓이

공식에 말과 오크의 값을 넣으면 일률 공식은 다음과 같이 됩니다.[3]

일률 = 오크 무리 밀도 × 오크의 무게 × 말의 가슴너비 × 속도^3

주의 이 공식에서는 1/2 항과 저항 계수가 없어졌어요. 움직이면서 휘어진 면에 부딪히는, 상호작용 하지 않는 개별적인 분자들로 이루어진 '기체'의 저항 계수는 2에 가깝기 때문입니다. 영화의 오크들은 대략 1제곱미터에 하나 정도 서 있어요. 오크의 무게는 200파운드(91킬로그램중), 말의 가슴너비를 2.5피트(76센티미터)라고 하고 시속 25마일(시속 40킬로미터)로 달린다면 다음과 같은 값이 됩니다.

$$\frac{1오크}{m^2} \times \frac{200lb}{오크} \times 2.5ft \times 2.5mph^3 = 97킬로와트$$

말이 거의 100킬로와트에 가까운 출력을 유지할 수 있을까요? 그것을 알기 위해서는 말이 유지할 수 있는 출력을 알아야 해요. 우리에게는 다행히도 '마력'이라는 단위가 이미 존재하므로 단순히 바꾸기만 하면 됩니다.

$$97킬로와트 \approx 130마력$$

---

3 말-저항 방정식은 물리학에서 흔히 쓰는 이름이 아니고, 솔직히 말해서 아주 이상한 이름이에요.

130마력은 말 한 마리에 너무 큰 값이에요. 말 한 마리는 짧은 시간 동안 1마력보다 더 많은 일을 할 수 있고(마력은 긴 시간 동안 하는 일로 정의된 것이에요), 단시간에 최대로 낼 수 있는 출력은 10~20마력에 가깝습니다. 하지만 영화에서 필요한 130마력에 한참 모자라죠. 오크 무리를 밀고 지나갈 일률을 줄이기 위해서는 말이 천천히 걸어야 합니다.

오크 저항 방정식은 말을 타고 심판과 적의 무리를 뚫고 지나가기를 원하는 축구 선수에게도 적용됩니다. 말을 타고 선수들 사이를 밀고 지나가려면 속도를 줄여야 합니다. 그러면 상대편은 당신을 막고, 말에 올라타 무겁게 하거나 당신의 다리를 잡고 안장에서 운동장으로 끌어내려 원래 미식축구 방식대로 태클을 할 수도 있어요.

다른 속임수들과 마찬가지로 말 작전은 상대편이 대비할 기회가 있다면 효력을 잃을 것입니다. 상대편 선수들이 당신의 계획을 알아차린다면 말을 상대하는 수비를 준비할 거예요. 긴 창을 땅에 박아놓는다든지, 운동장에 참호를 판다든지, 당신의 말의 주의를 분산시키기 위해서 음식을 전략적으로 배치해놓을 수도 있죠.

하지만 운동장에는 선수가 많지 않으니 수비 선에서 열린 부분을 노리면 몇 번의 충돌만으로도 뚫고 지나갈 수 있을 거예요. 전속력으로 달리는 말을 따라잡을 수 있는 사람은 없거든요. 수비수를 지나가기만 하면 골문까지는 텅 빌 겁니다.

더 위험한 과학책

12.
하늘 색으로
날씨를 예측한다면?

내일 날씨는 어떨까요?

사람들은 자신이 있는 특정한 지역의 날씨에 대해 이야기할 때는 종종 다음과 같은 오래된 명언을 들먹입니다. '○○○의 날씨가 마음에 들지 않으면 5분만 기다려라.' 많은 명언이 그렇듯 이것도 마크 트웨인Mark Twain이 했다고 알려졌어요. 이 경우에는 실제로 그가 한 말일 수 있습니다. 만일 그렇지 않다는 것이 밝혀지면 도로시 파커Dorothy Parker나 오스카 와일드Oscar Wilde가 한 말이라고 이야기하면 됩니다.

거의 모든 온대 지방에 사는 사람들은 이 말을 자주 합니다. 거기서는 항상 날씨가 바뀌고 사람들은 무슨 이유에서인지 계속 그 사실에 놀라기 때문입니다.[1] 이 변화들을 예측하기는 어려워요. 하지만 날씨는 모든 사람들이 감당해야 하는 것이기 때문에(우리는 모두 지구 대기의 밑바닥에 붙잡혀 살고 있으니까요) 우리는 어쨌든 예측을 시도합니다.

날씨를 예측하는 방법은 아주 많고 그 가운데는 괜찮은 것도 있습니다. 가장

---

[1] 인간은 예측 가능한 변화에 놀라는 데 능합니다. 친구의 아이를 볼 때마다 나도 이렇게 말하고 싶은 생각이 강하게 들어요. "오, 너 그사이 많이 컸구나!" 마치 어린아이가 자라지 않거나 시간이 지나면서 작아지기를 기대하기라도 하듯이 말이죠.

뛰어난 현대의 예측법은 복잡한 컴퓨터 모델을 사용하는 거예요. 하지만 오랫동안 해온 기본적인 방법부터 시작해보죠. 무작위로 추정하는 겁니다.

5일 동안의 날씨 예보
온도와 바람

5°F	-30°F	71°F	180°F	2°F
6 MPH	2 MPH	483 MPH	3 MPH	15 MPH
MON	TUE	WED	THU	FRI

이건 전혀 맞지 않아요.

너의 예보는 엉망이야.

카오스이론이나 양자역학처럼 날씨는 기본적으로 예측 불가능해.

너는 비가 3미터나 내리고 바람이 시속 1,280킬로미터로 분다고 했어.

그래, 우린 그 상황은 피한 거지.

조금 더 나은 방법은 그곳에서 1년 중 같은 시기의 평균 날씨를 보고 예측하는 것입니다. 이것을 '기후 예보climatology forecasting'라고 해요.

적도 지방과 같이 날씨가 크게 변하지 않는 곳에서는 꽤 좋은 방법이에요. 예

　　　　　　　　　　　　　　　　　　더 위험한 과학책

를 들어 하와이 호놀룰루의 7월 중순 평균 최고 기온은 화씨 88도(섭씨 31도)이므로, 이것으로 다음 해 7월의 날씨를 예보할 수 있어요.

날씨 예보 애플리케이션인 '웨더 언더그라운드Weather Underground'에서 확인한, 2017년 실제 기록된 이 시기의 하와이의 기온은 다음과 같습니다.

훌륭하네요! 우리의 예측은 상당히 잘 맞았어요. 7일 중 4일의 기온을 정확하게 맞췄고, 다른 날도 1도를 벗어나지 않았어요. 날씨 예보관으로서 우리의 미래는 영광과 행운이 가득할 겁니다.

이제 이 훌륭한 방법을 9월의 미주리주 세인트루이스에 적용해봅시다. 9월 중순의 평균 최고 기온은 화씨 79도(섭씨 26도)이므로 이를 이용해 예보를 했어요.

이 시기의 2017년 실제 기온은 다음과 같습니다.

세인트루이스
실제 최고 기온

76°F	88°F	90°F	91°F	82°F	85°F	89°F
SEP 13	SEP 14	SEP 15	SEP 16	SEP 17	SEP 18	SEP 19

이런, 아주 다르네요!

평균에 기반한 예보는 적도 지방에서 더 잘 맞습니다. 날씨에 변화가 적기 때문이죠. 세인트루이스가 위치한[2] 온대 지방의 날씨는 폭염, 한파 그리고 수많은 불만을 일으키는 크고, 느리고, 높고 낮은 압력 시스템의 움직임으로 결정됩니다.

전체적으로 살필 때, 평균값으로 추정하는 것은 그다지 괜찮지 않은 전략으로 보입니다. 하지만 다음 전략으로 넘어가기 전에, 고려해보고 싶긴 하지만 별로 좋지는 않은 전략이 하나 더 있어요. 현재의 날씨가 영원히 변하지 않을 거라고 가정하는 겁니다.

이상하게 들릴 수 있어요. 날씨는 계속해서 바뀌니까요. 그런데 날씨는 그렇게 빨리 변하지 않아요. 지금 비가 온다면 지금부터 30초 뒤에도 비가 올 가능성이 높아요. 지금 아주 덥다면 지금부터 한 시간 뒤에도 아주 더울 가능성이 높죠. 이 원칙을 예보에 사용할 수 있습니다. 그저 지금의 날씨를 확인하는 것이 예보가 되는 거죠. 이것을 '지속 예보'라고 합니다.

아주 짧은 시간 범위에서는 지속 예보가 평균에 기반 한 예보보다 낮고, 아주 긴 시간 범위에서는 평균 예보가 더 나아요. 날씨가 하루 종일 변하지 않는 곳에

---

2 2019년에.

서는 지속 예보가 유용하죠. 어떤 곳은 어떤 날의 날씨가 다음 날의 날씨와 거의 아무런 연관이 없어요. 그런 곳에서는 평균에 기반 한 예보가 더 나을 것입니다.

컴퓨터

제2차 세계대전 몇 년 뒤, 컴퓨터 시대의 서막이었던 시기에 수학자 존 폰 노이만John von Neumann은 날씨 예보에 컴퓨터를 사용하는 프로젝트를 시작했습니다. 1956년이 되었을 때 그는 날씨 예보를 단기, 중기, 장기의 세 범위로 나눌 수 있다는 결론을 내렸어요. 그는 세 범위에 접근하는 방법이 매우 다를 것이고, 중기 예보가 가장 어려우리라고 정확하게 알아차렸습니다.

단기는 몇 시간 또는 며칠의 범위를 말합니다. 이 기간 동안의 날씨를 예측하는 것은 충분한 자료를 모아서 계산을 많이 해야 하는 문제입니다. 대기는 비교적 잘 이해된 유체역학 법칙에 따라 움직입니다. 대기의 현재 상태를 측정할 수 있다면 시뮬레이션을 돌려 어떻게 변해나갈지 볼 수 있어요. 이 시뮬레이션은 앞으로 며칠 동안은 꽤 좋은 예보를 제공해줄 것입니다.

우리는 기상관측 풍선, 기상관측소, 항공기, 바다의 부표 등을 이용하여 더 많은 정보를 모아서 이런 예보들을 나아지게 할 수 있어요. 그리고 더욱 강력한 컴퓨터로 해상도를 점점 높여 시뮬레이션을 개선할 수도 있습니다.

하지만 이 예보를 몇 주의 범위로 확장시키려고 하면 문제에 부딪힙니다.

1961년, 컴퓨터로 날씨 예측을 하던 에드워드 로렌즈Edward Lorenz는 아주 작은 차이를 가진〔어떤 곳의 온도를 화씨 50도(섭씨 10도)와 50.001도로 했을 때와 같은〕두 시뮬레이션을 돌렸을 때 그 결과가 완전히 달라진다는 사실을 발견했습니다. 그 차는 처음엔 알아차리기 어렵지만 작은 차이가 점점 커져서 계 전체로 퍼져

나갔습니다. 결과적으로 두 계는 큰 규모로 볼 때 전혀 비슷하지 않게 되었어요. 그는 이 현상에 '나비효과'라는 이름을 붙였습니다. 지구 어느 한쪽의 나비 날갯짓이 다른 쪽 태풍의 경로를 바꿀 수도 있다는 생각에서 나온 이름이었어요. 이 아이디어는 카오스이론으로 발전했습니다.**3**

날씨는 혼돈계이기 때문에 중기 예보(한 달 또는 한 해 뒤의 날씨가)는 기본적으로 불가능할 수 있습니다. 우리는 엘니뇨나 10년 주기 태평양 진동과 같이 천천히 움직이며 계절의 변화에 주기적인 영향을 주는 원인 몇 가지를 발견했어요. 이는 다음 계절에 전체적으로 어떤 영향을 미칠지 힌트를 제공합니다. 하지만 5월 1일에, 10월 1일엔 비가 올지 오지 않을지를 예측하는 것은 절대 가능하지 않을 것입니다.

장기는 수십 년에서 수백 년의 범위를 말하며, 지금은 기후변화 예측이라고 생각하는 것입니다. 긴 시간 범위에서는 매일매일의 변화는 평균 속으로 사라지며, 기후는 장기간의 에너지 출입으로 결정됩니다. 완벽한 기후 예측은 절대 불가능할 것입니다(바닥에 깔린 혼돈이 항상 계에 변화를 일으킬 것이기 때문이죠). 하지만 평균적으로 어떻게 변할 것인지는 꽤 자신을 가지고 말할 수 있어요. 태양빛이 대기로 들어오는 양이 늘어난다면 평균온도도 올라갈 겁니다. 대기 중 이산화탄소의 양이 줄어든다면 표면에서 더 많은 적외선 복사가 나갈 것이기 때문에 온도는 내려가겠죠. 아직 우리가 완전하게 이해하지 못한 수많은 복잡한 되먹임 고리들이 얽혀 있지만 계의 기본적인 행동은 원칙적으로 예측 가능합니다.

세 범위를 정리하면 다음과 같습니다.

---

3 그리고 〈쥐라기 공원〉에 따르면 일련의 공룡들이 사람을 잡아먹는 결과를 가져올 수 있어요.

- 단기: 충분히 좋은 컴퓨터 시뮬레이션으로 완전히 예측 가능
- 장기: 분명하게 예측하기는 어렵지만 평균적으로는 가능
- 중기: 말 그대로 불가능

사람들은 언제나 날씨 예보가 틀린다고 불평해왔습니다. 당연히 지금도 마찬가지지만 불평이 조금은 줄어들었어요. 컴퓨터 시뮬레이션과 자료 수집이 개선될수록 단기 예측(5일 동안의 날씨 예보)은 점점 정확해지고 있습니다. 2015년의 5일 동안의 날씨 예보는 1995년의 3일 동안의 날씨 예보만큼 정확해요. 20세기 중반의 2~3일 후의 날씨 예보는 컴퓨터를 전혀 사용하지 않은, 단순하게 평균을 내는 방법보다 나을 것이 없었어요. 지금은 가장 좋은 컴퓨터 모델의 날씨 예보는 그런 단순한 방식보다 최대 9일에서 10일 후까지 더 정확합니다.

일반적으로 지난 반세기 동안 날씨 예보는 약 10년에 하루의 비율로 개선되어왔습니다. 한 시간에 1초 정도죠.**4** 물리학 계산에 따르면 시뮬레이션에 기반 한 예측의 본질적인 한계는 몇 주 범위인 것으로 보입니다. 2~3주가 지나면 자연의 내적 혼돈 때문에 예측이 불가능해집니다.

하지만 날씨를 예측하기 위해서 꼭 슈퍼컴퓨터를 이용할 필요는 없어요.

붉은 저녁 하늘

구전으로 전해오는 이야기에 따르면 하늘의 색을 보고 날씨를 예측할 수 있습

---

4 물리학자들을 거슬리게 하고 싶으면 '한 시간에 1초'의 국제 표준 단위는 '라디안radian'이라고 말해보세요.

니다. 일반적인 내용은 다음과 같습니다. '저녁 하늘이 붉으면 선원들은 기뻐하고, 아침 하늘이 붉으면 선원들은 조심한다.'

이 이야기는 오랫동안 여러 형태로 전해졌고 성경에도 등장합니다.[5] 이렇게 오랫동안 전해진 이유는 적어도 어딘가에서는 이 추측이 실제로 맞았기 때문입니다. 붉은 하늘 방법은 예상과 달리 붉은 구름 자체와는 그렇게 큰 상관이 없어요. 이것은 태양을 이용하여 지평선 위 대기의 엑스선 사진을 찍어서 당신 위에 있는 구름에 그 결과를 투영하는 방법입니다!

잠깐만요, 뭐라고요?

온대 지방에서 날씨는 일반적으로 서쪽에서 동쪽으로 이동합니다. 날씨는 그렇게 빨리 움직이지 않기 때문에(일반적으로 날씨는 자동차나 그보다 더 느린 속도로 이동해요) 1,000마일(1,600킬로미터) 서쪽에 있는 비구름은 하루 안에 도착하지 않아요. 지구의 곡면과 대기의 연무 때문에 당신은 서쪽에 있는 구름을 볼 수 없어요. 만일 볼 수 있다면 날씨 예보는 훨씬 쉬워지겠죠.

'붉은 하늘' 방법은 태양을 이용하여 이 목적을 비슷하게 달성하는 것입니다. 붉은빛의 파장은 푸른빛보다 공기를 쉽게 통과합니다. 태양이 서쪽으로 질 때 태

---

5 저녁에는 '하늘이 붉으면 날씨가 좋을 것이다'. 그리고 아침에는 '하늘이 붉고 낮으면 날씨가 좋지 않을 것이다(《마태복음》 16:2~3)'.

양 빛은 당신 위에 있는 구름에 도달하기 전에 수백 킬로미터의 대기를 통과해요. 그 과정에서 극단적으로 붉어집니다. 파장이 짧은 푸른빛은 공기에 부딪쳐 다른 방향으로 흩어집니다. 이것이 하늘이 푸른 이유예요. 푸른빛을 반사하는 거죠. 모든 빛을 반사하는 구름은 희게 보이기 때문에 구름에 붉은빛이 비치면 빨갛게 보입니다.

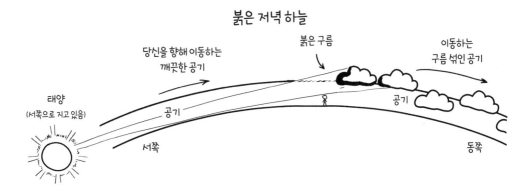

만일 서쪽에 비구름이 있다면 붉은 태양 빛은 당신에게 도달하기 전에 없어질 것이고, 저녁노을은 특별히 붉게 보이지 않을 겁니다.

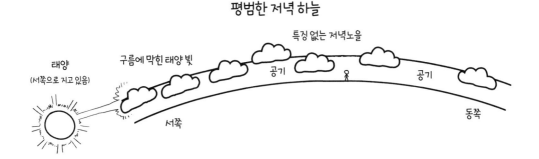

이와 달리 동쪽으로 수백 킬로미터 내내 깨끗한 공기가 있으면 태양 빛이 당신

위에 있는 하늘까지 통과해 오면서 붉어질 것입니다. 당신 머리 위에 구름이 있다면 붉은빛이 구름을 비추어 멋진 일출을 만들어낼 것입니다.

붉은 아침 하늘

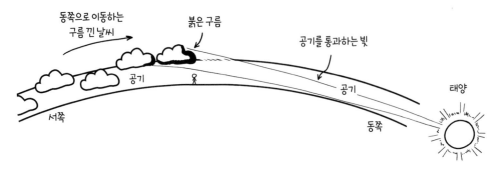

날씨는 서쪽에서 동쪽으로 이동하고, 붉은 저녁 하늘은 머리 위엔 구름이 있지만 서쪽 하늘은 맑다는 것을 의미하기 때문에 날씨가 맑아질 가능성이 크다고 알려주는 것이죠.

붉은 아침 하늘은 동쪽 공기는 깨끗하지만 머리 위에는 구름이 있다는 것을 뜻합니다. 이것은 맑은 날씨가 이동해 가고 구름이 오고 있음을 의미하죠.

이것은 우세한 바람이 동쪽에서 서쪽으로 불고, 바람의 방향이 대체로 예측 불가능한 적도 지방에서는 맞지 않아요. 하지만 적도 지방의 날씨는 더 안정적이기 때문에(가끔씩 등장하는 예측 불가의 사이클론을 제외하면) 이런 종류의 기본 규칙이 별로 필요하지 않습니다.

황금 시간

대기의 필터링 효과는 일몰이나 일출 근처 시간대가 사진 찍기에 좋은 '황금 시간'이 되게 해줍니다. 멋진 일몰 풍경을 만들어내는 따뜻하고 붉은빛은 일몰 사진을 찍기에도 좋아요.

이것은 온대 지방에선 온라인에 올라온 사진만 보고도 앞으로의 날씨에 대한 힌트를 얻을 수 있다는 것을 의미합니다. 어느 날 저녁 페이스북에 평소보다 붉은색과 노란색 픽셀의 수가 더 많은 일몰 사진이 올라오고 푸근한 조명의 셀카가 특별히 많은 '좋아요'를 받는다면 그 지역이 나쁜 날씨에서 벗어나고 있다는 것을 말해줍니다. 하지만 일출 사진과 빛나는 아침 셀카는 불길한 신호일 수 있어요.

사진 색 예보는 슈퍼컴퓨터 시뮬레이션보다는 덜 정확하겠지만 고전적인 방법으로선 꽤 인상적이에요.

당신이 선원이 아니라면 필요에 따라 문구를 수정할 수 있겠죠.

이런 말이 있어.

저녁에 멋진 사진이 올라오면 나쁜
날씨에서 벗어나고 있는 것이다.

아침 셀카가 돌아다니면
저기압이다.

어딘가로 가는 법

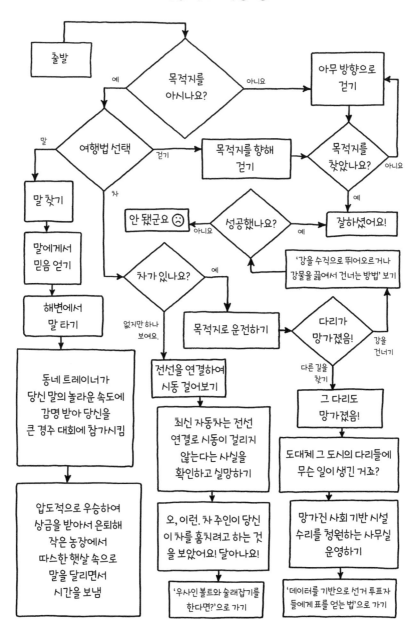

출발

목적지를 아시나요?
아니요 →
아무 방향으로 걷기

예 ↓

여행법 선택
걷기 →
목적지를 향해 걷기
→
목적지를 찾았나요?
아니요 →

목적지를 찾았나요?
예 ↓
잘하셨어요!

안 됐군요 😟
← 아니요
성공했나요?
예 →
잘하셨어요!

'강을 수직으로 뛰어오르거나 강물을 끓여서 건너는 방법' 보기

말 ↓
말 찾기
↓
말에게서 믿음 얻기
↓
해변에서 말 타기
↓
동네 트레이너가 당신 말의 놀라운 속도에 감명 받아 당신을 큰 경주 대회에 참가시킴
↓
압도적으로 우승하여 상금을 받아서 은퇴해 작은 농장에서 따스한 햇살 속으로 말을 달리면서 시간을 보냄

차 ↓
차가 있나요?
예 →
목적지로 운전하기
→
다리가 망가졌음!
강을 건너기 ↑

없지만 하나 보여요. ↓
전선을 연결하여 시동 걸어보기
↓
최신 자동차는 전선 연결로 시동이 걸리지 않는다는 사실을 확인하고 실망하기
↓
오, 이런. 차 주인이 당신이 차를 훔치려고 하는 것을 보았어요! 달아나요!
↓
'우사인 볼트와 술래잡기를 한다면?'으로 가기

다른 길을 찾기 ↓
그 다리도 망가졌음!
↓
도대체 그 도시의 다리들에 무슨 일이 생긴 거죠?
↓
망가진 사회 기반 시설 수리를 청원하는 사무실 운영하기
↓
'데이터를 기반으로 선거 투표자들에게 표를 얻는 법'으로 가기

13.
우사인 볼트와
술래잡기를 한다면?

술래잡기의 규칙은 간단합니다. 한 사람이 술래가 되어 다른 사람을 쫓아가서 잡는 거죠. 술래가 누군가를 잡으면 잡힌 사람이 술래가 됩니다.

술래잡기의 규칙에는 수많은 변종이 있지만(선수들이 장애물을 뛰어넘거나 구르며 서로를 쫓아다니는 국제 술래잡기 대회도 있어요) 보편적인 놀이터 술래잡기는 특별한 규칙이 거의 없어요. 점수도, 골대도, 기구도, 정해진 영역도 없어요. 놀이터 술래잡기는 심지어 끝도 정의되어 있지 않아요. 술래잡기에서 이길 수는 없어요. 놀이를 끝낼 수 있을 뿐이죠.

이론적으로 보면 이상적인 술래잡기(어떤 사람이 다른 사람들보다 빠르고 모두 최고 속력으로 달리는)는 결국 자연스러운 평형상태에 도달하게 됩니다. 술래가 가장 느린 사람이 아니라면 더 느린 사람을 잡고 다시는 술래가 되지 않을 겁니다. 마지막에 가장 느린 사람이 술래가 되면 다른 사람을 잡을 수 없을 테니까 영원히 술래로 머물게 되겠죠.

더 위험한 과학책

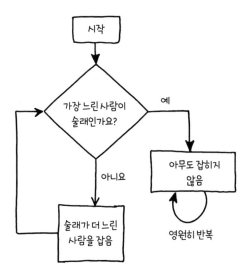

게임이 영원히 끝나지 않는다면 술래가 아닌 사람들은 계속 달려야 합니다. 만일 쉰다면 토끼와 거북이 이야기의 위험을 감수해야 해요. 당신이 술래보다 빠르고 매일 8시간씩 자고 싶다면 술래에게 잡히지 않고 쉴 정도로 충분한 거리를 앞섰다는 확신이 있어야 합니다.

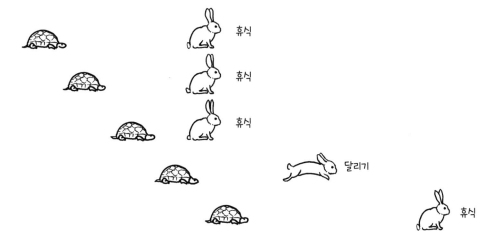

우리의 모형은 너무 이상적이에요. 현실에서는 사람들이 달릴 때 모두 '전속력'으로 뛰지 않아요. 어떤 사람은 짧은 거리를 빠르게 달리고, 어떤 사람은 오랫동안 속력을 유지할 수 있습니다. 이것을 우리의 단순한 술래잡기 모형에 더하면 조금 더 흥미로워져요.

세계에서 가장 빠른 단거리선수 우사인 볼트Usain Bolt와 1마일(1.6킬로미터) 달리기 세계기록 보유자 히샴 엘 게루주Hicham El Guerrouj가 술래잡기하는 것을 상상해봅시다. 두 선수가 모두 최고 전성기라고 하고 그들이 세계기록을 세울 때 측정된 속력을 모형에 이용합니다.

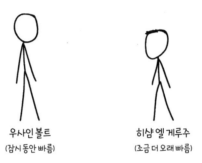

우사인 볼트
(잠시 동안 빠름)

히샴 엘 게루주
(조금 더 오래 빠름)

장거리, 단거리선수는 다른 생리적 메커니즘으로 힘을 얻습니다. 단거리선수는 무산소 과정에 의존해요. 이 과정은 짧은 거리 동안 많은 에너지를 제공해주지만 1~2분 후면 몸에 보관된 에너지가 소진됩니다. 장거리선수는 긴 거리 동안 지속적으로 에너지를 공급해주는, 산소를 소비하는 과정에 더 많이 의존합니다.

우사인 볼트는 대부분의 단거리경주에서 현재 세계기록 보유자예요. 그는 세계에서 가장 빠른 사람이죠. 몇백 미터 이상 뛸 필요만 없다면. 그는 400미터 기록도 좋긴 하지만 세계기록에는 2초 이상 뒤져요.[1] 그보다 긴 거리에서는 우수

---

1 400미터는 무산소 과정을 이용하기엔 약간 길어서 어느 정도 산소를 소비한 에너지가 필요해요.

더 위험한 과학책

한 고등학생 선수에 미치지 못해요. 그의 에이전트는 〈뉴요커The New Yorker〉 인터뷰에서 볼트는 1마일을 뛰어본 적이 한 번도 없다고 말했어요.

엘 게루주가 술래로 게임을 시작한다고 해보죠. 사실 누가 먼저 술래를 하는지는 중요하지 않지만, 볼트가 술래를 한다면 몇 초 안에 엘 게루주를 잡아버릴 겁니다.

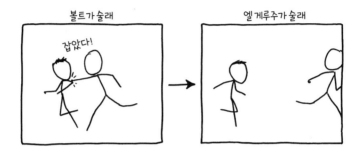

볼트는 잡히지 않기 위해서 달리기 시작할 것입니다. 처음에는 그가 유리하겠죠. 그는 단거리달리기 능력으로 엘 게루주와의 거리를 빠르게 벌릴 겁니다. 게임 시작 후 30초 동안 볼트는 300미터를 달려 추격자와의 거리를 70미터 정도 벌렸을 거예요.

하지만 30초 뒤부터 둘의 간격은 좁아지기 시작할 것입니다. 90초가 조금 넘으면, 엘 게루주는 700미터에 약간 못 미치는 곳에서 볼트를 잡을 거예요.

지친 볼트는 엘 게루주를 잡으려고 하겠지만 따라잡을 수 없을 겁니다.

당신이 마라톤 챔피언이 아니라면 훌륭한 장거리선수는 술래잡기에서 당신보다 훨씬 유리할 겁니다. 당신이 우사인 볼트든 우베 볼Uwe Boll(공포영화 감독)이든 위고 본콤파니Ugo Boncompagni(교황 그레고리 8세의 본명)든 우스니아 바르바타 *Usnea barbata*(이끼 종류)든 마라톤 선수가 한번 속도를 붙이고 나면 잡을 수 없을 거예요.

당신이 우사인 볼트의 실력을 가지고 있어도 뛰어난 장거리달리기 선수와 상대한다면 영원히 술래를 면할 수 없다는 말일까요?

아마 그럴 겁니다.

더 위험한 과학책

장거리달리기 선수를 잡는 법

달리기 선수를 뛰어서 잡을 수 없다면 더 효율적인 방법을 시도해볼 수 있습니다. 걷는 거죠.

걷기는 달리기보다 느리지만 에너지 측면에서는 훨씬 더 효율적이에요. 같은 거리를 갈 때 산소와 칼로리가 더 적게 들어요. 그래서 건강한 사람이 1마일을 달리는 것은 어려울지 몰라도 몇 시간 정도는 무리 없이 걸을 수 있는 거죠. 달리기는 당신의 유산소 시스템에 많은 것을 요구합니다. 당신의 몸이 그 요구를 끊임없이 만족시키지 못하면 계속 달릴 수 없어요. 장거리달리기 선수는 최대한 적은 에너지를 소비하며 달리는 법을 익힙니다. 하지만 그들 역시 계속해서 달리기 위한 조건을 충족할 수 있게 심혈관 시스템이 에너지 공급 비율을 조절해요.

도보 여행자들은 2,190마일(3,500킬로미터)의 애팔래치안 트레일Appalachian Trail을 보통 5~7개월에 걷습니다. 5개월이 걸린다면 하루에 15마일(24킬로미터)이 조금 안 되게 걷는 거예요. 이에 따라 당신이 하루에 15마일을 무한히, 계속해서 걸을 수 있다고 가정하죠.

장거리달리기 챔피언인 야니스 쿠로스Yiannis Kouros는 24시간 동안 180마일 (288킬로미터)을 달린 적이 있어요. 당신이 도보 여행자의 속력으로 쿠로스를 쫓는다면 그는 첫째 날에 100마일(160킬로미터)을 뛰어 달아날 겁니다. 그러고는 당신이 따라잡는 동안 일주일 정도 쉴 수 있을 거예요. 당신이 가까이 가면 또다시 100마일을 달려갈 겁니다.

당신   쿠로스

100마일 달림

일주일간 휴식

또 100마일
달림

쿠로스가 평범한 삶을 살기 원한다면(그러면서도 잡히지는 않겠다면) 100마일 간격으로 2~3채의 집을 사면 됩니다. 당신이 한 집에 다가가면 그는 다른 집으로 도망가면 되죠. 그렇게 하면 당신이 쫓아와서 다른 집으로 달아나야 할 때까지 집에서 일주일 정도를 쉴 수 있어요.

같이 사는 가족이 있다면 역시 마라톤 선수이기를 바랍니다. 그렇지 않다면 당신에게 잡히지 않기 위해서 해야 할 일이 훨씬 더 많아질 테니까요.

서둘러요. 따라잡히겠어요!

더 위험한 과학책

마라톤 챔피언에게서 달아나는 법

결국 당신이 쿠로스가 주의를 기울이지 않는 동안에 어찌어찌 잡는 데 성공했더라도 새로운 문제가 생길 겁니다. 그가 금방 당신을 다시 잡을 거거든요. 당신이 그에게서 달아날 수 없다는 것은 분명해요.

규칙대로 해서 이길 수 없다면 규칙을 살짝 바꿀 수도 있습니다. 당신이 원하는 만큼 빠르게 달릴 수 있는 마법 스쿠터를 타고 곧바로 쿠로스를 잡았다고 해보죠.

술래잡기 규칙 책에는 마법 스쿠터를 사용할 수 없다는 말이 없어요!

술래잡기 규칙 책이라는 것이 없으니까!

추적자가 된 쿠로스는 당신처럼 비겁한 수를 쓰지 않고 구식으로 당신을 추적하기를 고집한다고 합시다. 당신이 아무리 멀리 가더라도 그는 계속 쫓을 겁니다. 하지만 당신이 정말로 멀리 달아날 수 있다면 휴식을 취할 시간이 충분히 있을 거예요.

구글 걷기 안내를 이용하여 걸어서 갈 수 있는 가장 긴 거리에 위치한 지구상의 두 지점을 찾아보세요. 그 지점들은 구글이 지도를 업데이트할 때마다 바뀌는데 과학 예술가 마틴 크리빈스키Martin Krzywinski는 그 지점들의 목록을 만들었어요. 아주 좋은 후보는 남아프리카의 쿠오인포인트Quoin Point에서 러시아의 동쪽 해변 도시인 마가단Magadan으로 가는 것입니다.

이 경로의 길이는 약 1만 4,000마일(2만 2,400킬로미터)이에요. 16개국을 통과하고 몇 개의 강과 운하를 페리로 건너야 하며**2** 20회 이상 국경을 지나야 해요. 이 걷기 여행 일정표에는 약 2,000개의 방향이 포함됩니다.

"우회전해서 15.8마일을 걷는다. B8도로를 타고 1.2마일을 가서 탄자니아로 들어간다. 그리고…"

---

2 도로 봉쇄나 국경 통과 절차에 따라 이집트/수단 국경을 지나기 위해서 누비아호/나세르호를 건너야 할 수도 있어요.

더 위험한 과학책

이 경로는 언덕이 많고(총 고도 변화는 100킬로미터가 넘어요) 열대우림부터 뜨거운 사막에 시베리아 툰드라까지 사실상 모든 기후대를 통과합니다. 당신의 추적자가 여기를 얼마나 빠르게 갈 수 있을지 알긴 어렵지만, 애팔래치안 트레일 걷기의 현재 최고 기록은 약 41일로, 하루 평균 53마일(85킬로미터)을 이동했어요. 이 속력이면 쿠오인포인트에서 마가단까지는 약 9개월이 걸립니다.

당신은 계속 이리저리 돌아다닐 수도 있어요. 추적자가 포기할 때까지 매년 생활 터전을 옮기며 이사를 다니는 거죠.

이렇게 할 수도 있어요. 술래잡기는 영원히 끝나지 않고 누군가가 술래가 되어야 한다면, 술래를 나누어서 하는 것은 어떤가요? 전 세계를 돌아다니는 대신 살기 좋은 곳을 하나 고르는 겁니다. 다니던 중에 적당한 곳을 찾을 수도 있겠죠. 같이 게임을 하던 사람들과 이웃에 살면서 매일 술래를 바꾸는 겁니다….

매일 새 이웃과 하이파이브를 하면 됩니다.

술래잡기에서 이기는 법이 있을지도 몰라요.

14.
다양한 표면에서 스키를 타고
미끄러지는 방법

스키는 길고 편평한 물건을 발에 신고 어떤 표면이나 경사를 미끄러져 가는 것입니다. 어떤 표면은 보통 액체나 고체 상태의 물이지만 꼭 물일 필요는 없어요.

경사면이 충분히 가파르면 미끄러져 내려갈 수 있어요. 어떤 물체가 경사면에 놓이면 중력은 물체를 아래로 당기고 그 일부는 경사면을 따라 당깁니다. 표면을 따라 당기는 힘이 마찰력보다 커지면 물체는 미끄러지기 시작해요.

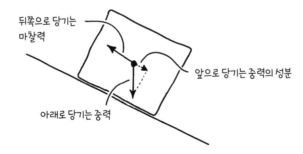

더 위험한 과학책

당신의 스키와 표면이 무엇으로 만들어졌는지에 따라 쉽게 미끄러지기 어려울 수도 있어요. 스키가 고무로 만들어졌고 표면이 시멘트라면 경사가 꽤 급해야 스키를 탈 수 있어요. 시멘트 위의 고무 스키가 전혀 인기 없는 이유죠.[1]

표면과 스키의 재료 조합이 어떻게 되든 경사가 얼마가 되어야 미끄러지는지는 간단한 물리학으로 계산할 수 있습니다. 어려운 문제로 보일 수도 있겠지만 다행이면서 신기하게도 대부분의 복잡한 부분은 상쇄되고 극히 단순한 공식만 남아요.

$$마찰계수 = \tan(경사각)$$

경사각을 알고 싶다면 이 공식을 뒤집으면 됩니다.

$$경사각 = \tan^{-1}(마찰계수)$$

이 공식은 다행히 $E=mc^2$[2]이나 $F=ma$처럼 복잡하지 않아요. 이런 유명한 공식들과는 달리 아주 특별한 문제에만 사용할 수 있지만, 그래도 아주 깔끔하고 단순합니다.

여러 스키와 표면 재료의 마찰계수는 다음과 같습니다.

스키 재료	표면 고무	나무	철
콘크리트	0.90	0.62	0.57
나무	0.80	0.42	0.3
철	0.70	0.3	0.74
고무	1.15	0.80	0.70
얼음	0.15	0.05	0.03

---

1 사실 아예 관심을 끌지 못했습니다.
2 두 번째 2는 지수가 아니라 각주 번호예요.

마찰계수와 미끄러지기 위해서 필요한 최소 경사각은 다음과 같습니다.

- 0.01/0.6도(바퀴 위의 자전거)**3**

- 0.05/3도(금속 위의 테프론, 눈 위에서 미끄러지는 스키)

- 0.1/6도(다이아몬드 위의 다이아몬드)

- 0.2/11도(철 위의 플라스틱 쇼핑백)

- 0.3/17도(나무 위의 철)

- 0.4/22도(나무 위의 나무)

- 0.7/35도(철 위의 고무)

- 0.9/42도(콘크리트 위의 고무)

나무 스키는 16도의 금속 경사로에서 움직일 겁니다. 스키가 고무로 만들어졌다면 금속 경사로가 35도는 되어야 미끄러질 수 있어요. 고무와 콘크리트 사이의 마찰계수는 0.9로 훨씬 더 커서 기울기가 42도나 되는 급경사라야 미끄러져 내려갈 수 있습니다. 이것은 고무바닥 운동화를 신은 사람은 42도보다 더 급한 경사로에서 걸을 수 없음을 말해주기도 하죠.

---

3 자전거는 바퀴가 있지만 그래도 마찰이 중요해요. 바퀴는 단지 일부 마찰의 위치를 지면에서 축의 베어링으로 이동시킬 뿐이에요.

더 위험한 과학책

어떻게 보면 스키 타는 사람들은 등산은 너무 못하지만 그것을 아주 좋은 균형 감각으로 메우는 등반가나 마찬가지예요.

얼음은 대부분의 표면보다 미끄럽고, 사실은 예쁜 얼음인 눈도 비슷하게 미끄러워요. 그래서 얼음과 눈은 스키나 그와 비슷한 활동을 하기에 좋은 선택지가 되고, 동계 올림픽의 모든 경기는 어떤 식으로든 미끄러지는 것이 포함됩니다.

얼음이 미끄러운 이유는 약간 미스터리예요. 오랫동안 사람들은 스케이트 날의 압력이 얼음의 표면을 녹여 얇고 미끄러운 물의 층을 만들기 때문이라고 믿었어요. 1800년대 후반에 과학자와 공학자들은 스케이트 날의 압력이 얼음의 녹는 점을 섭씨 0도에서 영하 3.5도로 낮출 수 있다는 것을 알아냈습니다. 수십 년간 압력에 의해 얼음이 녹는 것이 스케이트가 작동하는 표준 설명으로 받아들여졌어요. 어떤 이유에서인지 섭씨 영하 3.5도보다 낮은 온도에서도 스케이트를 탈 수 있다는 사실을 아무도 지적하지 않았어요. 압력에 의해 얼음이 녹는다는 이론에 따르면 이것은 불가능하지만 사람들은 언제나 스케이트를 타왔습니다.

멈춰! 내 계산에 따르면
이건 불가능해!

휘이잉!

얼음이 미끄러운 이유에 대한 진짜 설명은 놀랍게도, 아직 진행 중인 물리학의 연구 주제예요. 일반적인 설명은 물 분자들이 얼음 결정에 완전하게 갇혀 있지 않기 때문에 얼음 표면에 액체층이 있다는 것입니다. 이렇게 보면 얼음은 바깥쪽이 닳은 천 조각과 비슷해요. 천의 안쪽에는 실이 잘 조직된 형태로 엮여 있지만 바깥쪽은 더 약하게 엮여 있기 때문에 느슨하고 돌아다니기도 쉬워요. 마찬가지로 얼음의 바깥쪽 근처에 있는 물 분자들은 느슨하고 돌아다니기 쉬워서 얇은 물의 층을 만들어요. 하지만 이 층의 성질이나 이것이 스케이트와 어떻게 상호작용하는지는 완전히 이해하지 못했어요.

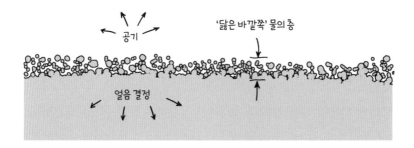

공기

'닳은 바깥쪽' 물의 층

얼음 결정

현대 물리학에서 중력파나 힉스 보손 발견과 같은 어렵고 추상적인 미스터리를 푸는 데 얼마나 많은 시간을 쓰는지 안다면, 일상 속 현상들이 상당 부분 이해

더 위험한 과학책

되지 않은 상황은 정말 놀라운 일일 겁니다.

스케이트뿐만 아니라 물리학자들은 무엇이 천둥 번개 속에서 전하가 쌓이게 하는지, 왜 모래시계 안의 모래가 그 속도로 흐르는지, 머리카락을 풍선으로 문지르면 왜 정전기가 생기는지 정확하게 이해하지 못했어요. 다행히도 스키나 스케이트를 타는 사람들은 물리학자들이 이해할 때까지 기다리지 않고도 눈과 얼음 위를 미끄러질 수 있습니다.

눈은 이미 꽤 미끄럽지만 스키를 타는 사람들은 더 미끄럽게 만들기 위해서 스키에 왁스층을 입혀요. 왁스는 유사 액체층을 만들어서 날카로운 얼음 결정이 단단한 스키 재료 속으로 파고들어서 느리게 만드는 것을 막아줍니다.

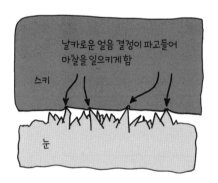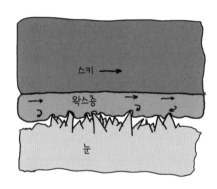

왁스를 입힌 스키는 눈 위에서 마찰계수가 약 0.1이 되고 스키가 움직이기 시작하면 0.05로 떨어집니다.**4** 당신이 자신의 무게로 미끄러지기 시작하려면 5도의 경사가 필요하지만, 일단 움직이고 나서 계속 나아가기 위해서는 3도의 경사면 충분하다는 말이에요.

---

4 물체가 움직이기 시작하면 마찰계수는 작아져요. 그래서 당신이 얼음 위에서 미끄러질 때 발이 그렇게 이상한 곳으로 가버리는 겁니다. 신발이 움직이기 시작하자마자 완전히 통제 불능이 되죠.

경사로를 미끄러져 내려오기 시작하면 당신은 눈에서 벗어나거나, 뒤로 당기는 공기의 저항이 앞으로 당기는 중력보다 커지는 속도가 될 때까지 계속 가속될 것입니다. 공기저항은 높은 속도가 되기 전에는 실제로 작용이 시작되지 않기 때문에 완만한 경사로도 길기만 하다면 스키나 썰매를 충분히 빠르게 할 수 있어요. 무한한 길이를 가진 5도 경사로에서 스키나 썰매의 이론상 최대 속도는 약 시속 30마일(시속 48킬로미터)이고, 특별한 공기역학적 구조를 가지고 있으면 시속 45마일(시속 72킬로미터)이 됩니다. 25도 경사로에서는 공기역학적 구조를 가진 스키나 썰매의 속도는 시속 100마일(시속 160킬로미터)이 넘을 수 있어요.

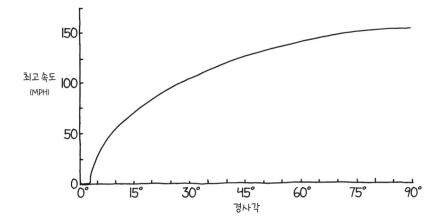

스키에서 달성된 세계 최고 속도는 시속 155마일(시속 248킬로미터)이지만, 사람들은 그 기록에 계속 다가가려고 시도하지 않아요. 그 경계를 밀어붙이는 것은 특별히 흥미로운 일이 아님을 알았기 때문이죠. 더 빠른 속도에 도달하려면 그저 더 길고 더 가파른 경사로를 찾기만 하면 되거든요. 만일 계속 그렇게 해나간다면 스키는 점점 스카이다이빙과 비슷해질 겁니다. 스카이다이빙보다 훨씬 더 위험할 뿐이에요. 열린 공기 중으로 떨어지는 대신 땅 위를 달리기 때문이죠. 스키의

더 위험한 과학책

속도가 시속 155마일에 이르면 방해물을 피하기가 아주 어렵고, 부드러워 보여도 작은 굴곡이나 약간의 방향 전환이 생긴다면 순식간에 치명적이 될 수 있어요.

선수들의 점수가 위험한 정도와 연관된 스포츠가 있다면 큰 문제가 될 겁니다. 스피드 스키는 1992년 올림픽에 잠시 선보였지만 몇 번의 치명적인 사고를 겪은 뒤에 대부분의 대회에서 포기되었어요.

바닥에 도착했을 때

스키를 타고 경사로를 내려오면 결국에는 더 이상 앞으로 나갈 수 없는 지점에 이르게 됩니다. 이렇게 되는 이유는 몇 가지가 있어요.

- 도중에 나무나 바위, 언덕이 있다.
- 산의 맨 아래로 내려왔다.
- 더 이상 눈이 없다.

너무 재미있어서 스키를 멈추고 싶지 않다면 몇 가지 대안이 있습니다.

도중에 나무가 있다면 치울 수 있어요. 어떻게 하는지 더 알고 싶다면 25장 '세상에서 가장 큰 크리스마스트리 장식하기'를 보세요. 도중에 바위가 있다면 그것을 움직일 수 있는지 10장 '조지 워싱턴의 은화 멀리 던지기를 물리학적으로 계산해본다면?'을 참고하세요. 산의 맨 아래로 내려왔다면 앞쪽으로 계속 가속을 시도해볼 수 있어요. 26장 '광속으로 우주의 끝에 다다르고 싶다면?'이나 13장 '우사인 볼트와 술래잡기를 한다면?'에서 도움이 되는 내용을 찾을 수도 있을 겁니다. 계속 아래로 내려가고 싶은데 더 내려갈 곳이 없다면 3장 '삽으로 땅속에 묻힌 보물을 캐내려 한다면?'을 찾아보세요.

더 이상 눈이 없다면, 계속 읽으세요.

눈이 없어지면 어떻게 해야 할까

마찰에 대해서 살피며 스키는 눈이 아닌 표면에서는 잘 미끄러지지 않는다는 사실을 알게 되었습니다. 부드러우면서도 방향을 바꿀 때 스키가 파고들 수 있는, 뻣뻣한 머리빗 같은 질감을 가진 마찰이 적은 특별한 고분자물질로 만든 인공 스키 슬로프가 있습니다. 또 잔디나 다른 표면에서 사용하도록 디자인된 특별한 스키도 있지만, 이런 스키들은 미끄러지기보다는 바퀴나 디딤판을 사용합니다.

눈에서 계속 스키를 타고 싶은데 더 이상 미끄러질 눈이 없으면 당신이 직접 만들어야죠.

눈이 더 필요함
(급함)

눈

땅

미국 스키장의 약 90퍼센트는 인공 눈을 사용하는데, 눈이 남아 있을 정도로 추워지자마자 스키 경사로를 덮고, 날씨가 도와주지 않더라도 스키 시즌 내내 눈이 덮여 있도록 하기 위해서예요. 인공 눈은 시즌 내내 스키 때문에 녹거나 침식되어 없어지는 눈을 보충해주기도 합니다.

스노머신은 압축된 공기와 물로 작은 얼음 결정의 흐름을 만들어내고, 그 얼음 결정이 공기 중에 떠 있는 동안 물을 더 뿌려서 인공 눈을 만듭니다. 뿌려진 물이 땅으로 떨어지는 동안 물방울이 얼음 결정에 붙어서 눈송이를 만들죠.

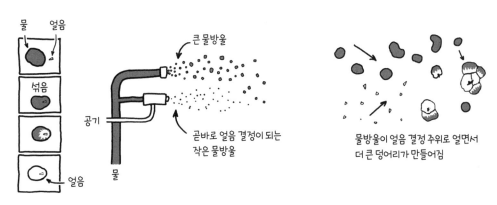

물 얼음

섞음

얼음

공기

물

큰 물방울

곧바로 얼음 결정이 되는 작은 물방울

물방울이 얼음 결정 주위로 얼면서 더 큰 덩어리가 만들어짐

이런 방법으로 만들어진 눈송이는 자연에서 만들어진 것보다 단단하고 예쁘지도 않아요. 자연의 눈송이는 구름 속에서 천천히 자랄 시간이 훨씬 더 많죠. 한 번에 하나의 물 분자가 붙기 때문에 복잡하고 대칭적인 모양이 만들어질 수 있어요.

인공 눈은 물이 노즐에서 땅에 떨어지는 짧은 시간에 작은 물방울들이 어설프게 모여 빠르게 만들어집니다.

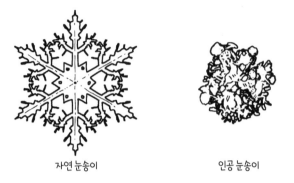

자연 눈송이   인공 눈송이

스키를 탈 5피트(1.5미터) 넓이의 경사로가 필요하고, 당신은 시속 20마일(시속 32킬로미터)의 속도로 내려오려고 합니다. 자연 눈은 얼마나 가볍고 보송보송하냐에 따라 비율이 상당히 다르지만 부피의 10퍼센트는 물이고 90퍼센트는 공기로 볼 수 있어요. 간단하게 하기 위해서 약 8인치(20센티미터)의 많은 눈이 필요하고 눈의 밀도는 물의 밀도의 8분의 1이라고 하면 질량은 1인치(2.5센티미터) 물의 층과 같아요. 그러면 당신이 필요한 전체 물의 양은 다음과 같습니다.

$$5\text{피트} \times 8\text{인치} \times \frac{1}{8} \times 20\text{mph} = 90 \ \frac{\text{갤런}}{\text{초}} = 1{,}250 \ \frac{\text{m}^3}{\text{시간}}$$

축구장 길이만큼 스키를 타기 위해서는 수천 리터의 물과 이것을 눈으로 바꿀 기계가 필요합니다.

더 위험한 과학책

그렇게 빠르게 제설기를 찾기는 어려울 겁니다. 가장 큰 기계는 한 시간에 100세제곱미터의 속도로 눈을 만들 수 있어요. 이것은 필요한 양의 10퍼센트밖에 되지 않으니까 제설기를 훨씬 더 많이 사용해야겠죠.

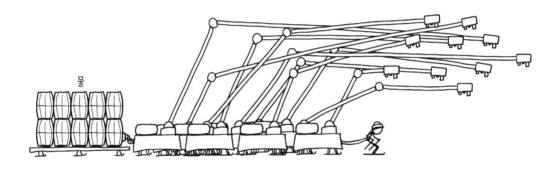

일반 제설기에서 만들어진 눈은 땅으로 가라앉는 데 많은 시간이 걸립니다. 눈이 안정될 시간을 충분히 주기 위해서는 당신이 있는 곳보다 훨씬 더 앞에 눈을 만들어야 한다는 말이죠. 그런데 공기의 흐름이 눈을 좁은 경로에 집중시키기 어렵게 만들 거예요.

물이 오래 천천히 떨어지는 것이 필요합니다. 물방울이 증발하며 공기로 열을 잃어버리고 얼음 결정에 붙는 데는 시간이 많이 걸리기 때문입니다. 물방울을 더 빨리 식히는 방법들이 있지만 몇 가지 약점이 있어요.

공기·물의 흐름에 액체질소와 같은 낮은 온도의 물질을 뿌리면 온도를 떨어뜨려 거의 순식간에 얼릴 수 있어요. 이 기술은 눈을 빠르게 만드는데, 기온이 너무 높아 일반적인 방법으로 인공 눈을 만들 수 없는 곳에서 특별 이벤트를 위해 사용됩니다. 극저온 냉동 기술은 그냥 공기 중에서 얼리는 것에 비해서 너무 비싸고 에너지도 많이 필요하기 때문에 일반적으로 스키장에서 쓰지는 않아요.

당신의 작고 아주 좁은 스키 경사로를 위한 액체질소 비용은 간신히 감당할 수 있을 정도일 겁니다. 작은 통에 담긴 액체질소를 산다면 당신이 스키를 타는 비용은 1초에 50달러가 될 것이지만, 산업용으로 쓰이는 큰 탱크로 사면 가격을 훨씬 더 낮출 수 있을 거예요.

물

액체질소

더 위험한 과학책

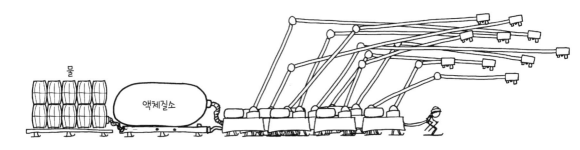

꼭 액체질소를 사용할 필요는 없어요. 다른 냉각 기체를 이용할 수도 있습니다. 액체산소는 액체질소와 비슷하고 만들기도 액체질소만큼 쉬우며 이론적으로는 눈을 만드는 데 이용할 수 있어요. 하지만 추천하지는 않겠습니다. 액체질소는 불활성과 비반응성 때문에 냉각용으로 인기가 있거든요. 액체산소는 둘 다아니에요.

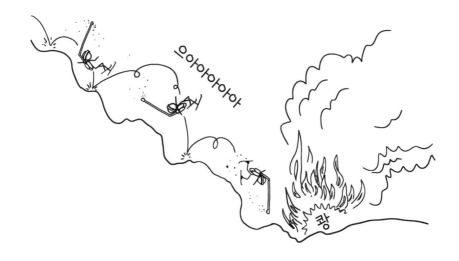

좀 더 효율적으로 만들기

앞으로 나가면서 눈을 계속 만드는 대신 뒤에 있는 눈을 퍼서 재활용한다면 눈 소비를 줄일 수 있을 것입니다.

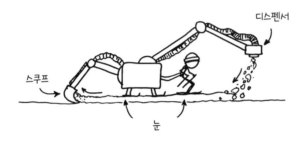

만일 방수포 같은 것을 눈 아래 놓아둔다면 뒤에 있는 방수포 전체를 들어 올려 눈의 손실을 최소화하여 재활용할 수 있겠죠.

눈 재활용 과정을 작게 만들수록 필요한 눈은 더 적어질 겁니다.

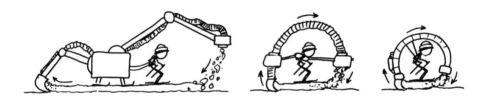

눈을 머리 위가 아니라 다리 주위로 돌아서 지나가게 하면 당신 몸보다 작은 순환 고리를 만들 수도 있어요.

그렇게 되면… 롤러스케이트를 재발명했다는 사실을 깨닫게 될 겁니다.

휘 이 이 익!

15.
우주에서 소포를 부치는 방법

2001년부터 2018년까지 매 순간, 평균 15억 명에 한 사람씩 우주에 있었다고 합니다. 대부분은 국제우주정거장에 있었죠.

국제우주정거장 승무원들은 지구로 돌아가는 승무원이 타는 우주선에 짐을 실어 내려보내요. 하지만 당분간 지구로 돌아갈 계획이 없다면, 혹은 NASA가 당신의 인터넷 쇼핑 반품을 배송해주는 데 지쳤다면, 당신은 직접 문제를 해결해야 합니다.

반품 표시를 보면 어디에서든
보낼 수 있는 것으로 되어 있어!

여기로 가져오기 전에
신발을 신어봤어야지.

더 위험한 과학책

국제우주정거장에서 물건을 지구로 내려보내는 것은 쉬워요. 그저 문밖으로 던져놓고 기다리면 됩니다. 그러면 결국에는 지구로 떨어질 거니까요.

국제우주정거장 고도에는 공기가 아주 적어요. 그래도 크진 않지만 측정이 될 정도의 저항은 만들어낼 수 있어요. 이 저항 때문에 물체의 속도가 느려져서 점점 낮은 궤도로 떨어지게 되고, 결국에는 대기로 들어가 (대체로) 타버리게 됩니다. 국제우주정거장도 역시 이런 저항을 받아요. 그래서 주기적으로 추진을 하여 더 높은 궤도로 올라가 잃어버린 고도를 보상합니다. 그렇게 하지 않으면 궤도가 점점 낮아져서 지구로 떨어지게 될 겁니다.

우주비행사들은 매우 자주 지구로 소포를 보내는 실수를 해요. 국제우주정거장에서 작업하는 동안 우주유영을 하던 우주비행사들은 실수로 여러 물건을 떨어뜨리죠. 스패너나 카메라, 공구 가방 그리고 우주비행사가 시험을 위해 수리용 접착제를 바르다가 사용하던 주걱을 떨어뜨리기도 했어요. 이 물건들은 궤도가 낮아질 때까지 본의 아니게 몇 달이나 몇 년 동안 지구 주위를 도는 인공위성이 됩니다.

이런!

어, 중앙 관제소, 여기는 이글 1호다.

새로운 위성 발사에 성공했음을 기쁜 마음으로 알린다.

당신이 던진 소포는 수년 동안 국제우주정거장에서 떨어진 잃어버린 부품, 가방, 여러 기기 조각과 같은 운명에 처하게 될 거예요. 궤도가 낮아져서 대기로 들어가는 거죠.

궤도에서의 배송

배송 종류	배송 시간	가격
○ 특급 배송(총알 배송)	45분	70,000,000달러
○ 우선 배송(소유즈 + 항공 배송)	3~5일	200,000달러
◉ 일반 배송(대기저항)	3~6개월	무료

이 배송 방법에는 두 가지 큰 문제가 있어요. 첫째로, 당신의 소포는 땅에 닿기도 전에 대기에서 타버릴 거예요. 그리고 둘째로, 타지 않는다고 해도 어디에 떨어질지 알 방법이 없어요. 소포를 보내려면 이 두 문제를 모두 해결해야 해요.

먼저, 당신의 소포를 어떻게 땅에 무사히 도착하게 할지 살펴봅시다.

재진입 가열

어떤 물체가 대기에 진입하면 대체로 타버립니다. 무언가 우주의 이상한 성질 때문이 아니에요. 궤도를 돌고 있는 것은 전부 다 너무 빠르기 때문이죠. 물체가 이러한 속도로 공기와 충돌하면 공기는 길을 비켜줄 시간이 없어요. 공기는 압축되고, 가열되어, 플라스마가 되고 이 과정에서 보통 물체는 녹거나 증발해버립니다.

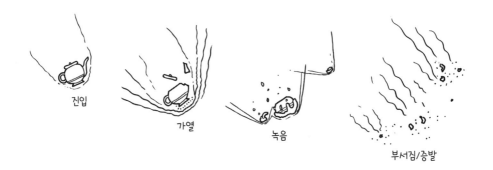

진입

가열

녹음

부서짐/증발

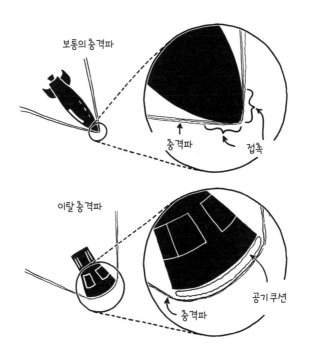

보통의 충격파

충격파

접촉

이탈 충격파

공기 쿠션

충격파

우리는 우주선이 부서지지 않게 하기 위해서 재진입을 할 때 열을 흡수하여 나머지 부분을 보호하는 방패를 우주선 앞쪽에 붙입니다.[1] 그 방패는 충격파와 우주선 표면 사이에 공기 쿠션을 만들어 가장 뜨거운 플라스마가 선체에 닿지 않도록 하며, 특별한 모양으로 만듭니다.

대기에 부딪히는 물체의 운명은 그 크기에 달려 있어요.

지구 대기의 무게는 10미터 깊이의 물의 무게 정도입니다. 어떤 유성이 대기를 통과할 수 있는지 알아보려면 10미터 깊이의 물에 떨어지는 것을 생각해보면 됩니다. 물보다 무게가 많이 나가는 물체는 물을 밀어내고 표면에 닿을 테니까 통과할 수 있겠죠. 이것은 대략적으로 알아보기에는 아주 좋은 방법이에요!

아주 큰 물체(집 정도거나 더 큰)는 관성이 커서 속도를 많이 잃지 않고 대기를 뚫고 땅에 떨어질 수 있어요. 이런 물체들은 땅에 크레이터를 만들죠.

작은 물체(자갈부터 자동차 크기까지)는 대기를 통과하기에는 너무 작아요. 이런 물체가 대기를 때리면 가열되어 부서지거나 증발해버립니다. 가끔은 이렇게 부서진 조각이 대기로 진입하면서 살아남기도 해요. 다른 조각들이 열을 흡수하여 방패 역할을 해주거나 재진입 환경을 견딜 수 있는 재료로 된 경우죠. 이때는 궤도속도를 잃어버리고 종단속도로 땅에 떨어집니다. 부서지는 순간 잠시 열이

---

1 큰 방패를 붙이는 것보다는 로켓으로 우주선의 속도를 줄인 다음 느리게 대기로 들어가는 건 어떨까요? 답은 간단합니다. 연료가 너무 많이 필요해요. 큐리오시티(2012년 화성에 착륙한 탐사선)나 스페이스X의 재활용 발사체처럼 착륙할 때 로켓을 사용하는 우주선도 대부분의 감속은 대기와의 저항으로 하고 로켓은 마지막 단계에서만 사용해요. 중력을 이기고 우주선을 궤도에 올릴 정도의 속도로 만드는 데는 우주선의 무게 10배 이상의 연료가 필요합니다. 그래서 로켓이 그렇게 큰 거죠. 속도를 줄이는 데도 대략 비슷한 양이 필요할 겁니다. 즉 20톤의 연료를 이용하여 1톤의 우주선을 궤도에 올리는 대신 1톤의 우주선 더하기 20톤의 연료를 궤도에 올려야 한다는 말이죠. 그러니까 21톤의 우주선을 발사해야 하므로 420톤의 연료가 필요하게 되는 겁니다. 420톤의 연료보다는 100파운드(45킬로그램중)의 열 방패가 훨씬 효율적인 해결책이죠.

발생한 다음에는 차가운 상층대기를 통과하는 데 몇 분이 걸리기 때문에 운석은 종종 아주 차가운 상태로 발견되기도 해요.

이렇게 살아남은 잔해는 비교적 느린 속도로 땅에 떨어집니다. 부드러운 흙이나 진흙에 떨어진다면 흙을 좀 튀기긴 하겠지만 크레이터를 크게 남기지는 않아요. 지구에 있는 충돌 크레이터가 모두 큰 이유죠. 크고 무거운 물체만이 땅에 떨어질 때까지 궤도에서의 운동에너지를 유지할 수 있기 때문입니다. 충돌 크레이터는 크기가 수십 센티미터(크레이터를 만드는 물체보다 약간 큰)인 것과 수백 미터인 것이 있어요. 그 중간 크기는 없어요.

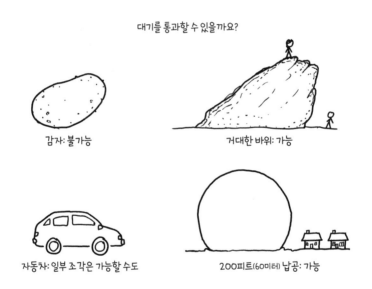

대기를 통과할 수 있을까요?

감자: 불가능

거대한 바위: 가능

자동차: 일부 조각은 가능할 수도

200피트(60미터) 납공: 가능

방패가 없으면 우주선은 대기에서 부서질 것입니다. 큰 우주선이 열 방패 없이 대기로 들어오면 10~40퍼센트의 질량만 지구 표면에 도착하고 나머지는 녹거나 증발할 거예요. 열 방패가 그렇게 인기가 있는 이유죠.

내려보내는 소포를 보호하기 위해서 당신도 열 방패를 사용할 수 있어요. 가장 쉬운 종류는 내려가면서 타서 없어지는 '탈격' 열 방패예요. 이것은 우주왕복선의 열저항 타일처럼 재사용할 수 없지만, 간단하면서 폭넓은 범위의 조건에 쓸 수 있어요. 이제 캡슐을 올바른 방향으로 놓고(방패를 앞에, 소포를 뒤에) 보내기만 하면 됩니다.

당신은 마지막 착륙을 위해 낙하산을 더하고 싶을 수도 있겠지만, 당신의 소포가 양말이나, 종이 타월, 편지처럼 가볍거나 내구성이 있는 것이라면 종단속도로 떨어져도 비교적 잘 살아남을 거예요.

재진입에서 살아남도록 설계된 모든 인공물은 곡면의 보호용 열 방패를 가지고 있어요. 예외는 얼마 없죠.

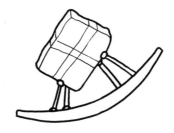

아폴로 짐 가방

아폴로 프로그램은 달 착륙을 위해 7팀의 우주비행사들을 보냈습니다. 모든 승무원은 다른 물건과 함께 짐 가방 크기의 '실험 패키지'를 가지고 갔어요. 달 표면에 두어서 측정하고 지구로 정보를 보내기 위한 것이죠. 7개 중 6개는 플루토늄의 방사능으로 작동됩니다. (아폴로 11호에 실린 첫 번째 실험 패키지는 더 단순했어요. 전기는 태양에너지를 이용했지만 보온을 위해서는 플루토늄 히터를 사용했어요.)

더 위험한 과학책

아폴로 팀 중 6팀이 달에 착륙하여 짐 가방을 펼쳐놓았습니다. 실패한 아폴로 13호의 이야기는 유명하죠. 우주선의 일부가 폭발2하는 바람에 임무를 중단하고 지구로 돌아왔어요. 모든 사람은 무사했고, 아주 영웅적이었고, 뭐 그랬죠. 하지만 우리는 짐 가방 얘기를 하기로 해요.

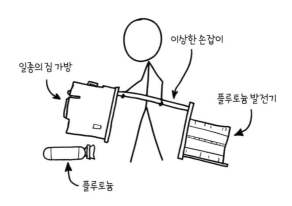

우주비행사들이 달에 도착하지 못했기 때문에 플루토늄으로 가득 찬 짐 가방을 두고 오지 못하고 지구로 가지고 와야 했죠. 이것이 문제가 되었어요.

지구 표면으로 안전하게 돌아올 수 있게 설계된 것은 사령선뿐이었어요. 달 착륙선을 포함한 우주선의 다른 부분은 대기에서 타도록 설계되었죠. 사령선에는 우주비행사들과 그들이 수집한 표본을 위한 공간밖에 없었습니다.

짐 가방(그리고 별도로 보관되던 플루토늄 핵)은 버려진 달 착륙선에 남겨놓아야 했죠. 그런데 만일 플루토늄을 담은 용기가 부서진다면 방사성물질이 대기에 뿌려질 것입니다.3

---

2 그렇게 심각하지는 않았어요. 그래요, 대충 심각했어요.
3 이때는 20세기 중반이었어요. 그렇게 방사능 입자가 걱정됐다면 핵폭탄을 잔뜩 터뜨리지 말았어야 한다고 말할 수 있겠죠. 하지만 제가 뭘 알겠어요? 저는 거기 없었어요.

다행히도 짐 가방을 만든 공학자들은 이런 가능성을 예상했습니다. 플루토늄은 흑연, 베릴륨, 티타늄층으로 둘러싸인 작은 소화기 모양과 크기의 단단한 용기에 들어 있었어요. 보호층은 재진입할 때 플루토늄 용기를 둘러싼 버려진 달 탐사선의 나머지 부분이 완전히 부서지더라도 살아남을 수 있게 해주었어요.

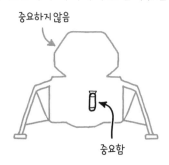

중요하지 않음

중요함

지구에 접근하면서 아폴로 우주비행사들이 사령선으로 옮겨 탈 때 짐 가방은 탐사선에 남겨두었어요. 그리고는 탐사선의 엔진을 점화하여 태평양의 아주 깊은 곳인 통가해구Tonga Trench 지역으로 떨어뜨렸고, 플루토늄 용기는 바다로 떨어져 바닥에 가라앉았습니다. 그 이후로 수십 년 동안 초과 방사능이 측정된 적은 한 번도 없었어요. 보호층이 제 역할을 하고 있다는 말이죠. 플루토늄 용기는 지금도 태평양 바닥에 누워 있습니다. 플루토늄은 지금쯤 약 반으로 줄었겠지만 2019년에도 800와트 이상의 열을 만들어내고 있어요. 어쩌면 온기를 찾으려는 심해 동물이 달라붙어 있을지도 모를 일이죠.

더 위험한 과학책

편지 보내기

재진입이라는 기술적인 과제를 해결하는 정말 좋은 방법은 열 방패를 완전히 버리고 더 단순한 해결책을 찾는 것일 수 있습니다. 바로 편지 봉투죠.

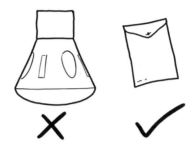

가벼운 물체는 더 큰 저항을 받아 공기의 밀도가 낮은 높은 고도에서 속도가 줄기 시작합니다. 여기는 공기가 아주 엷기 때문에 물체를 효율적으로 가열하지 못해요. 그래서 재진입은 오래 걸리겠지만 최고 온도는 훨씬 낮을 수 있죠. 실제로 저스틴 애치슨Justin Atchison과 메이슨 펙Mason Peck의 계산에 따르면 한 장의 종이처럼 생긴 물체가 넓은 면 방향으로 떨어지기 시작하면 특별히 높은 온도까지 절대 올라가지 않으면서 대기로 '부드럽게' 들어올 수 있어요.

당신이 메시지를 유산지나 알루미늄포일, 혹은 약간 따뜻해지는 정도를 견딜 수 있는 얇고 가벼운 재료에 인쇄했다면 그냥 문밖으로 던지면 됩니다. 제대로 된 모양만 갖추고 있다면 온전하게 땅으로 내려갈 거예요. 실제로 일본의 연구팀이 국제우주정거장에서 종이비행기를 날리는 실험을 계획했어요. 그들은 재진입을 할 때의 열과 압력을 견디는 비행기를 설계했지만 안타깝게도 그 프로젝트는 실행되지 못했습니다.

국제우주정거장에서 손으로 던져진 소포는 여러 궤도를 돌면서 내려갈 것인데, 최종 착륙 지점은 통제할 수가 없어요. 소포의 착륙 지점을 통제하는 건 단순히 지구로 배송만 하는 것보다 훨씬 어려워요.

귀환하는 우주선은 보통 착륙 지점을 통제하려고 하죠. 어떤 건 다른 것보다 더 정확하게 해요. 스페이스X의 재활용 로켓은 배 갑판의 표적에 정확하게 착륙하도록 정밀하게 유도할 수 있어요. 이와 달리 오래된 아폴로나 소유즈 우주선은 목표 지점을 보통 몇 킬로미터씩 빗나가죠.4 통제되지 않은 재진입을 하는 우주선은(당신의 소포처럼) 목표한 착륙 지점을 수백, 수천 킬로미터나 빗나갈 수 있어요.

정말로 빠르게 소포를 던지면 배송의 정확성을 높일 수 있어요. 공기저항이 궤도를 천천히 낮춰 시간이 오래 걸리면 예측하기가 어려운데, 소포를 빠르게 던지면 대기로 바로 들어갈 수 있어요. 그런데 놀랍게도 소포를 지구 쪽 아래로 던지는 것이 아니에요. 뒤로 던져야 한답니다. 아래로 던지면 궤도를 따라 앞으로 나가는 속도가 남아 있기 때문에 궤도만 약간 변할 뿐이에요. 소포의 속도를 줄여야 합니다.

소포를 빠르게 던질수록 착륙은 정확해져요. 국제우주정거장은 약 초속 8킬로미터로 움직이지만, 다행히 소포를 그렇게 빠르게 던질 필요는 없어요. 국제우주정거장 고도의 궤도속도에서 초속 100미터만 줄이면 당신의 소포를 대기로 충분히 배송할 수 있어요. 초속 100미터로 던지는 것이 어려울 뿐이죠. 가장 빠른 투수도 초속 50미터를 넘지 못해요. 하지만 골프공은 충분히 빨라요. 국제우주정거장 옆에 떠 있는 골프 선수는 이론적으로는 골프공을 때려서 한 번에 궤도에

---

4 아폴로 사령선은 바다에 착륙했어요. 소유즈 우주선은 충돌할 것이 없는 카자흐스탄의 넓은 벌판에 착륙합니다.

서 벗어나게 할 수 있어요. 당신의 소포가 골프공 크기라면 그 배송 방법을 사용해봐도 좋겠네요.

소포를 초속 100미터의 속도로 던지면 약 1도 기울기로 대기로 들어가게 됩니다. 그러면 '잔해 범위debris footprint(소포가 떨어질 수 있는 영역)'는 2,000마일 (3,200킬로미터) 이상이 되죠. 당신이 세인트루이스를 겨냥한다면 몬태나와 사우스캐롤라이나 사이 어디에든 떨어질 수 있어요. 만일 더 빠르게(초속 250미터나 초속 300미터) 던진다면 대기로 들어가는 기울기는 속도에 비례하여 커지고 잔해 범위는 수백 킬로미터로 줄일 수 있습니다. 하지만 아무리 빠르고 정확하게 던진다 하더라도 난류와 바람이 무작위로 작용하기 때문에 수 킬로미터보다 더 정확하게 목표를 맞추기는 어려워요.

미르

2001년 3월, 우주정거장 '미르'는 대기로 재진입을 준비하고 있었습니다. 대부분은 타버릴 것이라고 예상되었지만 몇 개의 큰 모듈은 지구 표면에 도착할 가능성도 있었어요. 러시아 중앙 관제소 계획자들은 재진입 시간을 조절하여 태평양의 사람이 살지 않는 지역에 미르를 떨어뜨리려고 했지만 정확하게 어디에 떨어질지는 아무도 몰랐죠.

타코벨은 이것을 이용하여 독특한 홍보를 했어요. 태평양에 과녁이 그려진 거대한 천을 띄워놓고 미르의 조각이 하나라도 여기 떨어진다면 미국에 있는 모든 사람에게 타코 한 개를 무료로 제공하겠다고 한 것이죠.

아쉽게도 어떤 잔해도 과녁에 떨어지지 않았어요.5 대부분의 큰 조각은 남위 40도, 서경 160도 근처의 바다(육지에서 먼, 100대 이상의 우주선 잔해가 떨어진 '우주선의 무덤')에 떨어져 바닥으로 가라앉았습니다.

이베이 경매에서는 많은 주장이 있지만, 미르의 잔해는 한 번도 회수되지 않았습니다. 만일 당신이 발견한다면 언제라도 캘리포니아 어바인에 있는 타코벨 본사로 가져가보세요. 타코 하나와 바꿔줄지도 몰라요.

주소 적기

소포를 제대로 겨냥하여 보내는 것이 불가능하더라도 실망하지 마세요. 그렇다고 배송이 되지 않는다는 의미는 아니니까요! 어떤 주소를 쓸 것인지만 결정하면 됩니다. 하지만 1960년대에 미국 정부는 우주에서 보내는 소포에 어떤 주소를 써야 할지 결정하는 것이 쉬운 일이 아님을 깨닫게 됩니다.

초기의 미국 스파이 위성들은 필름 카메라를 사용했습니다. 사진을 찍은 다음에 필름을 캡슐에 넣어 지구로 떨어뜨렸죠. 일이 잘 진행되면 캡슐을 추적해서 공군 비행기가 긴 고리를 사용해서 공중에서 잡습니다.

---

5 타코벨은 정말로 진지했을까요? 어쩌면 그럴 수도요. 그들은 일어날 것 같지 않은 '승리'에 따른 무료 타코 요구에 대비하여 1,000만 달러 보험에 가입했어요. 판촉 대회 우승에 대한 대비를 해주는 SCA 프로모션이 이 보험을 받아주었죠. 어떤 회사가 어려운 일을 완성하는 사람에게 큰 상을 약속하고 싶을 때 SCA 프로모션에 고정된 금액을 지불하고, SCA는 누군가가 성공하면 그 상을 줍니다. 하지만 타코벨이 지불한 보험료는 그렇게 많지 않았을 겁니다. 그들은 그 과녁을 재진입 경로에서 서쪽으로 수천 킬로미터 떨어진 오스트레일리아 해변 근처에 놓았거든요.

더 위험한 과학책

이게 정말로 될 줄은 몰랐어.

하지만 일이 항상 계획대로 되진 않았죠. 몇몇 캡슐은 제어 불가 상태로 지구로 돌아왔습니다. 그중 남극 스발바르제도 근처에 떨어진 캡슐 하나는 영영 찾지 못했어요. 1964년 초, 코로나 정찰 위성이 수백 장의 사진을 찍은 후 궤도에서 고장 나 통신이 두절되었고, 통제되지 않은 상태로 재진입을 하게 되었어요. 정부 관계자들은 이 위성이 대기의 어디로 들어올지 알아내려고 시도하며 걱정스럽게 지켜보고 있었죠. 결국 베네수엘라 근처 어딘가로 떨어질 것이 명확해졌습니다.

그 지역에 있는 관측자들은 하늘을 지켜봐줄 것을 부탁받았고, 1964년 5월 26일, 베네수엘라 해변 위로 떨어지는 잔해가 발견되었습니다.

정부 관계자들은 바다에 빠졌을 것이라고 생각했지만 사실은 베네수엘라와 콜롬비아의 경계에 떨어졌습니다. 그것은 몇몇 농부들에게 발견되었고, 그들은 안에 있던 황금 디스크6만 가지고 나머지를 팔려고 했어요. 하지만 아무도 사려고 하지 않자 그 캡슐을 베네수엘라 당국에 넘겼고, 당국은 미국에 연락했어요.

1964년까지는 돌아오는 캡슐에 무서운 서체로 미국과 비밀이라는 글자가 새겨져 있었어요. 누군가 캡슐을 열고 극비 사항인 내용물에 접근하지 못하게 하려는 의도였죠. 1964년의 사고 이후 미국은 글자를 새기는 전략을 바꾸었어요. 무

---

6 황금 디스크는 과학 실험의 일부였어요. 과학 실험은 누군가 그 위성이 그 위에서 뭘 하느냐고 질문했을 때 위장하기 위한 것 중 하나였죠.

섭게 경고하는 대신 그 캡슐을 가까운 미국 영사관이나 대사관으로 가져다주면 보상을 하겠다는 메시지만 8가지 언어로 새겼습니다.

당신의 소포를 발견한 사람이 의도한 수신자에게 전해줄 가능성을 최대로 하려면 매수가 가장 좋은 방법일 수 있어요.

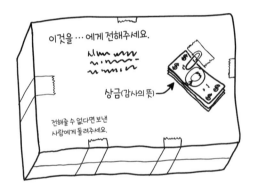

더 위험한 과학책

16.
다양한 에너지원으로 집에 전력을 공급하는 법

당신의 집에는 전기가 필요한 물건들이 잔뜩 있습니다. 집에 어떻게 전력을 공급할까요?

전형적인 미국의 가정은 1년 동안 평균 약 1킬로와트의 전력을 사용합니다. 2018년의 전기 요금은 1년에 1,100달러입니다. 좀 더 싼 대안이 있을까요?

이러한 전형적인 미국 가정을 예로 들어 여러 에너지원을 살펴봅시다.

전형적인 미국의 집과 대지

0.2에이커

집

미국에서 혼자 살 만한 중간 크기의 새집이 0.2에이커(800제곱미터) 대지에 자리했고, 그중 25퍼센트를 집이 차지한다고 합시다. 당신이 그런 집에 산다고 가정하고, 당신의 작은 땅이 어떤 전력을 줄 수 있는지 생각해보죠.

전통적으로 땅을 소유하면 그 땅 위에 있는 공기와 땅 아래에 있는 흙도 소유하는 것입니다. "당신의 소유한 땅은 위로는 천국, 아래로는 지옥까지 뻗어 있다 Cuius est solum, eius est usque ad coelum et ad inferos"라는 격언으로 표현되죠.

천국

땅

지옥

더 위험한 과학책

현대에는 위쪽으로의 소유권은 여러 방법으로 제한될 수 있습니다. 지방 경계법, 연방 항공청 그리고 우주에 대한 소유를 금지하는 1967년의 우주조약과 같은 것이죠. 아래쪽으로의 소유권도 광물에 대한 권한은 땅과 별도로 팔리기도 한다는 사실로 제한될 수 있어요. 그러니까 땅을 가졌다고 해서 그 아래에 묻힌 것까지 소유하는 건 아닙니다.

하지만 당신이 완전한 소유권을 가진다고 가정하면 이 세 영역에서 발견을 기대할 수 있는 에너지원들은 다음과 같습니다.

첫 번째: 땅

식물

식물은 땅에서 자랍니다. 가끔은 너무 잘 자라서 중단시키기 위해 많은 일을 해야 하죠.

전기를 만드는 가장 깨끗하거나 효율적인 방법은 아니지만 식물은 연료로 사용할 수 있습니다. 당신의 땅에서 나무를 키워서 수확하면 이를 태워 지속적인 전력을 얻을 수 있어요.

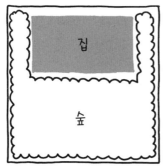

가능하다면 당신의 숲은 주로 태양을 향하는 방향에 있어야 합니다. (북반구에서는 남쪽이죠.)

목재용 삼림지의 생산성은 관리 능력에 달려 있지만, 국립지역보전협회는 관리하지 않은 3,987에이커(16제곱킬로미터) 소나무 숲에서 공급된 나무로는 1메가와트의 전력을 제공할 수 있다고 평가했습니다. 그러니까 당신의 마당을 나무로 가득 채운다면(집이 차지하는 25퍼센트는 제외하고) 당신이 만들 수 있는 전력은 다음과 같습니다.

$$\frac{0.2에이커 \times 75\% \times 1메가와트}{3,987에이커} = 38와트$$

이것은 전화기를 충전하거나 태블릿, 작은 노트북을 사용하기에는 충분하지만 집 전체에 전력을 공급하기에는 전혀 충분하지 않습니다.

다른 작물이 좀 더 효율적일 수 있어요. 예를 들어 스위치그래스는 미국 중부의 많은 지역에서 1에이커당 약 1킬로와트를 만들어낼 수 있고, 다른 곳에서는 두 배나 세 배가 될 가능성도 있습니다. 하지만 당신이 식물을 마당뿐만 아니라 지붕에까지 심는다 하더라도 집에 전력을 공급하기에는 충분하지 않아요.

물

물은 중력의 영향으로 땅에서 흐르고, 이 중력에너지는 수력발전 터빈으로 수확할 수 있습니다.

미국의 육지 지역에는 평균 약 31인치(79센티미터)의 비가 오고 평균 고도는 2,500피트(762미터)입니다. 나라 전체가 2,500피트의 균일한 고원이고 나라 전체에 비가 와서 끝부분으로 흘러내린다면….

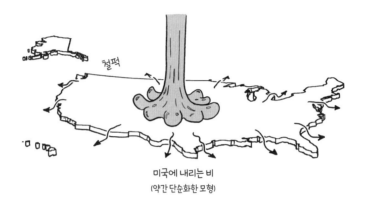

미국에 내리는 비
(약간 단순화한 모형)

…총 1.7테라와트의 전력을 만들 것입니다.

$$\frac{31인치}{연} \times 미국\ 국토\ 면적 \times 물의\ 밀도 \times 9.8\tfrac{m}{s^2} \times 2,500피트 = 1.7테라와트$$

미국에는 약 1억 2,000만 가구가 있으므로 한 가구당 14킬로와트가 됩니다!

당신에겐 안됐지만 이것은 아주 낙관적인 계산이에요. 미국에서 대부분의 비는 낮은 고도에서 내리고, 비가 모두 쉽게 전기로 바꿀 수 있게 흐르지도 않아요. 에너지부는 미국에서 이용 가능한 수력은(야생동물 보호구역과 경치 좋은 강에 댐을 건설하는 것을 포함) 전체의 20분의 1인 85메가와트라고 말합니다. 한 가구에 700와트밖에 되지 않아요.

두 번째: 지옥

매장된 연료

당신의 0.2에이커 땅을 미국 전체의 12,000,000,000분의 1이라고 보고, 미국 지하자원의 12,000,000,000분의 1이 묻혀 있다고 생각해봅시다. 물론 실제로는 그 자원들은 나라 전체에 작은 덩어리로 분포하기 때문에 당신의 땅에는 훨씬 더 많거나 훨씬 더 적을 겁니다. 하지만 골고루 있다면 당신의 땅 아래에 묻힌 건 다음과 같을 것입니다.

- 석유 3배럴. 원유 1배럴은 약 6기가줄의 전력을 제공하므로, 3배럴은 8개월 동안 당신 집에 전력을 공급해주기에 충분합니다.
- 천연가스 3만 8,000세제곱피트. 16개월 이상 전력을 공급해주기에 충분합니다.
- 석탄 19톤. 석탄의 에너지 밀도는 1킬로그램당 약 20메가줄이므로, 19톤의 석탄은 12개월 동안 당신 집에 전력을 공급해줄 수 있습니다.
- 우라늄 1.5온스(15밀리리터). 전통적인 원자로로는 몇 달 동안 당신 집에 전력을 공급해줄 수 있고, '고속 중성자 원자로'라고 불리는 고급형 원자로로는 10년 이상 가능합니다. 고속 중성자 원자로는 훨씬 효율적이지만 가동하는 비용이 더 많이 들어요. 그리고 우라늄을 핵무기로도 사용할 수 있을 정도로 농축하기 때문에 국제 규제 기관을 신경 쓰이게 만들 수 있어요.

이들을 모두 합치면 매장된 연료는 수십 년 전력의 가치가 있습니다.

실제로는 당신의 땅에 이 모든 연료가 묻혀 있지 않을 것이고, 가장 가능성이 높은 건 아무것도 없는 거예요. 설사 있더라도 집 한 채의 주인이 파내려면 그 연료가 만들어내는 전기보다 더 많은 에너지가 들겠죠. 더구나 지구의 기후에 미치는 충격을 생각하면 인간은 땅속에 숨은 화석연료를 모두 태워서는 절대 안 됩니다. 그러니까 그건 그대로 두는 것이 좋겠어요.

지열발전

지구는 아직도 식는 중이에요. 지구가 처음에 둥글게 수축할 때 만들어진 열과 지구 깊은 곳에 있는 포타슘(칼륨), 우라늄, 토륨 등의 방사성붕괴에서 나오는 열이 있거든요. 지구는 표면으로 열을 방출해서 식어요. 대부분의 장소에서 이 열은 아주 약해서 감지하기 어렵죠. 하지만 어떤 곳에서는 무시하기 어려울 정도입니다.

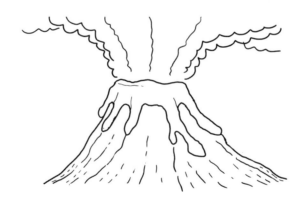

지질학적으로 조용한 일반적인 지역에서 흐르는 열은 1제곱미터당 50밀리와트 정도이므로, 당신의 땅에서는 원칙적으로 40와트의 열에너지를 무기한으로 만들 수 있어요. 지열발전 과정을 보면 지구에 깊은 구멍을 파고 물을 주입하여 뜨거운 암석들이 물을 데우게 합니다. 열 저장소의 열은 주위에서 다시 채워지기 때문에 사실 당신은 모든 사람들의 땅 밑에서 열을 끌어오는 거예요.

실제로 지열발전은 표면 가까이서 온도가 높은 곳을 찾을 수 있는, 지질학적으로 활동적인 지역에서만 실용적입니다. 북캘리포니아에 분포하는 가이저스 지열발전소는 1에이커당 약 77킬로와트의 전력을 생산하므로, 당신이 마침 그곳에 산다면 집에 쉽게 전력을 공급할 수 있어요. 지질학적으로 좀 더 조용한 지역에서 지열발전은 (잘해야) 따뜻한 물을 조금 더 공급해주는 정도입니다.

지질구조판

단층선 위에 사는 것은 단점이 많지만 장점으로 활용할 방법을 찾을 수도 있어요. 땅은 먼 곳까지 힘을 미치고, 힘에 거리를 곱하면 에너지가 됩니다. 1년에 1인치(2.5센티미터)의 움직임은 크지 않지만, 그 움직임의 뒤에는 사실상 무한한 힘이 숨어 있어요. 이것을 이용하여 전기를 만들 수는 없을까요?

이론적으로는 가능합니다! 한 쌍의 거대한 피스톤을 만들어 단층 양쪽 편의 넓은 영역의 지각에 고정시켜 피스톤이 저장소에 든 유체를 양쪽에서 누르게 한다고 해봅시다.

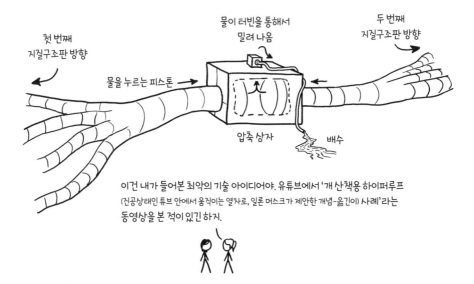

첫 번째
지질구조판 방향

물을 누르는 피스톤 →

물이 터빈을 통해서
밀려 나옴

두 번째
지질구조판 방향

압축 상자

배수

이건 내가 들어본 최악의 기술 아이디어야. 유튜브에서 '개 산책용 하이퍼루프
(진공상태인 튜브 안에서 움직이는 열차로, 일론 머스크가 제안한 개념-옮긴이) 사례'라는
동영상을 본 적이 있긴 하지.

유체에 가해지는 압력은 시간이 지나면서 누적되어 터빈을 돌리는 데 사용될 수 있어요. 이 기계가 만들어낼 이론적인 최대 압력은 피스톤이 견디는 압력의 크기에 달려 있습니다. 피스톤의 재료가 견딜 수 있는 최대 압력이 800메가파스칼이고, 피스톤의 폭은 당신 마당과 같고 높이는 그 두 배라면(그러니까 피스톤 헤드의 표면적은 0.4에이커가 됩니다) 이론상 만들어낼 수 있는 총 전력은 단층이 움직이는 속도에 피스톤의 면적과 압력을 곱하면 됩니다.

$$\frac{1인치}{연} \times 0.2에이커 \times 800메가파스칼 = 1킬로와트$$

이 전체 시스템은 말도 안 되고 많은 이유로 실현이 불가능합니다. 만일 당신이 실제로 만든다면 실현 불가능한 새로운 이유를 발견할 수도 있어요. 이것이 말도 안 되는 아이디어인 까닭 중 하나는 비용입니다.

발전기를 지각에 붙인 이 구조의 '뿌리들'은 엄청나게 멀리까지 뻗어 있어야 해요. 그렇지 않다면 지각은 그냥 깨져서 새로운 단층선이 만들어질 겁니다. 이 '뿌리들'의 부피는 수백만 세제곱미터가 될 거예요. 이것이 철로 만들어졌고 양 방향으로 5킬로미터씩 뻗어 있다면 무게는 600억 톤에 비용은 대략 400억 달러가 될 겁니다.

. 400억 달러는 큰돈이지만 당신은 매년 전기 요금 1,100달러를 아낄 수 있어요. 그러니까….

$$\frac{400억\ 달러}{\frac{1,100달러}{연}} = 3,600만\ 년$$

3,600만 년이면 비용을 회수할 수 있어요.

더 위험한 과학책

태양

미국의 특정한 곳에 떨어지는 평균적인 태양에너지는 위도, 구름 분포, 계절에 따라 달라지지만, 일반적인 값은 1제곱미터당 200와트 정도입니다. 이것은 1년 전체의 평균입니다. 태양이 하늘 높이 떠 있을 때는 전력이 1제곱미터당 1,000와트까지 이르겠지만 구름과 계절에 따라, 그리고 밤이 어둡다는 사실 때문에 평균이 낮아지죠. 〔전기 제품들은 보통 킬로와트시로 측정합니다. 이 단위에서는 200와트는 하루당 5킬로와트시와 거의 같습니다(1와트를 사용한다는 말은 1초에 1줄의 에너지를 사용하는 것이고, 1와트시는 1와트를 한 시간 동안 사용한다는 뜻입니다. 즉 200와트를 하루 종일 사용하면 5킬로와트시와 비슷해진다는 의미입니다 – 옮긴이).〕[1]

현대의 태양광 패널은 태양에너지의 약 15퍼센트를 전기로 바꾸니까, 당신의 마당을 태양광 패널로 덮는다면 25킬로와트를 얻을 수 있습니다. 당신이 필요한 것보다 훨씬 더 많은 양이죠.

$$0.2\text{에이커} \times 200\frac{\text{와트}}{\text{m}^2} \times 15\% = 2\text{만} 5,000\text{와트}$$

패널을 태양을 향하게 기울이면 더 많은 면적을 덮거나 (이웃들을 희생해서) 더

---

1 단위에 대한 설명: '1.38킬로와트'는 1년 단위의 값이 아니라 미국인들이 소비하는 전기를 시간으로 평균 낸 비율일 뿐입니다. 사람들은 전기 소비를 킬로와트시(1킬로와트시는 한 시간 동안 1킬로와트의 에너지를 공급해준다는 의미)로 측정하는 데 익숙합니다. 그 단위로 전기료가 책정되기 때문이죠. 이것은 완벽하게 타당하지만 물리학적인 관점에서 보면 약간 이상합니다. 결국 평균은 '킬로와트'로만 표현될 수 있거든요. 이것은 길의 폭이 20피트라고 하지 않고 길의 넓이가 '1마일당 10만 제곱피트'라고 말하는 것과 비슷합니다.

좁은 공간에서 같은 양의 전력을 얻어 효율을 높일 수 있습니다만….

태양광 패널 배치 방법

단순하지만 약간 비효율적임

기울어진 패널과 지붕을 활용하여
효율을 높임

장점 : 아주 효율적임
단점 : 이웃에게 피해를 주고,
당신은 어둠 속에서 생활해야 함

그 효과는 비교적 작습니다. 태양에너지를 제한하는 요소는 일반적으로 사용할 수 있는 면적이 아니라 패널의 비용이거든요. 2019년 기준으로 1에이커의 태양광 패널 비용은 200만 달러가 넘어요. 태양이 사라질 때를 위해서 전력을 저장하기를 원한다면 비용이 더 들죠.

2019년의 전기 요금은 1킬로와트시당 13센트이므로, 우리가 예로 든 땅의 태양광 패널로는 14년이면 비용을 회수할 수 있어요. 하지만 여러 세금 혜택이 있고 남는 전력은 판매 가능하기 때문에 이 회수 기간은 크게 줄어들 수 있습니다. 태양 빛이 풍부하고 재생에너지 장려금이 넉넉한 지역이라면 새로운 태양광 패널 비용은 몇 년 안에 회수할 수 있을 거예요.

바람

사용할 수 있는 풍력에너지는 당신이 있는 지역에 바람이 얼마나 부는지와 당신 땅 위에 얼마나 높게 시설을 세울 의지가 있는지에 달려 있습니다. 일반적으로 바람의 속도는 높이 올라갈수록 증가하기 때문에 더 큰 풍차를 세우면 더 많은 전력을 얻을 수 있어요. 미국 국립재생에너지연구소는 전 지역의 다양한 풍차

더 위험한 과학책

높이에서 얻을 수 있는 풍력에너지의 지도를 만들었습니다. 얻을 수 있는 전력은 1제곱미터당 와트로 제공되기 때문에 주어진 크기의 풍차를 통과하여 지나가는 전력을 계산할 수 있어요.

　비교적 평범한 바람이 부는 세인트루이스 같은 곳에서 얻을 수 있는 풍력에너지는 50미터 높이에서 약 1제곱미터당 100와트, 100미터 높이에서는 1제곱미터당 200와트이며, 아마도 200미터 높이에서는 1제곱미터당 400와트가 될 것입니다. 로키산맥과 같이 바람이 많이 부는 곳은 전력 밀도가 4배 이상일 것이고, 조지아 중부나 앨라배마처럼 바람이 적게 부는 곳에서 사용 가능한 전력은 4분의 1 정도일 것입니다.

　당신 땅 0.2에이커가 사각형이라면 지름 28미터의 풍차를 설치할 수 있습니다. 또는 대각선으로 설치할 수 있게 바람이 분다면 40미터도 가능해요.

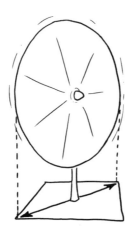

　지름 28미터 풍차의 면적은 640제곱미터입니다. 얻을 수 있는 에너지가 1제곱미터당 100와트인 50미터 높이에 설치된다면 64킬로와트의 전력을 얻을 수 있어요. 그런데 풍차의 효율은 100퍼센트가 아닙니다. 베츠의 법칙Betz's law에 따르면 풍차는 지나가는 바람 에너지의 60퍼센트 이상을 절대 뽑아낼 수 없습니다. 실제로는 바람의 속도 변화와 효율 때문에 얻을 수 있는 에너지의 30퍼센트 정도의 전력이 생길 것입니다. 64킬로와트의 30퍼센트는 19킬로와트이므로 여전히 당신 집에 전력을 공급하기에는 충분하고 이웃집 18곳에도 공급해줄 수 있어요.

　그 호의는 유용할 겁니다. 28미터 풍차를 50미터 높이에 세우면 그 거리에 문제가 좀 생길 수 있거든요. 풍차 날의 아래쪽은 땅에서 36미터밖에 떨어져 있지 않기 때문에 아주 큰 나무는 있을 수가 없어요.**2** 그리고 이웃집 아이들이 연날리기를 못하게 될 수도 있어요.

---

2 있어도 오래가지 못해요.

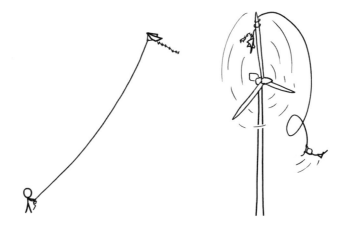

에필로그: 공간 그 자체

우주에 대한 어떤 이론 모형은 우주 공간을 구성하는 양자장이 '가짜 진공'에 존재한다고 주장합니다. 빅뱅 이후 우주의 구조는 고에너지의 혼돈 양자 거품에서 현재 형태로 안정되었습니다. 이 모형에서는 안정이 진정한 안정이 아니라 시공간 자체가 특정한 양의 장력을 가지고 있습니다. 그래서 정확한 섭동을 받으면 이 장력이 방출되고 공간이 완전히 이완된 상태로 떨어져 안정된 상태가 됩니다.

이런 모형에서 가짜 진공은 공간의 1세제곱미터마다 가지고 있는 엄청난 양의 위치에너지를 표현합니다. 당신의 마당에는 쉽게 닿을 수 있는 공간이 있죠. 당신은 진공 붕괴를 일으켜 문제를 영원히 해결할 수 없을까요?

이 질문에 답을 얻기 위해서 나는 천체물리학자이자 우주의 종말 전문가인 케이티 맥Katie Mack 박사님께 연락했습니다. 나는 맥 박사님께 누군가 자신의 마당에서 진공 붕괴를 일으키면 얼마큼의 에너지가 방출되고, 이것을 집에 전력을 공급하는 데 이용할 수 있는지 물어보았어요. 박사님의 대답은 "제발 그러지 마세요"였습니다.

"만일 당신이 부분적으로 진공 붕괴를 일으킬 수 있다면, 아마도 이론적으로 힉스 장의 에너지를 극히 높은 에너지 복사의 형태로 방출할 것입니다. 그런데 그 에너지와 함께 빛의 속도로 팽창하는 진짜 진공 거품이 당신을 둘러싸서 어떤 에너지도 이용하지 못하게 될 거예요. 진짜 진공 거품은 당신을 태우고, 당신의 모든 입자를 파괴한 다음 전 우주를 집어삼켜 순식간에 수축시킬 겁니다."

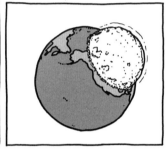

우리에게는 다행히도 우주가 붕괴하지 않고 이렇게 오래 존재하고 있다는 사실로 보아, 설사 가짜 진공 이론이 옳더라도 진공 붕괴는 빠른 시간 안에 일어나지 않을 것 같습니다.

"우리가 현재 이해하고 있는 입자물리학이 옳다면 진공 붕괴가 필연적이라 하더라도 천문학적으로는 앞으로 수백억 년 동안은 일어날 것 같지 않아요." 맥 박사님의 말씀입니다. 그리고 이렇게 덧붙였습니다. "차라리 작은 블랙홀을 만들어 호킹 복사를 캠프파이어처럼 이용하는 것은 어때요? 질량에 따라서는 마지막 순간에 엄청난 폭발을 일으킬 때까지 몇 년은 일정한 에너지를 방출할 텐데요."

이게 훨씬 더 실용적으로 들리네요.

더 위험한 과학책

17.
화성에서 집에 전력을
공급하는 법

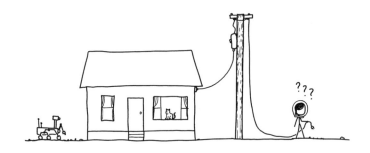

화성에서의 전력 공급은 지구에서보다 어렵습니다.

전력망이 없다는 명백한 사실이 한 가지 이유겠죠. 하지만 화성에 전력망을 설치하더라도 지구에서 전력 공급을 위해 사용하는 일반적인 에너지원은 화성에선 잘 작동하지 않습니다.

전력 공급 형태	화성에서 작동할까요?	이유
풍력	잘 안 됨	공기가 너무 적음
태양력	잘 안 됨	태양이 너무 멀리 있음
화석연료	안 됨	화석이 없음
지열	잘 안 됨	지질 활동이 별로 없음
수력	안 됨	강이 없음
원자력	연료를 가져가지 않으면 안 됨	우라늄 농축을 위해서는 특정한 지질학적 과정이 필요함
핵융합	안 됨	**지구**에서도 안 됨

하지만 화성에는 유용한 잠재적인 에너지 공급원이 있어요. 그걸 얻으려면 달 하나를 파괴할 의지만 있으면 됩니다.

포보스

난 항상 달을
파괴해보고 싶었어.

화성의 달 포보스를 파괴하는 걸 불편해할 필요는 없습니다. 이미 파괴된 것이 거든요.

지구의 달은 지구의 자전보다 느리게 지구를 공전하기 때문에, 지구와 달 사이의 조석력은 지구의 자전 속도를 늦추고 달의 공전 속도를 높입니다. 달의 공전 속도가 빨라지면서 달은 조금씩 지구에서 멀어집니다.[1] 화성에서는 상황이 달라요. 포보스가 화성의 자전보다 빠르게 공전하기 때문에 화성이 포보스를 뒤로 당겨서 더 낮은 궤도로 내려가게 만들어요. 그래서 시간이 지날수록 포보스는 화성에 점점 가까워집니다.

---

1 더 자세한 내용은 27장 '시간의 흐름을 바꿔서 시간을 버는 방법'을 참고하세요.

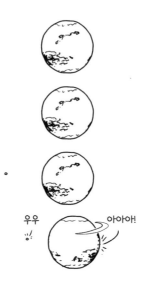

우우 아아아!

포보스는 다른 행성의 달들에 비하면 그렇게 무겁지 않을 수도 있겠지만(지구의 달이 700만 배 더 무거워요), 그래도 인간의 기준으로는 꽤 큽니다.

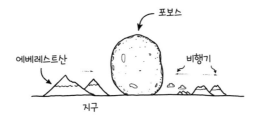

질량과 속도를 고려하면 화성의 주위를 도는 포보스는 막대한 양의 운동에너지를 가지고 있어요. 이것이 당신이 활용할 잠재적 에너지죠.

더 위험한 과학책

포보스 줄

포보스에 줄을 매다는 것은 예전에 제안된 적이 있었어요. 포보스에 줄을 매다는 목적은 일반적으로 화성 표면에서 많은 양의 화물을 운반하는 데 포보스의 위치와 궤도 에너지를 이용하자는 것이었죠. 주로 줄의 한쪽 끝을 화성 표면에서 화물을 실어 보내는 '스카이훅'으로 사용하는 것이었습니다.

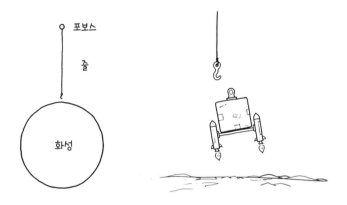

그런데 줄은 포보스에서 직접 에너지를 뽑아내는 데 사용될 수도 있어요. 포보스의 화성을 향하고 있는 쪽에 5,820킬로미터의 줄을 매달면 줄의 다른 쪽 끝은 화성의 대기에 떠 있게 됩니다. 떠 있는 줄의 끝은 화성의 대기를 초속 530미터의 속도로 움직이게 됩니다. 지구에서는 소리 속도의 약 1.5배입니다. 그런데 화성의 대기는 대부분이 이산화탄소이기 때문에 소리의 속도가 더 느려서[2] 초속 530미터는 화성 음속의 2.3배가 됩니다.

---

[2] 화성에서는 소리의 속도가 느리기 때문에 말을 하면 당신의 목소리가 훨씬 더 깊게 들릴 거예요.

풍차

화성 표면에서 풍차는 그렇게 유용하지 않아요. 공기가 너무 옅고 느리게 움직여서 풍차의 날 하나도 돌리기 어렵기 때문이죠. 하지만 포보스에 맨 줄의 끝에서는 바람이 마하 2.3으로 불기 때문에 다른 이야기가 됩니다. 줄을 지나가는 공기는 1제곱미터당 150와트의 에너지를 운반하고 있어요. 지름 20미터의 풍차로는 50메가와트의 에너지가 지나가니까 도시 전체에 전력을 공급하기에 충분해요.

지구의 풍차

화성의 풍차

풍차는 대체로 초음속에서 작동하도록 설계되지 않아요. 지구에서는 운석 충돌이나 화산 폭발 때, 혹은 핵폭발 충격파가 아니면 초음속 바람은 아주 드물거든요. 하지만 초음속 비행기나 로켓에 부착하도록 설계된 풍력 터빈이 있어요. 이런 터빈은 동체를 지나가는 공기의 흐름으로 전기를 만들도록 설계되었어요. 엔진이 멈췄을 때 비행기의 시스템에 전력을 공급하기 위한 것이죠. 초음속 터빈에는 유선형의 짧고 뭉툭한 날이 있어요. 화성의 풍차는 전형적인 풍차가 아니라 초음속 터빈의 모습과 비슷할 거예요.

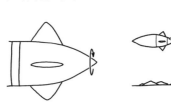

248

당신의 풍차는 포보스에 의해 화성의 대기에서 끌려다닐 겁니다. 이것은 포보스의 운동량을 빼앗기 때문에 포보스를 안쪽으로 끌려 들어가게 하죠. 풍차를 더 많이 추가하면 더 많은 전력을 만들 수 있고, 포보스는 더 빨리 끌려 들어갑니다.

주의 포보스가 점점 가까워지면 풍차가 땅에 닿지 않도록 줄을 짧게 만들어야 합니다. 좋은 점은, 더 짧은 줄은 자신의 무게를 견뎌야 할 정도로 무거울 필요가 없기 때문에 시간이 지날수록 같은 양의 재료로 만든 줄에 더 많은 풍차를 매달 수 있어요.

포보스를 화성 대기 상층부로 가져올 때까지 사용 가능한 총 에너지는 다음과 같습니다.

$$G \times \text{화성의 질량} \times \text{포보스의 질량} \times \frac{1}{2} \times \left(\frac{1}{\text{화성 반지름} + 100km} - \frac{1}{9,376km} \right) \cong 4 \times 10^{22} J$$

미국인 한 명은 평균 1.38킬로와트의 전기를 사용하므로, 포보스의 궤도는 미국 규모의 인구가 약 3,000년 동안 필요로 하는 전기를 공급하기에 무리 없는 에너지를 가지고 있어요. 수많은 이웃이 이사 오더라도 포보스가 가진 에너지는 충분합니다.

우주의 줄Space tether 프로젝트는 많은 양의 재료가 필요한데, 이것도 다르지 않습니다. 포보스에서 화성으로 내리는 작은 줄만 해도 수천 톤이 되고, 그 무게는 더 크고 더 많은 풍차를 매달수록 커집니다. 줄 풍차가 만드는 전력의 양은 줄이 풍차에 얼마만큼의 힘을 작용하느냐에 비례하기 때문에 풍차의 전력 용량이 더해질수록 줄의 장력이 커지고, 그것을 견디기 위해서 줄은 더 무거워져야 합니다. 역으로, 줄 재료에 무게가 더해지는 만큼 특정한 양의 전력을 '만들어낸다'고 생각할 수 있습니다.

줄의 무게와 효율은 사용하는 재료와 수많은 공학적인 세부 사항에 달렸지만 전체적으로 1킬로그램의 줄은 최대 2와트의 전력을 제공합니다. 줄은 그 에너지를 무기한 만들 수 있으므로, 수십 년의 시간 동안 그 1킬로그램당 2와트의 에너지가 더해지면 배터리나 석유, 석탄과 같은 흔한 연료보다 훨씬 더 많은 에너지가 됩니다.**3**

풍차는 어느 정도 비효율적일 텐데 그건 예측하기가 어려워요. 공기의 흐름은 사실상 제한이 없기 때문에 당신의 주요 관심사는 지나가는 공기의 에너지를 모두 잡아내는 것보다는 줄에 낭비되는 저항을 줄이는 것이 될 겁니다. 다른 디자인의 풍차가 더 효율적이고 믿을 만할 수 있어요. 다리우스형 풍차, 저항형 풍차, 마그누스 효과 풍차와 같은 디자인들을 실험해볼 필요가 있어요. 모두 여기 지구에서는 전문적인 용도를 찾은 디자인이에요.

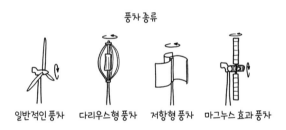

풍차 종류

일반적인 풍차　　다리우스형 풍차　　저항형 풍차　　마그누스 효과 풍차

풍차의 비효율성뿐만 아니라 전력을 풍차에서 표면에 있는 당신 집까지 가져오는 것도 고민할 필요가 있어요. 추가 손실이 생길 수밖에 없으니까요. 송전에는 마이크로파로 보내는 것부터 수많은 재충전용 배터리를 표면으로 떨어뜨리는 것까지 다양한 방법이 있어요.

---

3 그래도 이것은 수십 년 동안 1킬로그램당 수백 와트의 열을 만들어내는 플루토늄에는 훨씬 못 미칩니다. 하지만 플루토늄은 많은 양을 가져가기가 어려워요. 당신의 이웃이 될 수 있는 큐리오시티 탐사선은 NASA가 엄청난 비용을 들여서 구한 5킬로그램의 플루토늄 덩어리로 작동됩니다.

포보스   화성

달이 행성에 너무 가까이 돌면 조석력이 달 표면에 있는 물건을 끌어당길 정도로 충분히 강해질 수 있어요. 이런 일이 일어나는 거리를 로시 한계Roche limit라고 합니다. 포보스가 화성에 더 가까이 끌려가면 부서져서 고리가 될 수 있어요. 이런 일이 일어나지 않게 하려면 튼튼한 그물로 포보스를 묶을 필요가 있습니다. 또는 몇 개의 더 작은 달로 부서지게 하면 각각의 조각을 더 쉽게 묶을 수도 있겠죠.

이런 종류의 궤도 풍차는 특히 이상한 성질을 가졌어요. 더 오래 사용하면 더 많은 전력을 얻는다는 거죠. 줄은 포보스에 저항을 전달하여 포보스를 아래로 내려가게 만들지만, 그렇게 되면 속도가 빨라집니다. 궤도가 낮으면 속도가 빨라지니까요. 궤도속도가 빨라지면 줄이 더 빠르게 움직이고, 그러면 공기의 흐름이 빨라져서 풍차가 더 많은 전력을 만들죠.

줄은 포보스의 일생 동안 꾸준히 점점 더 많은 전력을 만들어낼 것입니다.

포보스가 떨어지면

저항이 포보스에서 4×10^{22}줄의 에너지를 모두 뽑아내면(당신 집이 얼마만큼의 전력을 사용하느냐, 다른 식민주의자들도 풍차를 사용하느냐에 따라 몇천 년 뒤가 될 수도, 고작 몇 년 뒤가 될 수도 있습니다) 결국 포보스는 화성의 대기에 이르게 됩니다.

포보스는 백악기 후반에 지구와 충돌했던 바위와 크기가 비슷합니다. 대부분의 공룡을 멸종시킨 그 충돌이죠. 포보스와 화성의 충돌은, 한 덩어리든 그때는 몇 개의 조각이 되어 있든 비슷하게 파괴적일 것입니다. 포보스에 매단 줄은 수천 년 동안 포보스의 중력 위치에너지를 소비하고 총 4×10^{22}줄의 에너지를 화성에 전달할 것이고, 동시에 포보스가 낮아지면서 가속하게 만들 것입니다. 포보스가 화성 표면에 충돌하면 비슷한 양의 에너지를 전달할 거예요. 다른 점은 모든 에너지를 한 번에 전달한다는 거죠.

포보스의 충돌은 화성을 둘러싸는 긴 흉터를 남길 것입니다. 그 충돌은 엄청난 양의 잔해를 우주 공간으로 뿌릴 것이고, 대부분은 녹은 암석이 되어 화성 표면의 모든 곳에 비로 내릴 거예요. 너무나 자주 그렇듯이 '공짜' 에너지원은 결국 끔찍한 장기 비용으로 돌아옵니다.

이 종말적인 결과는 부정적이지만은 않아요. 용암 비가 내리기 전 잠시 동안은 화성의 낮은 계곡이 충분히 뜨거워져서 액체 상태의 물이 표면에 안정적인 연못을 만들 수 있어요.

당신의 집이 마침 이런 계곡들 중 한 곳에 있다면 2장 '지구 반대편의 빙하를 녹여서 수영장 물을 채운다면?'을 보세요.

18.
누군가와 부딪힐 확률과
친구를 만날 확률

일단 그냥 걷기 시작하면 결국에는 누군가와 부딪히게 됩니다.

이건 시간이 걸릴 수 있어요. 운이 좋으면 사람들의 무리 속으로 걸어 들어가 겠죠. 하지만 사람이 별로 살지 않는 곳이라면 몇 주가 걸릴 수도 있어요. 어느 정도의 사람이 살고 있는 임의의 장소에서 걷기 시작했다면 물리학의 '평균 자유 경로mean free path'라는 개념을 이용하여 누군가와 부딪힐 때까지 얼마나 시간이 걸릴지 계산할 수 있어요.

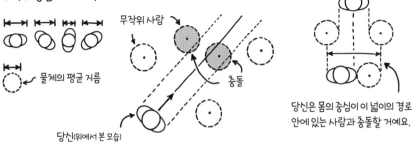

무작위 충돌의 기하학

무작위 사람

물체의 평균 지름

충돌

당신(위에서 본 모습)

당신은 몸의 중심이 이 넓이의 경로 안에 있는 사람과 충돌할 거예요.

$$\text{충돌에 걸리는 시간} = \frac{1}{\text{한 시간에 충돌하는 횟수}} = \frac{1}{(\text{어깨너비} + \text{평균 흉부 지름}) \times \text{속도} \times \text{그 지역의 인구밀도}}$$

어떤 지역은 다른 곳보다 확실히 충돌이 쉬울 거예요. 충돌에 걸리는 평균 시간은 다음과 같습니다.

■ 캐나다: 2.5일

■ 프랑스: 2시간

■ 델리: 75초

■ 파리: 40초

■ 인기 많은 경기가 있을 때 메르세데스-벤츠 스타디움: 0.6초

■ 경기가 있는 운동장: 3분

물리적으로 사람들과 부딪히길 원한다면 캐나다 북부의 숲보다는 만원의 축구장이 더 운이 좋을 것은 분명합니다. 그리고 정말로 축구장에 간다면 운동장보다는 관중석에서 더 많은 충돌을 할 겁니다. 운동장에서의 충돌이 더 격렬하긴 하겠지만요.

친구야!!

하지만 대부분의 경우 무작위적인 충돌은 우정으로 이어지지 않죠. 괜찮아요. 당신은 가끔씩 사람들 사이를 걸어 다니는 이들이 일상에서 벗어날 필요가 있다고 불평하는 것을 들었을 거예요. 그들이 자신들의 작은 세계에 너무 갇혀 있다는 거죠. 하지만 사람들은 자신만의 삶이 있어요. 그들이 당신이 필요한 순간에 관계를 찾고 있을 이유는 없죠.

관계를 맺는 것이 그렇게 어렵다면 사람들은 도대체 어떻게 친구를 만나는 걸까요?

우리는 조사를 통해 사람들이 어디서 친구들을 만나는지에 대한 통찰을 얻을 수 있습니다. 1990년 미국의 갤럽 조사는 사람들에게 대부분의 친구들을 어디에서 만났는지 물었어요. 가장 많은 대답은 직장이었고 학교, 교회, 이웃, 클럽, 단체 그리고 '다른 친구를 통해서'의 순서였습니다.

다음 질문입니다. 당신은 친구들을 어떻게 만났나요?

조사를 위한 질문을 하기 위해서 저에게 전화를 했어요.

그러면, 이따 뭘 할까요?

더 위험한 과학책

〈소셜로지컬 퍼스펙티브스Sociological Perspectives〉에 발표된 루벤 J. 토머스Reuben J. Thomas 박사의 좀 더 종합적인 조사에서는 1,000명의 미국인에게 가장 가까운 두 친구를 어떻게 만났는지를 물었습니다. 이 연구는 답을 이용하여 서로 다른 나이에 우정이 어떻게 만들어지는지에 대한 프로필을 만들어냈어요.

친구를 사귀는 곳 중 어떤 곳은 비교적 일정했습니다. 모든 나이대에서 사람들은 새로운 친구의 20퍼센트를 가족, 친구의 친구, 종교 기관 혹은 공공 환경을 통해서 만났습니다. 어떤 곳은 인생을 지나면서 달라졌어요. 처음에는 학교가 우세하다가 나중에는 직장이 되었습니다. 그런 다음 은퇴할 나이가 다가오면 이웃과 자원봉사 기관에서 친구를 만나는 경우가 많아졌습니다.

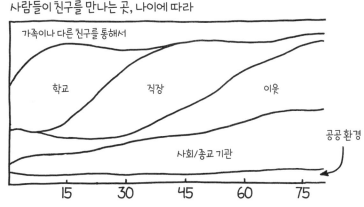

사람들이 친구를 만나는 곳, 나이에 따라

ADAPTED FROM THOMAS, REUBEN J. 2019 "SOURCES OF FRIENDSHIP AND STRUCTURALLY INDUCED HOMOPHILY ACROSS THE LIFE COURSE." *SOCIOLOGICAL PERSPECTIVES*, DOI: 10.1177/0731121419828399

이런 연구들은 사람들이 어디서 친구를 만나는지에 대한 답을 얻는 데 도움을 줘요. 그곳은 당신이 새로운 친구를 만들 기회를 최대로 하기 위해서 반드시 가야 하는 데는 아니지만 대부분의 친구 관계가 시작되는 장소입니다.

일단 누군가를 만났다면 아는 사이를 어떻게 친구 사이로 만들 수 있을까요?

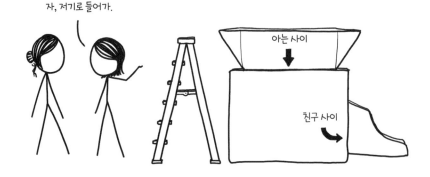

자, 저기로 들어가.

아는 사이

친구 사이

나쁜 소식이 있습니다. 누군가를 당신의 친구로 만드는 마법의 방정식이나 기술은 없어요. 만일 그런 것이 있다면 상대가 누구이고 어떻게 느끼는지 상관없이 적용할 수 있겠죠. 상대가 누구이고 어떻게 느끼는지 상관없다면 당신은 친구가 아니에요.

이마누엘 칸트Immanuel Kant는 자신의 윤리학 아이디어의 중심에 있는 '정언명령'이라는 규칙을 개발했습니다. 그는 이 규칙을 몇 가지 다른 형식으로 표현했어요. 그중 두 번째의 일부는 다음과 같습니다. "인간을 이런 방식으로 대우하도록 행위하라. (…) 절대 수단으로서가 아니라, 언제나 동시에 목적이 되도록."

테리 프래쳇Terry Pratchett의 소설 《카르페 유굴룸Carpe Jugulum》의 등장인물 그래니 웨더왁스는 그 원칙을 좀 더 간결하게 표현했습니다. 어떤 젊은 남자가 그래니에게 죄의 본성은 복잡한 것이라고 이야기하려고 했습니다. 그녀는 그렇지 않고, 아주 단순하다고 말합니다. "죄는 사람을 수단으로 대할 때예요."

당신이 정언명령의 철학을 받아들이든 그렇지 않든 이것은 아주 유용한 충고예요. 사람들은 자신이 수단으로 대우받는지를 잘 알 수 있거든요. 우리의 잘못

더 위험한 과학책

이 무엇이든 간에 인류는 다른 사람의 의도를 파악하는 데 수천 년의 경험이 있어요. 우리의 느낌을 말로 표현하는 것보다 훨씬 더 오래되고 심오한 기술이죠. 우리는 근시안적이고 혼란스러우며 많은 실수를 할 수도 있어요. 하지만 몇 킬로미터 밖에서도 경멸과 잘난 체하는 냄새를 맡을 수 있어요.

그러니까 사람을 만나는 것은 쉬울 수 있지만 그들과 친구가 되기 위해서 따라야 할 단 하나의 과정 같은 것은 없어요. 우정은 사람의 기분을 배려하는 것을 의미하기 때문입니다. 그리고 당신이 아무리 많은 연구와 생각을 하더라도 그들이 당신에 대해서 어떤 느낌을 갖는지 알아낼 방법은 없어요. 그냥 직접 물어보고… 어떻게 대답하는지 들어볼 수는 있어요.

생일 촛불을 끄는 법

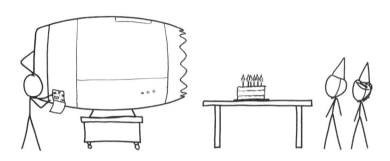

개를 산책시키는 법

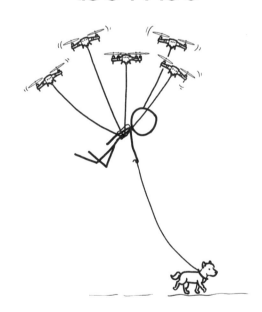

19.
나비의 날개에 파일을 실어 해외로 전송하는 법

파닥파닥!

대용량 데이터 파일을 보내는 것은 어려워요.

현대의 소프트웨어 시스템은 '파일'의 개념에서 벗어났습니다. 이미지 파일로 가득 찬 폴더가 아니라 사진들을 한꺼번에 보여주죠. 하지만 파일은 계속 남아 있고, 아마도 앞으로 수십 년 동안은 그럴 겁니다. 그리고 우리가 파일을 가지고 있는 한 다른 사람에게 파일을 보낼 필요는 있을 거예요.

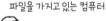
파일을 가지고 있는 컴퓨터

당신이 파일을 보내려고 하는 사람

파일을 보내는 가장 간단하고 확실한 방법은 파일을 저장한 기기를 받을 사람에게 가져가서 건네주는 것이겠죠.

컴퓨터를 가져가는 것은 어려울 수 있으니까(특히 크기가 방 하나만 한 초기의 컴퓨터라면) 전체 말고 파일을 담은 일부만 분리할 수 있어요. 당신은 그 부분만을 다른 사람에게 가져가서 그의 기기로 파일을 옮기게 하면 됩니다. 데스크톱 형식의 컴퓨터는 부수지 않고도 분리 가능한 하드 드라이브에 주로 파일이 저장되어 있습니다. 하지만 어떤 기기는 파일 저장 장치가 전자부에 영구적으로 붙어 있어서 분리하기가 좀 더 어려워요.

파일은 보통 이 부분에 있어요.

더 쉽고 덜 파괴적인 해결책은 분리 가능한 저장 장치입니다. 당신은 파일을 복사하여 기기에 넣고 그 기기를 다른 사람에게 줄 수 있어요.

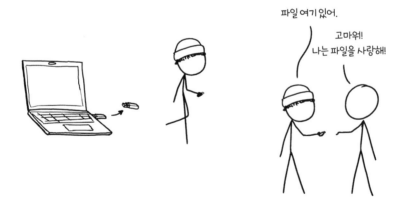

파일 여기 있어.

고마워! 나는 파일을 사랑해!

저장 장치를 가지고 다니는 것은 정보를 전달하는 데 놀라울 정도로 범위가 넓은 방법입니다. 마이크로 SD 카드로 가득 찬 서류 가방에는 수 페타바이트의 데

더 위험한 과학책

이터를 담을 수 있어요. 아주 큰 용량의 데이터를 보내려면 디스크 드라이브를 소포로 보내는 것이 인터넷을 통해 보내는 것보다 거의 언제나 더 빨라요.[1]

걸어가기에는 너무 멀지만 우편으로 보내기도 쉽지 않은 산꼭대기 같은 어떤 곳에 데이터를 보내고 싶다면 데이터를 운반해줄 자체 운송 수단 같은 것을 사용해볼 수 있어요. 예를 들어 배달용 드론은 테라바이트의 데이터를 담은 작은 SD 카드 가방을 쉽게 운반할 수 있어요.

4개의 프로펠러를 가진 드론은 배터리의 한계 때문에 먼 거리에는 사용할 수 없습니다. 드론이 자신의 배터리를 가지고 있다면 그만큼 동안만 뜰 수 있습니다. 더 오래 떠 있기를 원하면 배터리가 더 커야죠. 그러면 무거워지기 때문에 더 빨리 전력을 소비하게 됩니다. 제트엔진으로 띄운 집이 몇 시간밖에 떠 있지 못하는 것과 같은 이유로,[2] 작은 컵받침 크기 드론의 비행시간은 보통 분 단위로 표시되고 사진 촬영을 위해 사용되는 큰 드론은 공중에 떠 있는 시간이 보통 한 시간 이내로 제한됩니다. 아주 빠르게 날더라도 마이크로 SD 카드를 운반하는 작은 드론은 동력이 떨어지기 전까지 몇 킬로미터밖에 날 수 없어요.

---

1 여기에 대한 자세한 내용은 《위험한 과학책》의 '인터넷보다 빠른 페덱스'를 참고하세요.
2 7장 '집을 통째로 날려서 이사하는 방법'을 보세요.

드론을 더 크게 만들고, 태양광 패널을 추가하고, 더 높이, 더 빠르게 해서 날아가는 거리를 증가시킬 수 있습니다. 아니면 효율적인 장거리 비행의 진정한 대가에게로 눈을 돌릴 수도 있어요.

바로 나비입니다.

더 위험한 과학책

모나크나비는 북아메리카를 가로질러 수천 킬로미터를 이동하고, 그중 일부는 한 시즌에 캐나다에서 멕시코까지 날아갑니다. 미국 동부 해안에서 봄이나 가을에 하늘을 올려다보면 수백 미터 높이에서 조용히 날아가는 나비들을 볼 수도 있어요. 그들의 엄청난 비행 거리는 드론들을(그리고 심지어 수많은 큰 비행기들을) 부끄럽게 만듭니다.

나비는 배터리로 움직이는 비행체보다 유리하기 때문에 불공평하다는 생각이 들지 몰라요. 그들은 멈추어서 꿀을 먹거나 재충전을 할 수 있으니까요. 나비들도 가능하다면 그렇게 하겠지만, 그럴 필요가 없어요. 작은멋쟁이나비라는 또다른 종은 훨씬 더 인상적입니다. 이들은 지중해와 사하라사막을 가로질러 유럽에서 중앙아프리카까지 4,000킬로미터를 날아갑니다.

나비들은 작은 저장소에 저장된 지방질로만 에너지를 얻으면서 이런 여행을 합니다. 나비들은 바람을 타면서 드론보다 훨씬 더 효율적으로 날아요. 그들은 열 기둥과 산을 넘는 파동을 찾아서 날개를 움직이지 않고 상승하는 공기를 타고 독수리나 매처럼 솟아올라요.

당신이 나비들의 이동 경로에 사는 누군가에게 파일을 보내고 싶다면 나비를 잡아서 전달하게 할 수 있을까요?

모나크관찰자Monarch Watch와 같은 자원봉사 단체들은 매년 수십, 수백, 수천, 수만, 수십만 마리의 나비들에게 식별표를 달아서 경로를 추적하고 개체 수(최근 수십 년 사이에 줄어들고 있어요)를 조사해요. 작은 식별표는 약 1밀리그램 정도인데, 모나크나비들은 10밀리그램이나 그 이상 되는 큰 식별표를 달고도 이동을 완수했어요.

마이크로SD 카드는 몇백 밀리그램(나비 한 마리 무게와 비슷함)이기 때문에 나비들이 운반하기는 어려울 거예요. 하지만 저장 장치를 더 작게 만들지 못할 이유는 전혀 없습니다. 마이크로SD 카드는 메모리칩을 가지고 있는데 이 칩들의 저장 밀도는 1제곱밀리미터당 1기가바이트가 넘을 거예요. 당신의 파일이 그것보다 크다면 여러 나비에게 나누어서 보내면 되고, 여분으로 여러 개를 복사하여 보낼 수도 있어요.

당신의 데이터가 드디어 목적지에 도착하면 수신자는 모든 파일 조각을 배열하기 위해서 많은 나비들을 조사해야 할 거예요. 당신은 여러 나비를 동시에 조사하는 스캐너 같은 것을 개발해야 할 수도 있어요.

DNA 기반 저장 장치를 이용하면 그 문제를 피할 수도(그리고 방법의 범위를 극적으로 넓힐 수도) 있어요. 연구자들은 DNA 샘플에 데이터를 암호화하여 저장한 다음 DNA를 읽어서 해독을 합니다. 이와 같은 시스템은 칩보다, 할 수 있는 어떤 것보다 훨씬 더 높은 데이터 밀도를 만들어낼 수 있어요. 단 1그램의 DNA에 수백 페타바이트의 데이터를 저장하고 읽을 수 있어요.

매년 수억 마리의 모나크나비가 산에서 대규모로 함께 겨울을 보내기 위해 멕시코로 갑니다. 만일 1,000만 마리의 나비에, 한 마리에 5밀리그램의 DNA 저장장치가 든 작은 주머니를 매달아서 보낸다면 나비 함대 전체의 용량은 약 10제타바이트(10,000,000,000,000,000,000,000바이트)가 될 거예요. 이것은 2010년 후반에 존재하는 거의 모든 디지털 데이터의 양입니다.

햇볕이 따뜻하고 바람은 부드러운 적절한 시기에, 당신은 나비를 이용하여 인터넷 전체를 보낼 수 있어요.

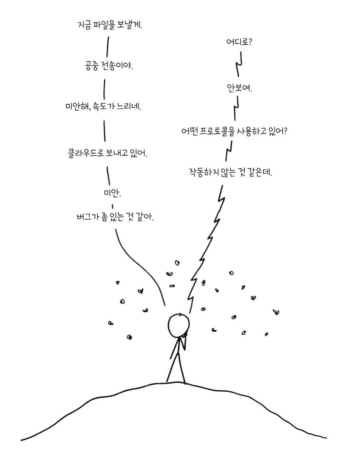

20.
에너지를 잡아서
휴대전화를 충전하는 법

휴대전화를 충전하는 가장 좋은 방법은 전원에 꽂는 것입니다. 하지만 필요할 때 항상 쉽게 전원을 찾을 수 있는 건 아니죠. 전원을 찾아도 이미 다른 뭔가가 꽂혀 있을 때가 많아요. 다른 사람의 휴대전화나 다른 기기 같은 거 말이죠. 당신이 작은 휴대용 파워 스트립(멀티탭)을 가지고 다닌다면 잠시 다른 코드를 뽑고 파워 스트립에 꽂은 다음 전원을 사용하면 됩니다. 이 과정은 좀 조심해야 하긴 합니다.

더 위험한 과학책

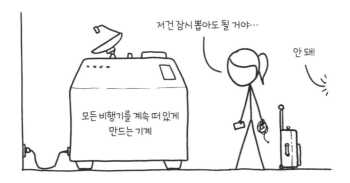

전원을 아예 찾을 수 없다면 일은 조금 어려워집니다. 친절한 벽에서 에너지를 얻는 대신 당신은 주위에서 뭔가 다른 방법으로 에너지를 얻어야 합니다.

인간은 다양한 자연적인 과정으로 에너지를 뽑아냅니다. 열을 위해서 뭔가를 태우고, 태양 빛에서 에너지를 모으고, 땅속 지열을 이용하고, 바람과 물의 움직임을 이용하여 터빈의 날을 돌립니다.1

---

1 야외에서 이용하는 에너지원에 대해서 더 알고 싶으면 16장 '다양한 에너지원으로 집에 전력을 공급하는 법'을 참고하세요.

이론상 이 모든 기술은 실내에서도 작동합니다. 하지만 더 어렵죠. 당연히 빛과 열, 흐르는 물 그리고 가연성 물질을 공항에서 찾을 수는 있어요. 그렇지만 야외보다 훨씬 더 적은 양이죠. 부분적인 이유는 실내에 있는 것은 인공적인 환경이기 때문이에요. 모두 다 누군가가 거기에 둔 것이죠. 물리학에서 에너지와 일은 동등합니다. 어떤 인간이 만든 기구가 주변 환경에 많은 에너지를 쏟아붓고 있어서 당신이 그 에너지를 수확하는 데 시간을 들일 가치가 있다면, 그 기구를 계속 작동하는 사람은 아무것도 하지 않으면서 많은 일을 하는 것입니다.

인간과는 달리 별과 행성은 공짜로 일을 하는 데 아무런 문제가 없습니다.2

태양은 태양계 전체에, 심지어 텅 빈 공간에까지 빛이 넘치게 해주고, 앞으로 수십억 년 동안 멈추지 않을 거예요. 당신이 해야 할 일은 태양전지 판을 설치해서 그중 아주 적은 양을 잡아내는 것뿐이에요. 실내에서는 쉽지 않지만 가능은 합니다. 공항이나 몰에서 에너지를 잡는 방법은 다음과 같습니다.

물

공항에 강이 지나갈 수도 있겠지만 대체로 수도나 분수에 흐르는 물이 있죠. 이 물을 수력발전 댐처럼 전기를 만드는 데 이용하지 못할 이유는 없습니다.

___
2 목성은 유료화를 고려한다는 소문이 있긴 하지만.

더 위험한 과학책

작은 수력발전 댐 전체를 만들 필요는 없어요.**3** 건물의 상수도는 물통에 물을 담아두었다가 수도관으로 직접 공급하기 때문에 당신은 모든 과정을 건너뛰고 수도나 폭포 출구에 바로 터빈을 설치하면 됩니다. 이런 터빈을 만들어내는 회사들이 실제로 있어요. 수도관에 작은 기기를 부착해서 돌리든지 간단하게 감압밸브 대신 붙여서 물에서 유용한 에너지를 얻는 거죠. 19세기 말과 20세기 초에는 대부분의 건물에 물은 흘렀지만 전기는 보급되지 않았기 때문에 이런 종류의 발전기('물 모터' 또는 '수력 전기 발전기'라고 불렸어요)가 잠시 인기를 끌었습니다.

수도관 하나에서 나오는 전력의 양은 놀라울 정도로 큽니다. 움직이는 물은 많은 에너지를 운반하고, 터빈은 아주 효율적일 수 있어요. 작은 터빈은 80퍼센트의 물 에너지를 전기로 바꿀 수 있고, 큰 것은 더 높은 효율을 냅니다. 압력 30PSIpounds of force per square inch(1인치당 1파운드의 힘)의 물이 1분에 4갤런(3.7리터)의 속도로 흐르면 40와트의 전력을 만들 수 있는데, 이것은 몇 개의 LED 전구를 켜고, 수십 개의 휴대전화를 충전하고, 심지어 여러 개의 창이 열린 작은 노트북을 켤 수도 있어요.

이렇게 당신이 사용하는 에너지는 애초에 물의 압력을 만들어낸 물 회사에 의해 공급된 것입니다. 언젠가는 공항의(혹은 지역의 물 공급 기관의) 누군가가 알아챌 겁니다. 누가 눈치채지 못하더라도 1분에 4갤런의 물은 금방 쌓여요. 당신이 물 값을 지불하든 하지 않든, 물을 보관할 곳을 찾아야 합니다.

맞아요, 비행기와 연결되는 통로는 아래쪽으로 기울어져 있어요….

---

3 그렇게 하고 싶다면 얼마든지 해도 좋아요.

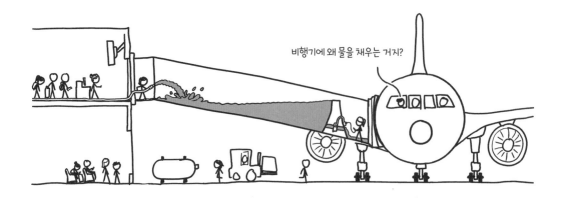

비행기에 왜 물을 채우는 거지?

공기

안됐지만 풍력은 실내에서 에너지를 얻기에 그렇게 좋은 선택은 아닙니다. 공항에는 많은 양의 공기가 순환하지만, 환풍기에서 나오는 '바람'은 대체로 수도나 분수에서 나오는 흐르는 물에 비해서 그렇게 많은 에너지를 가지고 있지 않고 에너지를 효율적으로 얻기도 더 어려워요. 에어컨의 배기가스 배출구에 놓인 휴대용 선풍기 크기의 작은 풍차는 대략 50밀리와트의 전기를 만들어낼 수 있어요. 휴대전화 한 대도 충전하지 못할 정도죠. 배기가스 배출구 전체에 풍차를 놓더라도 하나의 수도에서 만드는 에너지의 일부도 얻기 어려울 겁니다.

야외에서도 마찬가지입니다. 흐르는 공기보다 흐르는 물에서 에너지를 얻는 것이 더 쉬워요. 우리가 공기를 이용하는 이유는 더 많기 때문입니다. 당신이 이 책을 읽는 바로 지금도 공기의 흐름을 느낄 합리적인 가능성이 있어요. 하지만 당신이 강 속에 서 있을 가능성은 거의 없죠. 세상에는 강보다 바람이 더 많습니다. 강물이 운반하는 총 에너지는 테라(10^{12})와트 단위지만 바람이 운반하는 총 에너지는 페타(10^{15})와트에 가까워요.

더 위험한 과학책

불

에스컬레이터

아, 맞아, 네 가지 원소였어.
물, 불, 공기 그리고 에스컬레이터.

에스컬레이터는 탄 사람들에게 에너지를 줍니다. 위로 움직이는 에스컬레이터는 당신을 들어올릴 모터를 돌리기 위해서 추가로 전기에너지를 사용합니다. 이 에너지는 위치에너지 형태로 당신에게 전달됩니다. 당신이 뒤로 돌아서 낮은 곳으로 미끄러져 내려오면 빠른 속도로 도착할 겁니다. 당신이 에스컬레이터의 모터에서 공짜로 얻은 위치에너지가 운동에너지로 바뀐 거죠.

이거 봐, 나는 에스컬레이터에서
위치에너지를 공짜로 얻고 있어!
이건 완전범죄야!

그건 범죄가 아니야.

에스컬레이터는 당신에게 위치에너지를 주기 위해 설계되었겠지만 간단한 메커니즘의 도움으로 에스컬레이터가 당신에게 전기에너지를 주도록 만들 수 있습니다. 실제로 에스컬레이터는 큰 금속 폭포와 같아요. 당신은 폭포가 방앗간의 물레방아를 돌리는 것과 똑같은 방식으로, 움직이는 계단으로써 패들 달린 바퀴를 돌릴 수 있습니다.

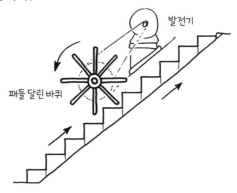

편평한 패들이 달린 단순한 바퀴가 에스컬레이터와 이상하게 연결될 것입니다. 에스컬레이터와 잘 연결되는 휘어진 패들을 가진 바퀴를 만들어 좀 더 부드럽게 작동하도록 만들 수 있어요. 패들의 모양을 주의 깊게 만들면 바퀴가 미끄러지지 않고 에스컬레이터와 항상 접촉하도록 할 수 있습니다.**4**

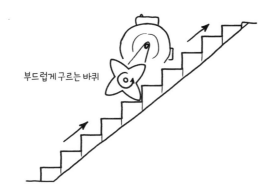

---

4 계단에서 부드럽게 구를 수 있는 바퀴는 안나 로마노프Anna Romanov 박사와 친구 데이비드 앨런 David Allen이 콜로라도 주립대학 수학과 학생일 때 알아낸 것입니다. 그들의 디자인은 45도 기울기에 발걸음 크기인 계단에서 작동했어요. 패들 날개의 모양은 특정한 계단에 맞게 변형될 수 있었습니다.

이 방법으로 에스컬레이터에서 얻을 수 있는 전력은 상당합니다. 에스컬레이터가 1분 동안 하는 기계적인 일은 간단하게 계산할 수 있어요. 이것은 1분당 최대 승객 수 곱하기 승객 한 사람의 평균 무게 곱하기 에스컬레이터의 높이 곱하기 중력가속도와 같아요. 사람이 꽉 찼을 때 2층 에스컬레이터는 10킬로와트의 기계적인 일률을 쉽게 낼 수 있습니다. 당신은 잘 만들어진 바퀴로 그만큼의 전력을 얻을 수 있어요. 이것은 휴대전화 한 대를 충전하는 정도가 아니라 집 전체에 전력을 공급하기에도 충분합니다.

유용한 팁 바퀴는 에스컬레이터 넓이 전체를 차지하는 것보다는 얇게 만드는 것이 좋을 겁니다. 양쪽 다 안전하지는 않지만, 만일 에스컬레이터 전체를 차지하고 누군가 그걸 알지 못했다면 당신의 기계는 끔찍한 인간 그라인더로 바뀔 것이고, 그렇게 되면 효율이 떨어질 거예요.

으아아아아!

패들 달린 바퀴를 돌리기에는 '내려가는' 에스컬레이터보다는 '올라가는' 에스컬레이터를 이용해야 합니다. 둘 다 가능은 하지만, '올라가는' 에스컬레이터가 사람들이 탔을 때 더 많은 힘을 발휘하도록 설계되었거든요. '내려가는' 에스

더 위험한 과학책

컬레이터는 사람들이 탔을 때 더 적은 일을 해요. 중력의 도움을 받기 때문이죠. 그리고 바퀴를 돌리는 데 필요한 추가적인 내려가는 힘을 발휘할 때 문제가 생길 수도 있어요. 당신은 여러 개의 바퀴를 이용하여 에스컬레이터에 가하는 무게를 분산시킬 수도 있어요.

에스컬레이터 물레방아는 상당한 양의 에너지를 얻어낼 수 있지만, 이것은 에스컬레이터의 주인에게 큰 비용을 들게 함을 의미하기도 합니다. 당신이 에스컬레이터를 몰래 이용하여 하루 12시간씩 10킬로와트의 전력을 얻는다면, 건물 주인은 매달 400달러의 전기료를 부담하게 되겠죠. 건물 주인이 알게 된다면 별로 좋아하지 않을 건 말할 필요도 없어요.

만일 공항에서 쫓겨난다면 바퀴는 가지고 가세요. 그 바퀴는 에스컬레이터 물레방아로 쓸 수 있을 뿐만 아니라 계단을 튀지 않고 굴러 내려갈 수도 있어요. 꽤 멋진 물건이죠.

미치 헤드버그Mitch Hedberg라는 코미디언은 에스컬레이터는 절대 망가지지 않는다고 했어요. 단지 계단으로 바뀔 뿐이죠. 에스컬레이터 물레방아 발전기도 절대 망가지지 않아요….

…다만 쓸모없는 자전거가 됩니다.

더 위험한 과학책

PART 3
일상 속
엉뚱한 과학적 궁금증들

21.
달, 목성, 금성과 셀카 찍는 방법

　우리는 종종 눈을 한 쌍의 카메라라고 생각하지만, 사람의 시각 시스템은 어떤 카메라보다도 훨씬 더 복잡합니다. 자동으로 작동되기 때문에 복잡함을 간과하기 쉬울 뿐이죠. 우리는 어떤 장면을 보고 머릿속에서 그림을 그립니다. 그 그림을 만들기 위해서 얼마나 많은 처리와 분석과 상호작용이 일어나는지 우리는 모르죠.

　카메라는 일반적으로 장면의 전 영역을 거의 같은 해상도로 봅니다. 당신이 이쪽을 스마트폰 카메라로 찍는다면 사진의 중심에 있는 글자는 가장자리 근처에 있는 글자와 거의 같은 수의 화소로 만들어질 것입니다. 하지만 당신의 눈은 그런 식으로 작동하지 않아요. 당신의 눈은 중심과 가장자리의 세부 사항을 아주 다르게 봅니다. 당신 눈의 실제 '픽셀 그리드'는 아주 이상합니다.

카메라의 픽셀 그리드　　　　　　당신 눈의 픽셀 그리드

이렇게 크게 달라지는 해상도를 우리가 알아채지 못하는 이유는 우리의 뇌가 거기에 익숙하기 때문입니다. 우리의 시각 시스템은 상을 처리하여 우리가 보는 것이 원래 모습 그대로, 카메라가 보는 것과 같은 모습이라는 전체적인 인상을 줍니다. 이것은 잘 작동합니다…. 우리가 머릿속 그림을 실제 카메라가 만들어 내는 그림과 비교하여, 우리의 뇌가 많은 변수들을 적용해서 우리에게 보이지 않는 것을 조절하고 있다는 사실을 발견하기 전까지는 말이죠.

카메라와 눈이 다르게 보는 방법 중 하나는 '시야'입니다. 시야는 사진에서 나타나는 많은 혼란의 원인이 되기 때문에 셀카를 찍을 때 특히 중요한 효과로 드러납니다.

카메라를 얼굴 가까이 가져가면 당신의 얼굴은 달라져 보입니다. 그 이유를 이해하기 위해서, 그리고 이것이 모든 종류의 사진에 어떤 영향을 미치는지 보기 위해서 **슈퍼문**에 대해 이야기해보겠습니다.

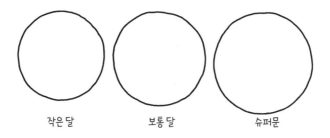

작은 달　　　　　보통 달　　　　　슈퍼문

인터넷에는 언제나 다가오는 천문학적 사건에 대한 과격한 주장들이 널리 퍼지곤 합니다.

더 위험한 과학책

다음 주에는 달이 지구에 너무 가까이 와서 고층 건물에서는 만질 수도 있을 거예요.

 4월 15일에 거대한 소행성이 지구에 충돌한대! 과학자들은 이것이 공룡을 쓸어버릴 수도 있대!!!

 천문학자들이 이번 주 금요일에 태양이 지구와 달 사이를 지나갈 것이라고 말했습니다!

 3월 24일에 화성이 하늘에서 지구만큼 크게 보일 거예요. 동의하면 공유해주세요!

 NASA는 오는 9월 30일에 안드로메다은하가 우리은하와 충돌할 것이라고 발표했습니다. 반려동물들은 실내에 들여놓고, 실내용 화초들은 잎이 상하지 않게 잘 보호해주세요.

 10월 4일에 태양이 내부 정비를 위해 12시간 동안 꺼질 예정입니다.

 매년 일어나는 페르세우스 유성우가 8월 11일에서 12일 근처에 일어날 예정입니다. 천문학자들에게 **외계인**들이 전파 신호로 알려주었다고 합니다.

여기에는 스카이라인 뒤에 있는 '슈퍼문' 사진이 첨부되곤 합니다. 이런 것 말이죠.

하지만 사람들이 밖으로 나가서 달을 찍으면 이런 사진이 나옵니다.

어떻게 된 거죠? 첫 번째 사진이 조작일까요?

그럴 수도 있지만, 그렇지 않은 경우도 있습니다. 망원렌즈로 아주 좁은 시야를 찍은 사진일 때입니다. 모든 사진은 특정한 시야를 보여줍니다. 넓은 시야에서는 사물이 옆으로 퍼지고, 좁은 시야에서는 렌즈 바로 앞의 물체만 보입니다.

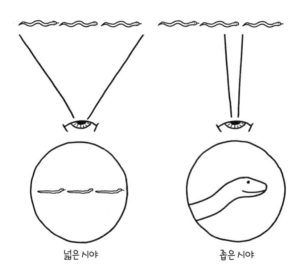

넓은 시야   좁은 시야

'줌인Zooming in'은 시야를 좁히는 것을 의미합니다. 줌인을 물체에 가까이 다가가는 것으로 생각하기 쉽습니다. 작은 물체가 커져서 프레임을 가득 채우기 때문

더 위험한 과학책

이죠. 하지만 줌인은 가까이 다가가는 것과는 다릅니다. 당신이 어떤 물체에 가까이 다가가면 사진 안에서 그 물체는 커지지만 멀리 있는 배경은 같은 크기로 유지됩니다. 그런데 줌인을 하면 물체와 배경이 모두 커지죠.

원래 모습   줌인   가까이 갔을 때

사람들이 이 차이를 잘 모르는 이유는 우리 눈이 하나의 시야밖에 가지지 못하기 때문입니다. 우리는 눈이 보는 전체 영역을 똑같이 유지한 채로 시야 중심에 있는 무언가에 초점을 맞출 수 있습니다. 그래서 비정상적으로 넓거나 좁은 시야를 보면 놀라게 되죠.

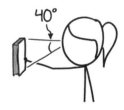

수십 년 동안 사진작가들 사이에서 엄지의 법칙은 50밀리미터 풀 프레임 렌즈가 사람들에게 가장 '자연스럽게' 보이는 상을 만든다는 것이었습니다. 너무 넓지도 좁지도 않은 상이죠. 이 '자연스러운' 렌즈는 놀라울 정도로 좁은 시야를 만들어요. 40도 정도 넓이로, 책을 얼굴에서 30센티미터쯤 떨어뜨려서 들고 있을 때 덮는 영역과 비슷합니다.

하지만 스마트폰이 이 모든 것을 바꾸고 있습니다. 스마트폰 카메라는 과거의 50밀리미터 렌즈보다 훨씬 더 시야가 넓거든요.

예를 들어 아이폰 X는 수평으로 65도의 시야를 가지고 있습니다. 사용자가 뒤로 갈 필요 없이 더 넓은 장면을 프레임에 넣을 수 있게 한 것이죠. (하지만 흔한 사진 대상인 무지개를 담을 정도로 충분히 넓지는 않아요. 무지개는 하늘의 83도를 덮기 때문에 아이폰 프레임에 넣기에는 약간 넓어요.)

이 더 넓은 시야의 렌즈들은 사용자가 일상생활이 자연스럽게 보이는 사진이나, 여러 사람이 보이는 셀카를 원하기 때문에 더 흔해지고 있습니다. 고전적인 50밀리미터 카메라를 팔 길이로 들고 셀카를 찍는 것은 어려워요. 그리고 스마트폰으로는 사진을 자르기 쉽기 때문에 옆을 '너무 넓게' 찍어서 사용자가 확대나 자르기를 하는 것이 괜찮아 보입니다. 하지만 시야를 넓게 하는 것은 비용이 듭니다. 작거나 멀리 있는 물체의 사진을 찍는 데 광각렌즈를 사용하면 당신의 기대대로 보이지 않을 수 있어요.

인간에게 달은 주의를 끄는 것입니다. 우리의 눈으로 말 그대로 '줌인' 하지 않더라도 우린 달에 별도로 주의를 기울입니다. 상대적으로 지루한 주변의 하늘을 무시하면서 고해상도 시각으로 달의 세부적인 부분까지 봅니다.

하지만 스마트폰은 우리 뇌처럼 '초점을 좁히는' 방법을 모릅니다. 달은 그저 픽셀의 일부일 뿐으로 카메라의 넓은 시야에 묻혀버리죠. 좋은 달 사진을 찍으려면 줌인을 해야 합니다. 스마트폰으로 할 수 있는 정도는 제한적이죠.

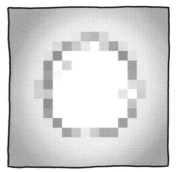

달이 우리 눈에 보이는 모습   달이 스마트폰에 보이는 모습

　　당신이 실제로 줌인을 할 수 있는 카메라를 가졌다면 당신이 사진에 포함시키기를 원하는 다른 모든 대상(주위의 건물이나 나무들 같은)은 더 이상 프레임 안으로 들어오지 않습니다. 그 대상들은 당신이 서 있는 곳에서 볼 때 달보다 크게 보입니다. 실제로는 분명히 그렇지 않은데도 말이죠(당신의 도시가 비정상적으로 느슨한 구역 규정을 가지고 있지 않다면).

저 탑이 달보다 10배나 더 크다는 것 알아?

　　어떤 물체가 달에 비해 작게 보이기를 원한다면 충분히 멀리 물러나서 그 물체가 하늘에서 더 작은 각을 차지하도록 해야 합니다. 건물에서는 그 거리가 꽤 멀

수 있어요. 도시의 스카이라인 뒤에 있는 거대한 달을 보여주는 사진을 찍기 위해서는 사진작가가 대체로 그 도시에서 수 킬로미터 떨어진 곳에 가야 합니다. 멋진 사진을 얻기 위해서는 엄청난 노력과 계획이 필요해요.

 저는 이 사진을 찍으려고 뉴저지의 언덕에 올라 엄청난 추위 속에서 렌즈와 씨름하며 한 시간 동안이나 산등성이에 앉아 있어야 했어요. 그러니까 '좋아요'를 누르시는 게 좋을 겁니다.

보통의 사진에서 건물들이 그렇게 커 보이고 달이 그렇게 작아 보이는 이유는 건물들이 달보다 훨씬 더 가까이 있기 때문이에요. 이것은 셀카에서도 마찬가지입니다.

광각 셀카

달을 작게 보이게 만드는 광각 효과는 셀카에도 같은 영향을 줄 수 있습니다. 누군가가 스마트폰으로 자신의 얼굴을 찍는다면 본능적으로 얼굴이 프레임의 대부분을 차지하도록 가까이 가져갈 수 있습니다. 하지만 누가 당신을 바라볼 때 서 있는 것보다 훨씬 더 가까운 그 거리에서 스마트폰의 광각렌즈는 부자연스러운 모습을 만들어냅니다. 당신의 코와 양쪽 볼은 귀와 머리의 다른 부분보다 카메라에 많이 가깝기 때문에 더 크게 보일 것입니다. 스마트폰 사진에서 앞에 있는 건물이 달보다 더 크게 보이는 것과 같아요.

이 왜곡은 얼굴을 우리가 기대하는 것과 크게 다르게 보이도록 만듭니다. 이 효과를 줄이려면 스마트폰을 멀리 두고 줌인을 하면 됩니다. 사진을 찍으면서 카메라 애플리케이션을 사용하거나 나중에 자를 수도 있죠.

스마트폰을 얼마나 멀리 두어야 할까요? 프레임 안에 있는 여러 대상의 모습이 왜곡되는 것을 최소화하기 위해서는 스마트폰까지의 거리가, 가장 가까이 있는 대상과 가장 멀리 있는 대상 사이의 거리보다 훨씬 더 길어야 합니다.

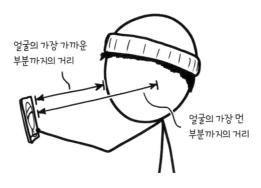

얼굴의 가장 가까운 부분과 가장 먼 부분 사이의 거리는 아마 30센티미터가 되지 않을 겁니다. 왜곡되는 것은 당신이 카메라를 보통의 거리로 드는지, 팔을 최대한 뻗어서 드는지에 따라 크게 달라진다는 말이죠. 카메라를 5~6피트 (1.5~1.8미터) 떨어지게 하면 이러한 왜곡은 완전히 사라지지만 우리의 팔은 그렇게 길지가 않죠. 셀카봉이 왜 인기 있는지 설명이 되네요.

시야에 혼돈을 일으켜 더 멋진 셀카 찍기

원근의 왜곡 현상은 당신 얼굴 일부의 상대적인 크기를 바꾸기도 하지만 사진에 다른 영향을 주기도 합니다. 셀카를 찍는 여러 새로운 방법을 만들 수 있어요.

줌인을 하면 배경에 있는 대상의 겉보기 크기가 바뀝니다. 산과 같이 멀리 있는 큰 대상 앞에 당신이 서 있으면 카메라의 줌은 산이 얼마나 크게 보이는지에 극적인 영향을 줄 수 있습니다.

카메라의 타이머를 설정해놓고 멀리 걸어가면 작은 산이 거대하게 보이도록 만들 수 있어요.

저 산에 왔어요!

쓰레기 매립지에 쌓인 쓰레기 더미 아닌가요?

맞아요! 버려진 세탁기들 옆에 베이스캠프를 설치했어요.

달 셀카

스마트폰 카메라는 줌을 할 수 있는 거리에 한계가 있어요. 하지만 당신에게 강력한 망원 줌 렌즈가 있다면 정말로 재미있는 셀카들을 찍을 수 있어요. 스카이라인에 걸친 달 사진 말고도, 건물 대신 당신의 몸을 사용할 수도 있어요.

기하학을 이용하여 당신이 달 앞에 있는 사진을 찍으려면 카메라에서 얼마나 멀리 떨어져야 하는지 계산해보죠.

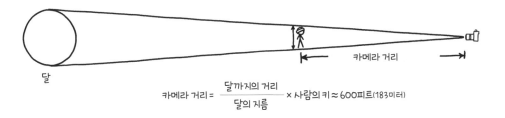

$$카메라\ 거리 = \frac{달까지의\ 거리}{달의\ 지름} \times 사람의\ 키 \approx 600피트(183미터)$$

이 식은 달 셀카를 찍으려면 카메라가 600피트 거리에 있어야 한다고 알려줍니다.

좋아, 웃어!

600피트 길이의 셀카봉은 만들지 않을 테니까 아마 카메라를 삼각대 같은 곳에 놓고 무선으로 찍어야 할 겁니다.

이와 같은 사진이 나오도록 배열하는 것은 까다롭습니다. 달과 반대 방향으로 길고 시야의 방해를 받지 않는 높은 장소를 찾아야 합니다. 달은 빠르게 움직이기 때문에 일단 모든 것이 배열되면 사진을 찍을 시간은 30초 정도예요. 달이 시야에서 완전히 벗어나는 데는 2분 약간 넘는 시간밖에 걸리지 않아요.[1]

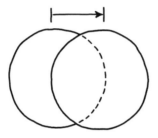

1분 동안 하늘에서 달이 움직이는 거리

제대로 된 필터를 사용하고 극히 조심만 한다면 태양으로도 이와 같은 사진을 찍을 수 있어요. 카메라를 망가뜨릴 수 있으니까 직접 시도하기 전에 동네 천문학 클럽이나 카메라 가게에서 상담을 받으세요. 그렇지 않으면 카메라를 불 속에 집어 던지는 것이 될 수도 있어요. 그리고 카메라가 태양을 향했을 때 절대 뷰파인더를 들여다보면 안 됩니다. 당신의 눈은 카메라와 똑같이 작동하지는 않지만 타서 구멍이 나기는 똑같이 쉬워요.

---

1 구글 어스 같은 도구나 스텔라리움Stellarium이나 스카이 사파리Sky Safari 같은 별 지도 애플리케이션이 사진 찍을 계획을 세우는 데 도움이 될 수 있어요.

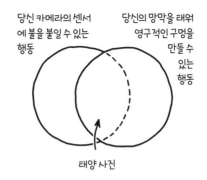

당신 카메라의 센서에 불을 붙일 수 있는 행동

당신의 망막을 태워 영구적인 구멍을 만들 수 있는 행동

태양 사진

금성 · 목성 셀카

원칙적으로, 당신은 더 작고 더 멀리 있는 천체를 이용하여 비슷한 사진을 찍을 수 있습니다. 태양과 달 다음으로 크게 보이는 천체는 목성과 금성입니다. 둘 다 지구에 가장 가까이 와서 잘 보일 때 1분 정도의 크기입니다. 달의 예와 같은 기하학을 이용하여 금성이나 목성과 셀카를 찍으려면 카메라를 얼마나 멀리 들고 있어야 할지 계산해보았습니다. 약 4마일(6.4킬로미터)입니다.

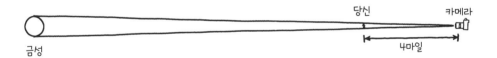

당신
카메라
금성
4마일

카메라를 4마일 거리로 들고 있는 것은 분명 쉬운 일이 아니죠.

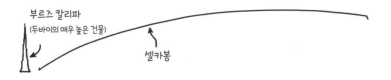

부르즈 칼리파
(두바이의 매우 높은 건물)
셀카봉

금성이 지평선에 가장 가까이 있을 때는 대기에 의한 왜곡이 아주 크기 때문에 하늘 높이 있을 때가 좋을 것입니다. 당신이 카메라보다 더 높이 있어야 한다는 말이죠. 하지만 두터운 대기를 피하려면 카메라도 꽤 높은 곳에 있는 게 좋을 것입니다.

좋은 방법은 카메라를 산꼭대기에 두고 촬영 대상을 더 높은 산꼭대기에 놓는 것입니다. 하지만 특정한 날 금성과 나란하게, 적당한 거리에 있는 오를 수 있는 두 곳의 산을 찾으려면 많은 노력과 계획이 필요할 거예요. 당신의 위치를 잡는 문제를 피하기 위해서 높이 띄운 비행기나 풍선을 이용할 수도 있습니다. 하지만 당신을 정확한 위치에 놓도록 조종하는 것은 극히 어려워서 아마도 컴퓨터로 해야 할 것입니다.

어떤 방법을 선택하든 정확하게 배열하는 건 아주 어려운 일이고, 당신이 어떤 사진을 찍든 상당히 흐릿할 것입니다. 최고로 좋은 조건에서도 목성이나 금성의

더 위험한 과학책

깨끗한 사진을 찍는 것은 어려워요. 대기에 의한 왜곡 때문이죠. 이런 셀카는 아마 아무도 찍은 적이 없을 테니까 만일 당신이 성공한다면 틀림없이 인터넷에서 뽐낼 권한을 얻을 거예요.

목성이나 금성과 함께 찍는 셀카는 광학과 기하학의 한계를 넘어서는 것이라 해내기가 쉽지 않을 겁니다. 그러니까… 지구에서는요. 대기에 의한 왜곡이 문제 되지 않는 우주로 나간다면 새로운 셀카의 가능성을 열 수 있을 거예요.

우주에는 아주 높은 각해상도를 가진 원격 카메라들이 있어요. NASA에서 빌리기는 쉽지 않겠지만요.**2**

하지만 가장 좋은 우주망원경보다 훨씬 더 긴 '줌'으로 우주 셀카를 찍는 방법이 있어요. 이것은 '엄폐'라고 하는데, 천문학에서 가장 멋진 기술 중 하나예요.

---

2 이론적으로는 이 책이 출판될 때면 제임스 웹 우주망원경이 드디어 발사되었어야 할 것입니다(이 장을 편집하는 동안 발사는 또 연기되었습니다-편집자).

엄폐 셀카 찍기

지구에서 볼 때 소행성 하나가 어떤 별 앞을 지나간다면, 스톱워치를 가진 사람들이 전 세계로 흩어져서 별이 사라졌다가 다시 나타나는 시간을 측정하고, 그 결과로 소행성 사진을 만들어낼 수 있습니다.

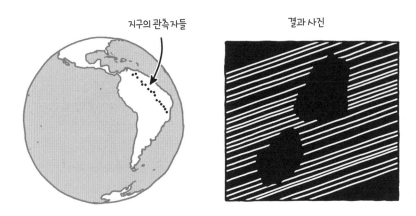

이 기술은 가장 뛰어난 망원경으로 보기에도 너무 작거나 너무 어두운 천체를 자세히 보는 데 이용됩니다. 그리고 이론적으로는 우주에 있는 동안 엄청나게 먼 거리의 셀카를 찍게 해줄 수도 있어요. 당신은 당신이 멀리 있는 별 앞을 지나갈 때 별이 깜빡이는 것을 지구에서 관측할 친구들을 배치하기만 하면 됩니다.

멀리 있는 별을 이용하여 친구들은 최대 수백 킬로미터 거리에서 당신의 사진을 찍을 수 있습니다. 당신은 그것보다 더 멀리 갈 수는 없어요. 당신의 그림자가 회절 때문에 사라지기 때문이죠. 눈에 보이는 별 대신 멀리 있는 엑스선 광원을 이용한다면 파장이 짧기 때문에 회절 효과가 줄어듭니다. 그러면 친구들이 지구에서 당신이 달 위에 서 있는 사진을 찍을 수 있어요.

이것만 기억하세요. 엄폐가 일어나는 궤도 배열은 아주 드물고 대체로 다시 일어나지 않아요. 그러니까 준비를 아주 많이 해야 합니다. 한 번밖에 찍을 수가 없거든요.

잠깐만, 팔 자세가 이상했어.
이건 지우고 다시 찍으면 안 될까?

안 돼!!

22.
다양한 도구로
드론을 잡는 방법

결혼사진용 드론이 당신 머리 위를 맴돕니다. 당신은 그게 뭘 하는지 모르겠고 멈추게 하고 싶어요.

당신에게 복잡한 반反드론 기기는 없습니다. 그물 발사기, 엽총, 전파 방해기, 안개 그물, 드론 대응용 드론 또는 다른 특화된 기기 같은 것 말이죠.

만일 당신이 잘 훈련된 맹금류를 키운다면 이 새로 드론을 쫓게 하는 것이 아주 좋은 아이디어라고 생각할 수도 있을 겁니다. 인터넷에는 훈련된 맹금류가 공중에서 드론을 낚아채는 모습을 보여주는 동영상이 종종 돌아다닙니다. 이 생각은 본능적으로 만족감을 주긴 하지만, 훈련된 동물들이 몸을 던져서 악당 기계에 대응하도록 시키는 것은 좋은 계획이 아닐 겁니다. 훈련된 치타를 모터사이클에 뛰어들게 하여 과속 단속을 할 수는 없죠. 치타에게 잔인하고 위험한 짓입니다. 더구나 모터사이클보다는 치타가 훨씬 더 귀해요. 지구의 모터사이클 대 치타의 비율은 한 번도 정확하게 계산된 적이 없지만 모터사이클의 수가 수십만 배는 더 많을 것입니다.

마찬가지로 분명 세상에는 맹금류보다 드론이 더 많을 것입니다. 그리고 새로운 드론은 새 맹금류보다 훨씬 빨리 만들어지고 있어요. 지구의 드론 대 매의 비율은 모터사이클 대 치타의 비율보다 더 측정하기 어렵지만, 1보다 클 것은 거의 확실합니다.

매가 좋은 생각이 아니라면 뭘 사용할 수 있을까요?

드론은 하늘에 있기 때문에 하늘을 나는 물체를 보내고 싶을 것입니다. 스포츠의 세계에서 인간은 언제나 물건들을 하늘로 날려 보냅니다. 10장 '조지 워싱턴의 은화 멀리 던지기를 물리학적으로 계산해본다면?'을 한번 보세요.

당신의 창고에 온갖 스포츠 도구가 있다고 해보죠. 야구공, 테니스 라켓, 론 다트lawn dart] 등등. 어떤 스포츠의 발사체가 드론을 맞추기에 가장 좋을까요? 그리고 드론 방어 경비원으로는 누가 가장 적합할까요? 야구 투수? 농구 선수? 테

---

1 1980년대를 겪지 않은 사람들을 위해서 알려드리면, 론 다트는 중세의 공성 무기와 비슷한 모양으로 꼭대기가 금속으로 된 크고 무거운 플라스틱 다트입니다. 공중으로 높이 다트를 던지는 놀이용으로 아이들에게 팔았어요. 꽤 명백한 부작용 때문에 미국에서는 판매가 금지되었습니다.

니스 선수? 골프 선수? 아니면 누굴까요?

몇 가지 요소를 고려해야 합니다. 정확성, 무게, 거리, 발사체의 크기.

야구공	화살	농구공	부메랑
장점: 무거우면서도 빠르게 던질 수 있음	장점: 아주 빠르고 겨냥하기 쉬움	장점: 크고, 목표물을 맞히기가 더 쉬움	장점: 못 맞혀도 당신에게 다시 날아옴
단점: 크기가 작기 때문에 정확성이 필요함	단점: 너무 멀리 날아가서 이웃을 위험하게 할 수 있음	단점: 무겁고, 높이 던지기 어려움	단점: 맞히지 못하면 당신에게 다시 날아옴

많은 드론들은 꽤 약하니까, 일단 드론을 맞히기만 하면 추락시킬 수 있다고 가정합시다(이건 내가 확실하게 경험해봤어요).

더 위험한 과학책

대략적인 비교를 위해서 우리는 서로 다른 스포츠에서 발사체의 정확성을 알려주는 간단한 숫자를 사용할 것입니다. 거리 대 오차의 비율에 해당되는 값입니다. 만일 당신이 10피트(3미터) 떨어진 목표물을 향해 공을 던질 때 평균적으로 2피트(0.6미터) 빗나간다면 당신의 정확도는 10 나누기 2(3 나누기 0.6), 즉 5가 됩니다.

중간 크기 드론('DJI 매빅 프로 같은')의 몸체는 약 1피트(30센티미터) 폭의 '목표 영역'을 가집니다. 드론의 중심에서 양쪽으로 6인치(15센티미터)까지는 빗나가도 된다는 말이죠. 이 드론이 40피트(12미터) 거리에 떠 있다면 이것을 맞히기 위해서는 정확도가 80이 되어야 합니다. 또는 발사체가 더 크다면 정확도는 약간 더 작아질 수 있습니다. 좀 더 빗나갈 수 있는 여유를 주기 때문이죠.

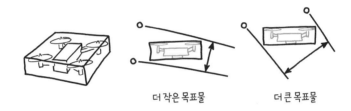

더 작은 목표물   더 큰 목표물

농구나 골프처럼 발사체가 높은 포물선을 그리면 정확도를 더 높일 수 있습니다. 드론의 넓고 편평한 모양이 더 큰 목표를 만들어주거든요. 그리고 축구공이나 농구공처럼 큰 발사체는 빗나갈 수 있는 여유가 더 많습니다.

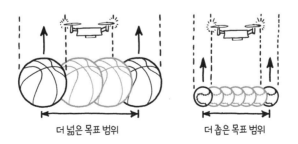

더 넓은 목표 범위   더 좁은 목표 범위

이것은 여러 운동선수들의 측정된 정확도입니다. 시합이나 연습, 혹은 선수들이 목표물을 맞히려고 시도하는 과학적인 연구에 기반 한 것입니다.

운동선수	측정된 정확도	휴대용 드론을 40피트(12미터) 거리에서 맞히기 위해 시도해야 하는 횟수	근거
축구 선수	21	13	경험 있는 오스트레일리아 선수 20명에 대한 연구
미식축구 키커	23	15	2010년대 후반의 NFL 키커들
사회인 하키 선수	24	35	25명의 사회인, 대학 하키 선수
농구(샤킬 오닐Shaquille O'Neal)	36	4	NBA 자유투 성공률
골프 드라이브/칩샷	40	6[2]	PGA 드라이브 정확도 통계
농구(스티브 커리Steph Curry)	63	2	NBA 자유투 성공률
NHL 올스타	50	9	NHL 슈팅 정확도
NFL 쿼터백 패스	70	4	프로 미식축구 정밀 패스의 일반적 점수[3]
고등학생 투수	72	3	일본 고등학생 투수 8명에 대한 연구
프로 투수	100	2	
다트 챔피언	200-450	1[4]	마이클 반 거웬Michael van Gerwen에 대한 PDC 분석
올림픽 양궁 선수	2,800	1	2016년 한국 남자 양궁팀

확실히 찾을 수만 있다면 양궁 선수가 가장 좋은 선택입니다. 엄청난 정확성과 긴 거리가 결합되니까 양궁 선수는 이상적인 방어자예요. 투수도 훌륭한 선택이죠. 그리고 야구공은 아마도 큰 충격을 줄 거예요. 농구 선수는 낮은 정확도를 큰

---

2 이것은 아주 정확한 롱 드라이브 값입니다. 짧은 거리의 칩샷 정확도는 더 높을 수 있어요.
3 쿼터백 드루 브리스Drew Brees는 스포츠 사이언스 프로그램에 출연하여 20야드(18미터) 거리에 있는 양궁 과녁을 향해 공을 던졌는데, 10번을 던져 10번 모두 정중앙을 맞혔어요. 이런 조건이라면 그의 정확도는 700이 넘을 것이고, 다트 챔피언보다도 높아요.
4 그렇게 먼 거리까지 정확도를 유지할 수 있다면.

발사체와 효율적인 포물선 던지기로 보완할 수 있어요. 하키 선수, 골프 선수, 축구 선수는 모두 이상적인 선택은 아닐 것 같아요.

나는 이것을 실제로 해보고 싶다는 호기심이 생겼어요. 그리고 적당한 데이터를 찾을 수 없었던 스포츠는 테니스였습니다. 프로 테니스 선수의 정확도에 대한 연구를 몇 개 찾긴 했지만, 공중에 있는 목표물이 아니라 코트에 표시된 과녁을 맞히는 것이었어요.

그래서 나는 세리나 윌리엄스Serena Williams에게 연락했습니다.

너무나 기쁘고 놀랍게도 그녀는 기꺼이 도와주겠다고 했어요. 그녀의 남편 알렉시스는 특별한 드론도 제공해주었어요. 고장 난 카메라가 달린 'DJI 매빅 프로 2'였죠. 그들은 그녀의 연습용 코트로 나갔습니다. 세계 최고의 테니스 선수가 로봇의 침공을 막아내는 데 얼마나 쓸모가 있을지 알아보기 위해서요.

내가 찾아낸 얼마 되지 않는 연구에 따르면 테니스 선수는 발사체를 던지는 운동선수들보다 상대적으로 성적이 낮을 것 같았습니다. 투수보다는 축구 선수에 가까웠죠. 나의 추측은 테니스 챔피언의 정확도는 서브를 할 때 50 정도로, 40피트(18미터) 거리의 드론을 맞추려면 5~7회의 시도를 해야 한다는 것이었습니다. (테니스공이 드론을 떨어뜨릴 수는 있을까? 그냥 맞고 튀어나와서 드론을 흔들리게 하는 정도가 아닐까? 궁금한 게 너무 많았어요.)

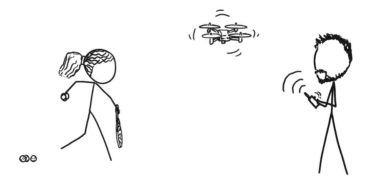

알렉시스가 드론을 날려서 네트 위에 떠 있게 했고 세리나는 베이스라인에서 서브를 했어요.

첫 번째 서브는 낮았어요. 두 번째는 옆으로 살짝 빗나갔어요.

세 번째 서브는 프로펠러 하나에 정확하게 맞았어요. 드론은 한 바퀴를 돌고, 잠시 공중에 머무를 듯 보이더니 곧 뒤집어져서 코트로 떨어져 박살이 났습니다. 세리나는 웃기 시작했고 알렉시스는 프로펠러 잔해 근처의 코트에 떨어져 있는 드론의 추락 장소를 살펴보기 위해 걸어갔습니다.

나는 프로 테니스 선수는 5번에서 7번 만에 드론을 맞힐 것이라고 예상했는데 세레나는 3번 만에 맞혔어요.

기계일 뿐이지만, 바닥에 떨어진 드론은 이상하게도 불쌍해 보였습니다.

"그를 다치게 해서 마음이 정말 안 좋아요." 조각들을 다 모은 후 세리나가 말했습니다. "불쌍한 꼬마 녀석."

나는 의문을 가질 수밖에 없었어요. 테니스공으로 드론을 맞히는 건 잘못된 일일까요?

나는 전문가에게 물어보기로 했어요. 나는 MIT미디어랩의 케이트 달링Kate Darling 박사님께 연락하여 재미로 테니스공으로 드론을 맞히는 것이 잘못된 일인지 물어봤습니다.

박사님은 이렇게 대답했어요. "드론은 신경 쓰지 않겠지만 다른 사람들이 신경 쓸 거예요." 박사님은 우리의 로봇은 당연히 감정이 없지만 사람은 감정이 있다고 지적했어요. "우리는 로봇이 기계일 뿐임을 잘 알면서도 마치 살아 있는 것처럼 대하는 경향이 있어요. 그러니까 특히 생명체와 더 닮은 모양의 로봇을 거칠게 다룰 때는 한 번 더 생각하시는 게 좋을 거예요. 사람들을 불편하게 만들 수 있을 테니까요."

그건 이해가 되었어요. 하지만 그렇다고 우리 스스로를 그렇게 약하게 만들어야만 할까요?

박사님이 말했어요. "만일 당신이 로봇을 나무라고 싶다면 방향을 잘못 잡은 거예요."

박사님의 핵심은 이거였어요. 우리가 걱정해야 할 것은 로봇이 아니라 로봇을 조종하는 사람이라는 것이죠.

드론을 떨어뜨리고 싶다면 아마도 다른 목표물을 생각해봐야 할 거예요.

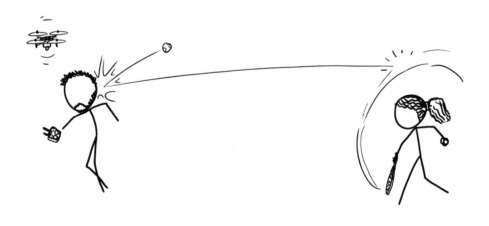

23.
치아 속 납 성분으로 1960년생과 1990년생을 구분할 수 있다면?

당신은 언제 태어났나요?

대부분의 사람들에게 이것은 쉬운 질문입니다. 자신이 태어난 날을 정확하게 잘 모르는 사람도 자기가 어느 해에 태어났는지는 몇 년 이내의 오차로 말할 수 있죠.

그런데도 인터넷에는 당신이 몇십 년대에 태어났는지 알 수 있게 해준다고 약속하는 퀴즈가 가득합니다. 이런 퀴즈들은 보통 당신이 처음 접한 미국의 대중문화에 기반 하죠.

지원 양식에서 생일을 물어보길래 내가
1990년대생인지 알아보는 퀴즈를 푸는 중이야.
다 풀고 나면 더 정확하게 알아낼 다른 퀴즈를
찾을 수 있을 거야.

당연히 이런 퀴즈들이 정말로 당신이 언제 태어났는지 알아내는 데 도움을 주지는 않습니다. 같은 기억을 공유한 어떤 집단에 소속되어 있다는 느낌을 주는 것과 관련이 깊죠.

아이들을 위한 영화나 TV 프로그램은 이런 퀴즈에 특히 잘 맞습니다. 어릴 때의 기억은 추억의 원천이기 때문일 뿐만 아니라 어린이용 프로그램은 대체로 아주 제한된 연령대를 목표로 하여 좁은 '세대' 구별을 할 수 있게 해주기 때문이죠. 당신과 함께 자란 미디어는 종종 당신의 나이를 몇 년 이내로 알려주는 고유의 지문이 됩니다. 예를 들어 1980년대 초중반에 태어난 사람들은 아마도 초기 '디즈니 르네상스' 영화들을 특별하게 기억할 것입니다. 〈인어공주〉(1989), 〈미녀와 야수〉(1991), 〈알라딘〉(1992) 등이죠. 이와 달리 1980년대 후반에 태어난 사람들은 〈라이온 킹〉(1994)과 〈토이스토리〉(1995)를 더 특별하게 기억할 거예요. 1980년대 초반에 태어난 사람들은 1990년대에 있었던 포켓몬 열풍에 동참하기에는 너무 자랐고, 1980년대 후반에 태어난 사람들은 '뉴 키즈 온 더 블록New Kids On The Block'의 노래를 듣기에는 너무 어리죠.

나이를 알아내기 위한 이런 우회적인 방법들에 대한 요구는 분명히 있습니다. 하지만 영화와 TV 프로그램만 다룰 이유가 있을까요? 세상은 우리에게 흔적을 남기는 방식으로 끊임없이 변하고 있는데요.

수두 파티

수두는 바리셀라-조스터varicella-zoster 바이러스로 인해 생기는 가려운 발진으로 몇 주 동안 지속됩니다. 한번 감염이 된 사람은 평생 면역이 생깁니다(잠복 감염이 성인이 된 후에 심한 통증을 일으키는 대상포진으로 나타날 수는 있어요).

20세기 내내 거의 모든 사람들이 사춘기가 되기 전에 수두에 걸렸어요. 어른이 되어서 수두를 앓으면 어릴 때 걸리는 것보다 더 심하게 아프기 때문에 부모들은 자기 아이들을 수두에 일찍 노출시켜('수두 파티'에 데리고 가서) 면역을 얻도록 하여 성인이 된 이후에 감염이 될 위험을 없애려고 했습니다. 그러다 수두 백신이 나온 1995년에 모든 것이 바뀌었습니다.[1]

이후 10년 동안 수두 백신 접종률은 거의 100퍼센트로 올라갔고 수두 감염은 급격히 줄어들었습니다.

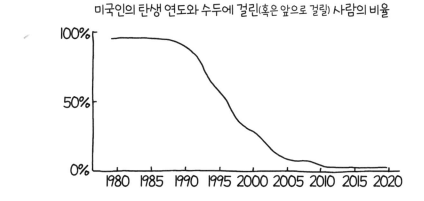

미국인의 탄생 연도와 수두에 걸린(혹은 앞으로 걸릴) 사람의 비율

백신이 나온 지 20년 만에 보편적인 병이었던 수두는 희귀해졌습니다. 1990년대 중반 이후에 태어난 미국인들에게 수두는 소아마비처럼 옛날 병입니다. 만일 수두와 수두 파티를 기억한다면 당신은 아마도 1990년대나 그 이전에 태어났을 것입니다.

---

1 '모든 것이 바뀌었다'라는 문장에서 문득 '불의 나라Fire Nation의 공격'을 떠올렸다면 당신은 아주 특별한 연령대입니다('그러다 불의 나라의 공격으로 모든 것이 바뀌었다'는 영화 〈아바타〉에서 나온 유명한 대사입니다-옮긴이).

흉터

수두는 종종 흉터를 남기지만 일반적으로 수두 백신은 그렇지 않습니다. 다른 백신들은 그것을 맞은 세대에 물리적인 흔적을 남깁니다.

수두와는 다른 바이러스가 일으키는 천연두는 감염병 중에서 가장 많은 사람을 죽게 했을 것입니다. 유럽인들이 아메리카 대륙에 도착했을 때 사람들에게 자연 면역이 없고 병에 특히 민감한 지역에 천연두도 함께 가지고 왔어요(간염과 같은 다른 병도 함께요). 이 병들은 대륙을 휩쓸며 그곳에 사는 대부분의 사람들을 죽였습니다. 천연두로 죽은 사람의 수를 정확하게 알 수는 없지만 20세기에만도 수억 명이 죽었어요.

사람이 숙주가 되지 않으면 이 바이러스는 살 수가 없어요. 최초의 천연두 백신은 18세기 말에 개발되었고, 19세기 말에 천연두는 대부분의 산업화된 나라에서 비교적 드문 병이 되었습니다. 20세기에는 의학의 발달로 백신을 생산하고 전 세계로 수송하는 것이 더 쉬워져서 천연두를 완전히 박멸하자는 전 세계적인 운동이 일어났습니다. 이 운동은 성공했어요. '야생에서' 마지막 천연두 감염은 1977년 소말리아에서 일어났고, 역사에서 마지막 발병은(그리고 천연두로 인한 최후의 사망은) 1978년 실험실 사고 후에 일어났습니다.

천연두 백신은 피부의 여러 곳을 뚫어 백신을 넣는 두 갈래 주삿바늘로 주입됩니다.

천연두 백신 주삿바늘

백신

백신에는 몸이 실제 천연두에 감염되었을 때와 똑같이 반응하도록 하는 약한 바이러스를 포함시켜서 붓기, 물집, 딱지 등을 유발합니다. 몇 주가 지나면 상처는 낫고 뚜렷한 원형의 흉터가 남아요.

천연두 백신 흉터

미국에서 마지막 천연두 발병은 1942년이었고, 규칙적인 어린이 천연두 백신 접종은 미국과 캐나다에서는 1972년에 끝났습니다.

미국이나 캐나다에 살면서 백신 흉터를 위쪽 팔이나 다리 아래쪽에 가지고 있다면 당신은 1970년 이전에 태어났다는 것을 의미합니다.**2** 원형의 흉터는 가장 극악한 적에 대항한 인류의 전쟁에서 생긴 상흔입니다. 만일 당신에게 그 흉터가 없다면, 우리가 승리한 증거입니다.

당신의 이름

아기 이름의 인기는 시간이 지나면서 올라가기도 하고 떨어지기도 합니다.

시간과 상관없는 것도 있어요. 엘리자베스Elizabeth, 마셜Marshall, 니나Nina, 넬슨 Nelson 같은 이름은 미국에서 여러 세대를 거쳐도 인기가 있죠. 성경에서 온 이름

---

2 규칙적인 백신 접종이 끝난 후에도 건강 관련 업종 종사자나 군인들처럼 감염 위험이 높을 것으로 생각되는 사람들을 대상으로 몇십 년 동안 접종은 계속되었습니다.

인 존John, 제임스James, 조셉Joseph도 상대적으로 시간과 상관이 없어요. 하지만 이름 짓기 경향의 변화는 실제로 당신에게 영향을 미칩니다. 성경에서 온 이름인 사라Sarah는 1980년대 미국에서 아주 인기 있는 이름이었지만 2010년대 중반의 미국에는 '사라' 보다 '브루클린Brooklyn' 이라는 이름의 아기가 더 많아요.

아래 표는 5년 간격으로 그 세대에서 가장 흔한 이름의 목록이에요. 겨우 10년 정도로 짧은 시간 동안 최고의 인기를 누렸던 이름들이 있어요. 당신이 그해 근처에 미국에서 태어났다면 이 이름들은 당신에게는 흔하고 일반적으로 보이겠지만 뚜렷한 세대 표시가 됩니다.

1880	Will, Maude, Minnie, May, Cora, Ida, Lula, Hattie, Jennie, Ada
1885	Grover, Maude, Will, Minnie, Lizzie, Effie, May, Cora, Lula, Nettie
1890	Maude, May, Minnie, Effie, Mabel, Bessie, Nettie, Hattie, Lula, Cora
1895	Maude, Mabel, Minnie, Bessie, Mamie, Myrtle, Hattie, Pearl, Ethel, Bertha
1900	Mabel, Myrtle, Bessie, Mamie, Pearl, Blanche, Gertrude, Ethel, Minnie, Gladys
1905	Gladys, Viola, Mabel, Myrtle, Gertrude, Pearl, Bessie, Blanche, Mamie, Ethel
1910	Thelma, Gladys, Viola, Mildred, Beatrice, Lucille, Gertrude, Agnes, Hazel, Ethel
1915	Mildred, Lucille, Thelma, Helen, Bernice, Pauline, Eleanor, Beatrice, Ruth, Dorothy
1920	Marjorie, Dorothy, Mildred, Lucille, Warren, Thelma, Bernice, Virginia, Helen, June
1925	Doris, June, Betty, Marjorie, Dorothy, Lorraine, Lois, Norma, Virginia, Juanita
1930	Dolores, Betty, Joan, Billie, Doris, Norma, Lois, Billy, June, Marilyn
1935	Shirley, Marlene, Joan, Dolores, Marilyn, Bobby, Betty, Billy, Joyce, Beverly
1940	Carole, Judith, Judy, Carol, Joyce, Barbara, Joan, Carolyn, Shirley, Jerry
1945	Judy, Judith, Linda, Carol, Sharon, Sandra, Carolyn, Larry, Janice, Dennis
1950	Linda, Deborah, Gail, Judy, Gary, Larry, Diane, Dennis, Brenda, Janice
1955	Debra, Deborah, Cathy, Kathy, Pamela, Randy, Kim, Cynthia, Diane, Cheryl
1960	Debbie, Kim, Terri, Cindy, Kathy, Cathy, Laurie, Lori, Debra, Ricky
1965	Lisa, Tammy, Lori, Todd, Kim, Rhonda, Tracy, Tina, Dawn, Michele
1970	Tammy, Tonya, Tracy, Todd, Dawn, Tina, Stacey, Stacy, Michele, Lisa

더 위험한 과학책

1975	Chad, Jason, Tonya, Heather, Jennifer, Amy, Stacy, Shannon, Stacey, Tara
1980	Brandy, Crystal, April, Jason, Jeremy, Erin, Tiffany, Jamie, Melissa, Jennifer
1985	Krystal, Lindsay, Ashley, Lindsey, Dustin, Jessica, Amanda, Tiffany, Crystal, Amber
1990	Brittany, Chelsea, Kelsey, Cody, Ashley, Courtney, Kayla, Kyle, Megan, Jessica
1995	Taylor, Kelsey, Dakota, Austin, Haley, Cody, Tyler, Shelby, Brittany, Kayla
2000	Destiny, Madison, Haley, Sydney, Alexis, Kaitlyn, Hunter, Brianna, Hannah, Alyssa
2005	Aidan, Diego, Gavin, Hailey, Ethan, Madison, Ava, Isabella, Jayden, Aiden
2010	Jayden, Aiden, Nevaeh, Addison, Brayden, Landon, Peyton, Isabella, Ava, Liam
2015	Aria, Harper, Scarlett, Jaxon, Grayson, Lincoln, Hudson, Liam, Zoey, Layla

당신 반 아이들이 제프Jeff, 리사Lisa, 마이클Michael, 캐런Karen, 데이비드David 였다면 당신은 아마도 1960년대 중반에 태어났을 겁니다. 반 아이들의 이름이 제이든Jayden, 이사벨라Isabella, 소피아Sophia, 아바Ava, 이선Ethan이었다면 당신은 아마도 2010년 근처에 태어났을 거예요.

그런데 이름은 다른 방식으로 나이에 대한 것을 드러내기도 합니다.

1990년대 중반 TV 프로그램 〈프렌즈Friends〉에서는 6명의 룸메이트가 출연하는데 배우들의 이름은 매튜Matthew, 제니퍼Jennifer, 커트니Courtney, 리사Lisa, 데이비드David 그리고 또 다른 매튜Matthew였습니다. 이 이름들은 모두 각자의 인기 곡선을 가지고 있어요. 그 곡선을 전부 합치면 우리는 그 배우들이 태어난 연도를 추정할 수 있어요.

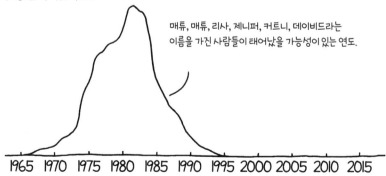

매튜, 매튜, 리사, 제니퍼, 커트니, 데이비드라는
이름을 가진 사람들이 태어났을 가능성이 있는 연도.

이 배우들은 1960년대 후반에 태어났어요. 그 이름들이 인기가 있던 가장 이른 시기죠. 다시 말해서 모두 인기 있는 시대를 약간 앞선 이름을 가지고 있는 거죠. 커트니 콕스Courtney Cox와 제니퍼 애니스톤Jennifer Aniston은 10년 뒤까지 그렇게 인기가 있지 않았던 이름을 가졌어요(아마도 유행을 앞서 가는 부모를 둔 사람들이 배우가 될 가능성이 높겠죠). 어쨌든 이 이름들은 곡선의 약간 앞쪽에 있긴 하지만 대체로 자신들의 시대와 일치합니다.

그런데 그 배우들이 맡은 캐릭터의 이름을 보면 아주 다른 결과를 얻게 됩니다. 피비Phoebe, 조셉Joseph, 로스Ross, 챈들러Chandler, 레이첼Rachel, 모니카Monica죠.

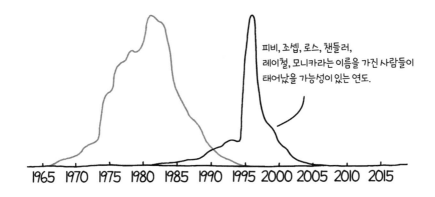

피비, 조셉, 로스, 챈들러, 레이첼, 모니카라는 이름을 가진 사람들이 태어났을 가능성이 있는 연도.

그 프로그램은 1994년에 시작되었습니다. 이 이름들의 인기 곡선은 1995년과 1996년에 뚜렷하게 뾰족한 모양을 가집니다. 이 프로그램에서 나온 이름이 새로운 부모들의 마음에 영향을 주었을 가능성이 있죠. 하지만 꼭 이것 때문은 아닙니다. 이 이름들은 〈프렌즈〉가 방송되기 전부터 분명히 인기가 오르고 있었어요. 아이들을 위해서 좋은 이름을 찾던 부모들과 자신들의 캐릭터에 적합한 이름을 붙이려던 TV 작가들이 같은 문화 트렌드에 영향을 받았을 수 있어요.

더 위험한 과학책

방사성 치아

인류는 1945년에 핵폭탄을 발명했습니다. 첫 번째 핵폭탄은 제대로 작동하는지 시험하기 위해 터뜨렸고 다른 두 개를 전쟁에 사용했습니다. 전쟁이 끝난 후에는 그저 어떤 일이 일어나는지 보기 위해서 수천 개를 터뜨렸습니다.

우리는 이 실험들을 통해서 핵무기에 대해서 많은 것을 알게 되었습니다. 우리가 배운 것 중 하나는 '핵폭탄을 터뜨리면 대기가 방사성 먼지로 가득 찬다'는 사실이었습니다. 우리는 핵폭탄을 훨씬 더 강력하게 만들 수 있다는 것도 알게 되었죠. 사실 핵폭탄을 얼마나 강력하게 만들 수 있는지에 대한 제한은 없습니다. 약간은 놀라운 사실이죠. 미국과 소련은 세상을 끝낼 수 있을 정도의 무기들을 빠르게 개발했습니다. 먼 곳에 있는 사람들이 단추만 누르면 언제라도 불의 종말을 일으킬 수 있다는 사실은 1950년대와 1960년대의 아이들에게 강한 인상을 남겼습니다.

그것이 남긴 영향은 심리적일 뿐만 아니라 육체적이기도 했습니다.

대부분의 공중 핵폭발은 1950년대 중반에서 후반에 일어났고, 아주 큰 몇 번의 폭발은 1961년과 1962년에 있었습니다. 방사능오염에 대한 걱정이 커지면서 미국과 소련은 땅 위에서의 모든 실험을 중단하고 지하 실험으로만 제한하기로 합의했습니다. 미국과 소련은 1963년에 제한적 핵실험 금지 조약에 서명했습니다. 이것으로 대규모 공중 핵실험의 시대는 끝났습니다. 이후 몇십 년 동안 공중 핵실험은 프랑스와 중국이 실시한 몇 번밖에 없었습니다. 지구의 대기에서 마지막으로 있었던 핵폭발은 1980년 10월 16일 중국이 한 실험입니다.**3**

---

3 당신이 이걸 언제 읽을지 모르겠지만 그때까지 이 문장이 옳기를 바랍니다.

이 폭발들로 방출된 방사능 잔해는 대기를 통해 확산되었습니다. 이것은 다양한 방사성원소로 이루어져 있습니다. 세슘-137과 같은 어떤 원소들은 사람의 몸에 축적되어 암을 일으킵니다. 탄소-14와 같은 원소는 사람의 몸에는 무해하지만 탄소 연대 측정에 혼란을 일으켜 고고학자들을 괴롭힙니다.

탄소-14는 우주선cosmic rays이 대기와 상호작용 하여 자연적으로 생성되고, 약 5,700년의 반감기로 붕괴하여 질소-14가 됩니다. 특정한 시기에 대기에 존재한 탄소 가운데 아주 작은 비율을 차지하는 탄소-14가 있습니다. 나머지는 탄소-12와 탄소-13이죠. 탄소-14는 수명이 정해져 있을 뿐만 아니라 탄소의 안정적인 사촌처럼 행동하여 문제를 일으키지 않으면서 생명체[4]에 흡수됩니다. 생명체가 죽으면 대기와 탄소를 교환하는 과정이 중단되기 때문에 생명체에 있는 탄소-14가 붕괴되기 시작합니다. 고고학 표본에 탄소-14가 얼마나 남아 있는지 측정하면 신선한 탄소-14의 공급이 얼마나 오래전에 중단되었는지를 알게 됩니다. 다시 말해서, 언제 죽었는지 알 수 있다는 거죠.

이 기술(탄소 연대 측정)은 그 생명체가 살았을 때 대기 중에 탄소-14가 원래 얼마나 포함되어 있었는지 알 때만 사용 가능합니다. 탄소-14는 우주선으로 만들어지기 때문에 시간이 지나도 양이 비교적 일정했던 것으로 보입니다. 우리가 관여하기 전까지는요. 핵실험은 대기 중에 엄청난 양의 탄소-14를 쏟아부었어요.

---

4 여기서의 '생명체'는 '탄소 기반' 생명체입니다!

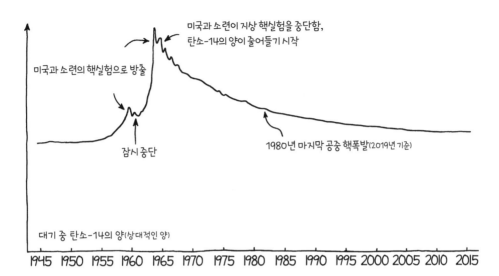

미국과 소련이 지상 핵실험을 중단함,
탄소-14의 양이 줄어들기 시작

미국과 소련의 핵실험으로 방출

잠시 중단

1980년 마지막 공중 핵폭발(2019년 기준)

대기 중 탄소-14의 양(상대적인 양)

1945 1950 1955 1960 1965 1970 1975 1980 1985 1990 1995 2000 2005 2010 2015

생물체 표본의 탄소 연대 측정을 시도할 미래의 고고학자들은 20세기의 급격한 탄소-14의 증가를 고려해야 할 것입니다. 그렇지 않으면 그들이 발굴한 모든 것의 연대 측정이 엉터리가 될 것입니다.

이것은 '이웃의 새로운 아이들'이라는 의미의 이름을 가진 음악가들의 뼈야.
이들은 1990년대에 활동했는데, 탄소 연대 측정에 의하면
거의 8세기 동안 살아 있었어.

핵실험으로 방출되는 또 다른 오염 물질은 스트론튬-90입니다. 스트론튬은 칼슘과 비슷하기 때문에 우리 몸은 스트론튬을 치아와 뼈로 흡수합니다. 1960년대에 아이였던 사람들은 많은 양의 스트론튬을 흡수했습니다. 1950년대와 1960년

대에 걸쳐 아기들의 치아를 수집해 스트론튬-90의 양을 조사한 연구자들은[5] 오염 상태를 확인했고 공중 핵실험을 중단하도록 만드는 데 도움을 주었습니다.

대기 중 스트론튬-90의 양은 1960년대 초 이후 감소했습니다. 시간이 지나면서 베이비붐 세대의 뼈에 포함된 스트론튬의 양은 줄어들었습니다. 뼈가 새로워지는 자연스러운 과정으로 스트론튬이 제거되었기 때문이죠. 1990년대에는 베이비붐 세대와 아이들의 뼈 속 스트론튬 함량이 비슷해졌습니다.

이와 달리 치아는 뼈보다 더 단단하고 안정적이기 때문에 자연적으로 새로워지는 과정이 뼈와 같은 비율로 이루어지지 않습니다. 1960년대 초에 영구치가 형성된 사람들은 약간 높은 스트론튬-90 함량을 지금까지 가지고 있을 가능성이 높아요.

핵실험이 대기를 방사성 잔해로 채웠던 것과 같은 방식으로 납이 섞인 휘발유의 연소는 대기를 납으로 오염시켰습니다. 이것은 20세기 중반 납중독 질병을 일으켰고, 1972년이 최대였습니다. 1970년대 후반 아이들의 혈액 중 납 함량의 중간 값은 1데시리터당 15마이크로그램이었는데, 1970년대 초반에는 훨씬 더 높았을 것입니다. 많은 지역의 아이들은 납 함량이 1데시리터당 20마이크로그램이 넘었는데, 이 정도는 현재 뇌 발달에 심각한 문제를 일으킬 수준으로 알려져 있습니다. 연구에 따르면 치아 에나멜에 있는 납은 주변 환경에 의해 변하지 않기 때문에 베이비붐 세대와 X세대는 영구치에 납의 함량도 조금 더 많을 것입니다. 이 미량의 스트론튬과 납은 지금은 건강에 영향을 주기에는 너무 적지만, 어쨌든 우리는 이것을 기념품처럼 가지고 있어요.

20세기 중반에 나온 대부분의 오염 물질은 환경에서 사라지고 있습니다. 아이

---

5 나는 이들이 정말 연구자였기를 희망합니다.

오딘(요오드)-131과 같은 원소는 처음 몇 달 동안은 많은 양의 방사선을 방출하지만 빠르게 붕괴합니다. 더 수명이 긴 탄소-14는 자연의 탄소순환으로 제거되고 있고, 거의 '자연' 수준으로 회복되었어요.**6** 스트론튬-90의 반감기는 또 다른 중요한 오염 물질인 세슘-137과 비슷한 30년 정도입니다. 이 책이 출판될 때쯤에는 1960년대 핵실험에서 나온 스트론튬-90과 세슘-137의 4분의 1 정도가 남아 있어요.

그런데 방사성원소들이 환경에서 빠져나와 더 안정적인 형태로 서서히 붕괴하더라도 그 흔적은 우리에게 남아 있습니다. 얼마나 많은 사람들이 핵실험 때문에 생긴 암으로 죽었는지는 아무도 모릅니다. 최소로 잡았을 때 수만 명이고, 최대로 잡으면 수백만 명이 됩니다. 이런 무기 실험으로 인한 조용하고, 숨은 죽음이 히로시마와 나가사키에서의 폭발로 인한 죽음보다 훨씬 많을 것입니다. 제2차 세계대전 직후의 짧은 시간 동안 우리가 했던 선택의 유산은 오랫동안 우리와 함께할 것입니다.

그러니까 당신이 1990년대의 아이인지 1950년대의 아이인지 알고 싶다면 치아를 확인해보세요.

---

6 화석연료 연소는 대기 중에 탄소-12와 탄소-13을 방출하여 탄소-14를 감소시키지만, 이 효과는 핵실험에 의한 엄청난 증가에 비하면 아무것도 아니에요.

24.
데이터를 기반으로
선거 투표자들에게 표를 얻는 법

이건 선거지 인기투표가 아닙니다.

선거가 문자 그대로 인기투표죠.

선거에서 이기려면 당신은 수많은 사람들이 투표용지에서 당신의 이름을 선택하도록 확신을 심어주어야 합니다. 여기에는 일반적으로 두 가지 방법이 있습니다.

- 투표자에게 당신을 지지하도록 확신시키기
- 투표용지에 실수로 당신의 이름을 선택하도록 속임수 쓰기

첫 번째 방법을 사용하려면 보통 매력, 카리스마, 경쟁력, 설득력 있는 메시지 그리고 미래에 대한 여러 비전 중 하나를 명확하게 선택하는 것 등이 결합되어야 합니다. 해야 할 일이 너무 많아요. 그러니까 일단 두 번째 방법부터 고려해보죠.

투표자들이 실수로 당신을 선택하도록 속임수 쓰기

이 선거 전략은 대체로 복합적인 결과를 가져옴에도 늘 인기가 있습니다.

2016년, 캐나다 온타리오주 손힐Thornhill의 한 사람은 137달러를 들여 합법적으로 자신의 이름을 "Above Znoneofthe"로 바꾸고 지방선거에 출마했습니다. 그가 의도한 것은 투표용지에 'ZNONEOFTHE ABOVE'로 표시되는 것이었고, 'Z'는 알파벳 순서로 표시되는 이름 목록에서 맨 아래로 가기 위해서 넣은 것이었어요. 사람들이 자신의 이름을 'None of the above(위에 있는 누구도 아님)'이라고 읽고 선택하기를 원했던 것이었죠. 그에게는 불행히도, 투표용지의 이름은 성의 순서로 나열되긴 했지만, 표기는 '이름, 성'의 순서로 적혔습니다. 그러니까 그의 이름은 투표용지에 (맨 아래 표시되긴 했지만-옮긴이) 'Above Znoneofthe'로 표시된 것이죠. Znoneofthe 씨는 당선되지 못했습니다.

당신이 작은 지방선거에 출마한다면 투표자의 상당수가 당신이 누군지 모를 가능성이 있습니다. 투표자들을 잔뜩 끌어들이는 큰 선거가 있는 해에 출마한다면 특히 그렇죠.[1] 이런 경우에는 많은 투표자들이 이름 말고는 당신을 판단할 것이 아무것도 없을 수도 있어요.

---

[1] 격렬한 대통령 선거를 위해 투표장에 온 사람들은 좀 더 지역적인 성향이 강한 중간선거보다는 투표용지에 적힌 나머지 이름들에는 별로 익숙하지 않을 수도 있어요.

때로 이것은 혼란을 일으키기도 하고 기회를 만들기도 합니다. 2018년, 캔자스주 의원 론 에스테스Ron Estes가 선거에 출마했는데, 공화당 예비선거에서 상대는 정치 신인이었고 그의 이름도 론 에스테스였어요.

두 번째 론 에스테스는 투표용지에 'Ron M. Estes'로 표시되었습니다. 현직이었던 론은 선거운동에서 자신의 이름을 'Rep. Ron Estes(공화당의 론 에스테스)'로 표시하고, 투표자들에게 'M'은 '잘못된Misleading'이라는 의미라고 홍보했습니다. 다른 론은 투표자들에게 'M'은 "Merica('America'의 축약형-옮긴이)'라는 의미라고 대응했습니다.

결과적으로 이름 전략은 먹히지 않았습니다. 사전 선거에서 두 번째 론은 첫 번째 론에게 철저하게 패배했습니다.

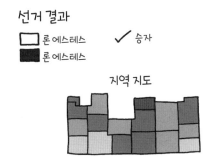

그런데 이름 작전이 종종 성공적이기도 합니다. 밥 케이시Bob Casey의 경우를 보세요.

1960년대부터 21세기에 들어서까지 펜실베이니아주는 주 선거 혹은 연방 선거에서 5명의 서로 다른 밥 케이시를 당선시켰습니다. 그런데 투표자들이 항상 자신이 의도한 밥 케이시에게 투표했는지는 확실하지 않아요.

펜실베이니아 밥 케이시들을 간단하게 요약하면 다음과 같습니다.

- 밥 케이시 ★1 : 스크랜턴Scranton 출신의 변호사
- 밥 케이시 ★2 : 캄브리아 카운티의 서기
- 밥 케이시 ★3 : 광고 컨설턴트
- 밥 케이시 ★4 : 학교 선생님이자 아이스크림 판매원
- 밥 케이시 ★5 : 밥 케이시 ★1의 아들

밥 케이시 ★1
(변호사)

밥 케이시 ★2
(카운티 공무원)

밥 케이시 ★3
(광고 컨설턴트)

밥 케이시 ★4
(아이스크림 판매원)

밥 케이시 ★5
(밥 케이시 ★1의 아들)

1960년대부터 시작해서, 밥 케이시 ★1은 몇 개의 주 공무원으로 선출되어 곧 주 정치의 떠오르는 스타가 되었습니다. 1976년, 주의 회계 담당자 선거가 열렸습니다. 당시 회계 감사관이었던 밥 케이시 ★1은 1978년 주지사 선거를 바라보고 있었기 때문에 출마하지 않기로 했습니다. 그런데 밥 케이시 ★2(캄브리아 카운티 공무원)는 출마하기로 했죠.

같은 해에 밥 케이시 ★3이 펜실베이니아 18번째 구역 의회에 출사표를 던졌습니다. 그의 상대편은 밥 케이시 ★3이 밥 케이시 ★1의 인기를 이용하려 한 것이라고 불만을 표시했어요. 밥 케이시 ★3은 밥 케이시 ★2가 진짜 케이시들인 자신과 밥 케이시 ★1의 인기를 이용하고 있다고 반박했습니다. 밥 케이시 ★3은 공화당 경선에서는 이겼지만 본 선거에서는 민주당 후보에게 패했습니다.

더 위험한 과학책

밥 케이시 ★2도 선거운동을 거의 하지 않았는데도 캐서린 놀Catherine Knoll(당에서 지원한 후보)과 다른 후보들을 제치고 사전 선거에서 승리했습니다. 놀은 선거운동에 1만 3,448달러를 썼고, 케이시는 865달러를 썼습니다.

케이시는 본 선거에서도 승리를 거두고 회계 담당자로 4년 동안 일을 했습니다. 공화당은 사람들에게 그 '밥 케이시'가 당신들이 생각하는 그 사람이 아니라는 것을 선전하기 시작했고, 1980년 선거에서 당에서 지원한 사람(버드 드와이어Budd Dwyer)이 케이시를 이겼습니다.2

1978년, 밥 케이시 ★2가 회계 담당자로 있는 동안 밥 케이시 ★1은 주지사로 출마했습니다. 그런데 불행히도 같은 해에 밥 케이시 ★4(피츠버그 출신의 학교 선생님이자 아이스크림 판매원)가 무대에 등장했습니다. 밥 케이시 ★1은 주지사에 출마했는데 밥 케이시 ★4는 같은 사전 선거에서 주 부지사로 출마했어요. 밥 케이시 ★1이 두 자리에 모두 출마한 것으로 생각했을 가능성이 있는 투표자들은3 밥 케이시 ★4를 주 부지사 후보로 선출하고 주지사 후보로는 밥 케이시 ★1의 상대인 피트 플래허티Pete Flaherty를 선출했어요. 결과적으로 플래허티-케이시 ★4는 본 선거에서 패배했습니다.

1986년, 밥 케이시 ★1은 자신을 '진짜 밥 케이시'라고 이름 붙여서 다시 주지사에 출마했고 드디어 당선되었습니다.4 그는 1994년까지 8년 동안 주지사로 일했습니다. 2년 후, 밥 케이시 ★5(그의 아들, 밥 케이시 주니어)가 회계 감사관에 출마해서 당선되었습니다. 그는 계속해서 주의 회계 담당자를 거쳐 상원 의원이

---

2 캐서린 놀은 이후 1988년에 회계 담당자로 선출되었고, 나중에는 주의 부지사가 되었습니다.
3 혹은 주 회계 담당자 밥 케이시 ★4가 주지사로 출마한 것으로 생각했을 수도 있죠.
4 그는 나중에 빌 클린턴의 성공적인 대통령 선거운동에서 역할을 한 선거 전략가 제임스 카빌James Carville의 도움으로 승리했어요.

되었고, 2018년에 다시 당선되었어요.

밥 케이시의 선거 연대표

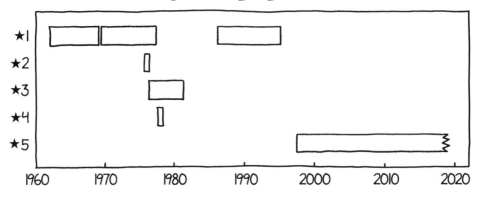

그러니까 선거에 출마하려면 이름을 밥 케이시로 바꿔보세요. 어떻게 될지 아무도 몰라요!

수많은 투표자들에게 당신을 지지하도록 확신시키기

선거에서 이기는 것은 어렵습니다. 진실은 이렇습니다. 사람들은 복잡하고, 아주 많고, 어느 누구도 자신이 하는 일을 왜 하는지 혹은 다음에는 무엇을 할 것인지 100퍼센트 확신하지 못합니다.

그런데 목표가 단순히 선거에서 이기는 것이라면, 당신은 일반적인 규칙으로 투표자들이 좋아하는 것에 동의하고 싫어하는 것에 반대해야 합니다. 그러기 위해서는 투표자들이 좋아하는 것과 싫어하는 것을 알아야 합니다.

대중이 무슨 생각을 하는지 알아내는 가장 인기 있는 도구는 여론조사입니다. 여러 사람과 이야기하면서 그들의 생각을 물어보고 결과를 종합하는 것이죠. '파

더 위험한 과학책

이브서티에이트FiveThirtyEight'라는 웹사이트에서는 실험을 해봤습니다. 전문적인 연설문 작가에게 단순히 최대한 많은 것을 들어준다는 연설문을 쓰게 한 것입니다. 한쪽 정당이나 유권자 전체에 영합하는, 대부분의 투표자들이 지지하는 연설문을 쓰려고 한 것이죠.

그런데 우리가 가장 동의하는 것은 무엇일까요? 당신의 목표가 단순히 인기 있는 것에 찬성하고 인기 없는 것에 반대하는 거라면 어떤 선거운동을 해야 할까요? 전국에서 가장 논쟁이 적은 주제는 무엇일까요?

이것을 알아내기 위해서 나는 코넬대학의 로퍼 여론조사 센터Roper Center for Public Opinion Research의 데이터 활용 및 커뮤니케이션 책임자인 캐슬린 웰든Kathleen Weldon에게 연락하여 그들의 여론조사에 대한 조사를 의뢰했습니다. 로퍼 센터는 여론조사 자료에 대한 엄청난 데이터베이스를 가지고 있습니다. 거의 한 세기의 여론조사에서 사용된 70만 개가 넘는 질문이 있는데, 미국에서 여론조사를 수행한 거의 모든 기관에서 수집된 것입니다.

나는 그들의 여론조사 데이터베이스에서 가장 일방적인 답이 나온 질문들을 찾고 있다고 말했습니다. 거의 모든 사람이 같은 대답을 한 질문 말이에요. 아마도 그것이 전국에서 가장 분열이 적은 주제일 테니까요.

로퍼 센터의 연구원은 70만 개의 질문이 있는 데이터베이스에서 적어도 95퍼센트의 응답자가 같은 대답을 한 질문의 목록을 정리했습니다.

여론조사에서 어떤 문제에 그렇게 많은 응답자가 모두 동의하는 것은 아주 드문 일입니다. 일부 응답자들은 가끔씩 말도 안 되는 답을 선택하기도 합니다. 그 조사를 심각하게 생각하지 않았거나 질문을 잘못 이해했기 때문이죠. 하지만 일방적인 답이 나오는 질문 역시 아주 드물어요. 뭔가를 증명하려는 것이 아니라면 논쟁이 없는 주제에 대한 여론조사를 굳이 할 사람은 없기 때문이죠. 로퍼 센터

데이터베이스에 있는 모든 것은 어떤 사람이나 기관이 굳이 조사를 의뢰한 것이기 때문에, 실제로는 모르겠지만 적어도 잠재적으로는 논쟁적이라고 볼 수 있을 겁니다.

다음은 여론조사 역사에서 가장 일방적인 대답이 나온 주제들을 모아놓은 것입니다. 공직에 출마하고 싶다면 이것은 당신이 안전하게 지지할 수 있는 관점입니다. 사람들이 당신을 따르게 할 수 있는, 적어도 한 번은 과학적인 조사로 확보된 지식이죠.

인기 있는 견해들

실제 데이터에 근거한 것(전체 질문은 참고 자료에 있음).

95% 극장에서 휴대전화 사용을 반대합니다. (Pew Research Center's American Trends Panel poll, 2014)

97% 운전하면서 문자 보내는 것을 금지하는 법이 있어야 한다고 생각합니다. (*The New York Times* / CBS News Poll, 2009)

96% 소기업에 대해서 좋은 인상을 가지고 있습니다. (Gallup Poll, 2016)

95% 고용인이 피고용인의 허락 없이 DNA 정보에 접근할 수 있어서는 안 된다고 생각합니다. (*Time* / CNN / Yankelovich Partners Poll, 1998)

95% 테러와 연관된 자금 세탁을 금지하는 법에 찬성합니다. (ABC News / Washington Post Poll, 2001)

95% 의사는 면허가 있어야 한다고 생각합니다. (Private Initiatives & Public Values, 1981)

95% 미국이 침략을 받는다면 전쟁을 하는 데 찬성합니다. (Harris Survey, 1971)

96% 필로폰 합법화에 반대합니다. (CNN / ORC International Poll, 2014)

95% 나의 친구들에 대하여 만족하고 있습니다. (Associated Press / Media General Poll, 1984)

95% '외모를 두 배로 나아지게 만들지만 똑똑함은 절반이 되게 하는 약이 있다면' 그 약을 먹지 않을 것이라고 대답했습니다. (Men's Health Work Survey, 2000)

98% 안전요원은 휴대전화로 뭔가를 읽거나 통화하기보다는 수영하는 사람들을 지켜봐야 한다고 생각합니다. (American Red Cross Water Safety Poll, 2013)

99% 고용인이 일하는 곳에서 비싼 장비를 훔치는 것은 잘못되었다고 생각합니다. (*Wall Street Journal* / NBC News Poll, 1995)

95% 숙제를 해준 사람에게 돈을 지불하는 것은 잘못되었다고 생각합니다. (*Wall Street Journal* / NBC News Poll, 1995)

98% 굶주림이 줄어들기를 원합니다. (Harris Survey, 1983)

97% 테러와 폭력이 줄어들기를 원합니다. (Harris Survey, 1983)

98% 높은 실업률이 줄어들기를 원합니다. (Harris Survey, 1982)

97% 모든 전쟁이 끝나기를 원합니다. (Harris Survey, 1981)

95% 편견이 줄어들기를 원합니다. (Harris Survey, 1977)

95% 마법의 8번 공은 미래를 예측할 수 없다고 믿습니다. (Shell Poll, 1998)

96% 올림픽은 위대한 스포츠 대회라고 생각합니다. (Atlanta Journal Constitution Poll, 1996)

당신은 이 목록을 선거운동의 기반으로 이용할 수 있습니다. 예를 들면 굶주림, 전쟁, 테러에 단호하게 반대하고, 우정과 소기업을 찬성하고, 운전하면서 문자를 보내는 것에 반대하는 거죠. 의사들은 적절한 면허가 있어야 한다는 법에 찬성하고, 다른 나라가 침략하는 것을 허용하는 법에 반대하면 됩니다.

이와 달리 선거에서 최대한 처참하게 패배하고 싶다면 이 목록은 청사진으로 훨씬 더 도움이 될 것입니다. 모든 주제에 대해서 정반대의 입장을 취한다면 당신은 정치 역사에서 가장 인기 없는 선거운동을 하게 될 거예요. 당신은 패할 가능성이 크겠지만 적어도 5명의 서로 다른 밥 케이시가 출마하는 세상에서, 누가 알겠어요!

더 위험한 과학책

저에게 투표하시면 높은 실업률, 전쟁, 작업장 도둑 그리고 운전 중 문자 보내기를 찬성하는 데 투표하시는 것입니다. 저는 전국 모든 극장에서 모든 시민들의 목소리가 들릴 수 있어야 한다고 믿습니다. 제가 당선된다면 올림픽을 영원히 끝낼 것을 약속드립니다.

저의 행정부는 소기업에 대한 세금을 올리고 그 돈으로 전국의 모든 안전요원의 의자에 비디오게임을 설치할 것입니다. 우리는 필로폰을 만들어서 팔 것이며, 그 수익으로 면허 없이 약을 처방하는 사람들에게 세금 혜택을 줄 것입니다. 우리는 자금 세탁에 관여할 것인데, 이것은 단지 테러를 지지하기 위해서입니다. 저의 행정부에서 하는 모든 결정은 마법의 8번 공으로 이루어질 것입니다. 만일 우리 나라가 침략을 받는다면 저는 지체 없이 항복할 것입니다.

굶주림을 사랑한다면 저에게 투표하십시오. 친구들을 싫어한다면 저에게 투표하십시오. 저에게 투표하신다면 이렇게 약속드립니다. 여러분 모두는 두 배 더 매력적이 되고 두 배 더 바보가 될 것입니다.

25.
세상에서 가장 큰 크리스마스트리 장식하기

미국 가정의 약 4분의 3은 크리스마스트리를 장식합니다.

2014년 조사로 보면 그중 3분의 2는 인조 나무를 사용했고 3분의 1은 진짜 나무를 사용했어요. 진짜 나무를 사용한 사람들의 대부분은 크리스마스트리 농장에서 구했지만, 고전적인 방법은(20세기의 크리스마스 영화에 나온 대로라면) 그냥 숲으로 가서 적당한 나무를 찾아 베어 오는 것이죠.

당신이 어디에 사는지에 따라 가까운 곳에서 숲을 발견하지 못할 수도 있어요. 숲은 전 세계에 약간은 불규칙하게 분포해요. 대부분의 숲은 적도를 따라, 그리고 극지방에 집중되어 있어요. 적도와 극지방의 숲들은 북위와 남위 30도 근처에 위치한 사막의 띠로 나뉘어요.1 당신이 북위 30도나 남위 30도 근처에 살고 주위에서 숲을 볼 수 없다면 극이나 적도 쪽으로 수천 킬로미터쯤 걸어가보세요.

일단 숲을 발견했다면(그리고 다행히 땅 주인의 허가도 얻었다면) 다음 과제는 크리스마스트리를 선택하는 것입니다.

---

1 여기에는 약간의 예외가 있어요. 멕시코만의 미국 쪽 해변은 사막이 있는 위도에 위치하지만 울창한 숲이 있어요. 멕시코만에서 오는 따뜻한 습기 덕분이죠. 이 따뜻한 습기는 그 지역에 토네이도가 그렇게 많이 나타나는 이유이기도 합니다.

하지만 어떤 나무를 벨지에 대해서는 조심해야 해요.

1964년, 노스캐롤라이나대학의 대학원생 도널드 커리Donald Currey는 네바다 빙하의 역사에 대해서 연구하고 있었습니다. 10년 전, 또 다른 과학자 에드먼드 슐먼Edmund Schulman은 아주 오래된 나무들이 근처에 있다는 것을 발견했어요. 슐먼이 연구하던 브리슬콘 소나무 몇 그루의 나이가 3,000~5,000년으로 밝혀졌어요. 다른 어떤 나무들보다 오래된 것이었지요.

슐먼의 오래된 나무들은 캘리포니아 화이트 마운틴에 있었어요. 네바다에서도 브리슬콘 소나무를 발견한 커리는 이 나무들도 나이가 비슷하지 않을까 생각했습니다. 그는 그 나무들의 나이가 자신이 연구하던 빙하의 역사에 대해 뭔가를 알려주지 않을까 생각하고 나무 표본을 수집하기 시작했어요. 만일 그 지역이 추워져서 빙하가 늘어났다면 나무들이 산 아래로 밀려 내려갔을 것이고, 그러면 숲의 위쪽 끝에 있는 소나무들은 상대적으로 나이가 적을 것입니다. 그는 소나무들의 나이를 결정하기 위해서 표본을 수집했던 것이죠.

그 이후 어떤 일이 일어났는지에 대해서는 여러 이야기가 있어요. 문학 교수이자 등산가인 마이클 P. 코언Michael P. Cohen은 1998년 그레이트 베이슨Great Basin(미국 네바다, 유타, 캘리포니아, 아이다호, 와이오밍, 오리건주에 걸쳐 있는 삼각형의 광대한 분지–옮긴이)에 대한 책에서 여기에 관여했던 사람들에 대한 5가지 버전의 이야기를 정리했습니다. 모두 조금씩 다른 이야기였죠.

모든 이야기에서 핵심적인 사실은 일치했어요. 커리는 특히 나이가 많아 보이는 나무를 하나 골라서(그는 몰랐지만 그 지역의 자연주의자들은 '프로메테우스'라고 부르던 나무였어요) 산림청의 허가를 얻어 정확한 나이를 측정하기 위해 나무를 베었습니다. 나무줄기의 나이테를 세본 결과 커리는 이 브리슬콘 소나무의 나이가 최소 4,844년이라고 결론 내렸어요. 세계에서 가장 오래된 나무로 기록된 거예요.

커리의 발견이 알려지자 대중의 거센 항의가 이어졌습니다. 그 프로젝트에 관여했던 사람들은 이후 수십 년 동안 자신들이 왜 지구에서 가장 오래된 나무를 살해했는지 설명하면서 보내야 했죠.

역사의 교훈은 명확합니다. 나무를 베기 전에는 그 나무가 세계에서 가장 오래된 나무가 아닌지 확인하라. 그렇지 않으면 사람들이 가만있지 않을 것이다.

더 위험한 과학책

프로메테우스가 베어진 뒤 가장 오래된 나무는 '므두셀라'라는 이름의 또 다른 브리슬콘 소나무였어요. 2019년 조사에 따르면 므두셀라의 나이는 최소 4,851년으로 프로메테우스의 기록을 넘어섰어요.

이런 나이들은 코어 샘플을 조사해서 얻은 것이기 때문에 실제 나이의 하한선만 알려줍니다. 나무의 가장 젊은 부분은 코어 샘플에 나타나지 않을 수도 있기 때문이죠. 애리조나대학의 연구진은 프로메테우스 나무줄기의 일부를 얻어서 조사한 결과 그 나무가 베어질 때 나이가 정확하게 5,000년 근처라는 결론을 내렸습니다. 그러니까 이 나무는 기원전 3037년 근처에 태어난? …깨어난? …싹이 튼? …발생한? 것이라는 말이죠. 므두셀라는 몇십 년 뒤에 등장했어요. 이 브리슬콘 소나무가 처음으로 싹이 텄을 때, 인간은 지구 반대편의 수메르에서 최초의 문자를 만들고 있었습니다.[2]

이 나무들 중 하나가 증인 보호 프로그램을 받고 있어. 그런데 어떤 건지 알 수가 없어.

---

2 최근에 나이테 학자 톰 할란Tom Harlan이 조사한 또 다른 나무는 므두셀라나 프로메테우스보다 약간 더 나이가 많아 보였어요. 하지만 그 기록은 반박되었어요. 로키산맥 나이테 연구 기관은 그 나이를 확인할 코어를 구할 수 없었어요.

숲 공동체는 당연히 또 다른 프로메테우스 사고를 피하고 싶어 했죠. 므두셀라는 무장 경비가 24시간 지키고 있는 것은 아니지만, 정확하게 어디에 있는 어떤 나무인지는 비밀입니다. 기념품 사냥꾼이나(혹시나 있을지 모를) 모방 범죄로부터 보호하기 위해서죠.

이 브리슬콘 소나무들은 확실히 특별하긴 하지만 사실 크리스마스트리로는 최악이에요. 아마 당신은 그렇게 오래 사는 나무들은 최상의 건강 상태에, 최고의 환경에서 자랄 것이라고 예상하겠죠. 하지만 놀랍게도 정반대랍니다. 가장 오래된 나무들은 최고의 조건이 아니라 최악의 조건에서 자라요. 브리슬콘 소나무는 더위나 추위, 소금기, 바람과 같은 가혹한 환경에 놓이면 성장과 대사를 늦추어 수명을 늘립니다. 보기에도 별로 멋있지 않아요. 가장 오래된 나무는 마치 죽은 것처럼 보여요. 한쪽의 얇은 나무껍질만 위로 이어져서 겨우 몇 개의 가지만 살아 있게 할 뿐이에요. 이 고대의 나무들은 죽지 않는 것이 아니라 천천히 죽는 법을 알아낸 것뿐인 겁니다.

세계에서 가장 오래된 나무가 크리스마스트리를 만들기에 적합하지 않다면 세계에서 가장 큰 나무는 어떨까요?

미국의 도시들은 간혹 세계에서 가장 큰 크리스마스트리를 가지고 있다고 주장하곤 합니다. 기네스 세계 기록에 따르면 그 타이틀은 1950년에 시애틀의 쇼핑몰에 세워진 67미터 미송Douglas fir이 가지고 있어요. 많은 사소한 기록이 그렇듯이 이것도 역시 조금만 깊이 파본다면 격렬한 논쟁을 찾아낼 수 있어요. 2013년, 〈로스앤젤레스 타임스〉는 큰 크리스마스트리에 대한 이야기를 실었는데, 나무 농장 주인 존 이건John Egan은 시애틀의 그 기록이 가짜라고 주장했어요. 이건은 시애틀의 기록 보유자는 진짜 나무가 아니라 몇 개의 나무를 이어 붙여 만든 것이라고 주장했죠. 이건은 진짜 기록 보유자는 2007년에 자신의 회사에 세워진 41미터 나무라고 주장했습니다.

진짜 기록 보유자가 누구든지 간에, 이건은 이 기록이 상당히 깨지기 쉽다고 지적했어요. 누군가 그저 더 큰 나무를 베기만 하면 되는 거죠. 그리고 두 나무보다 더 큰 나무는 얼마든지 있어요.

노스게이트 몰과 이건의 나무 농장 사이의 격한
경쟁을 가라앉힐 방법은 하나뿐이야.

공동의 적을 상대로 단결하는 거지.

세계에서 가장 크다고 알려진 나무는 '하이페리온'이라는 이름을 가진 코스트 레드우드예요. 2006년에 발견된 이 나무는 116미터밖에 되지 않죠.3 증인 보호 프로그램을 받은 기록을 가진 나무는 브리슬콘 소나무만이 아닙니다. 하이페리온의 정확한 위치도 훼손을 막기 위해서 비밀이에요. 그렇게 큰 것을 숨길 수 있다고 생각하는 거죠.

---

3 이런 나무의 높이는 어떻게 측정할까요? GPS나 레이저나 뭐 그런 걸 쓸 거라고 생각하시죠? 아닙니다. 연구원들이 나무를 타고 올라가서 땅바닥까지 테이프를 늘어뜨려 측정해요.

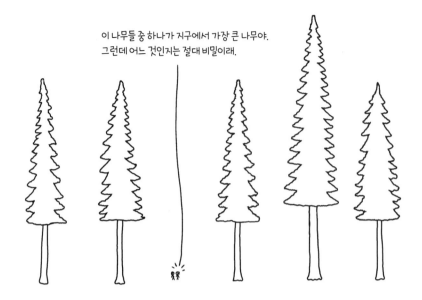

이 나무들 중 하나가 지구에서 가장 큰 나무야.
그런데 어느 것인지는 절대 비밀이래.

그런데 비슷한 크기의 나무가 몇 그루 더 있어요. 2006년 하이페리온의 높이가 알려지기 전까지 기록 보유자는 북캘리포니아의 또 다른 코스트 레드우드인 113미터 '스트라토스피어 자이언트'였어요.

하이페리온 근처에는 높이가 비슷한 나무들이 몇 그루 있어요. 110미터가 넘고 모두 크리스마스트리로 사용될 수 있죠. 사실 세계에서 두 번째로 큰 나무를 베었다고 해서 당신에게 심하게 뭐라고 할 사람이 있겠어요?

세계에서 **두 번째**로 큰 다이아몬드는
훔치기가 정말 쉬웠어.

더 위험한 과학책

나무 설치

당신의 나무를 어디에 설치할까요? 아마도 당신 집에는 어려울 거예요. 사실 적당한 건물은 극히 드물 겁니다.

미국 워싱턴 국회의사당의 로툰다(55미터)나 가장 높은 경기장 돔(약 80미터)은 코스트 레드우드 크리스마스트리가 들어가기에는 너무 낮아요. 높이가 40~50미터가 되는 가장 큰 성당의 긴 홀도 부족해요. 하이페리온 크기의 나무는 바티칸 성 베드로 대성당의 돔 안에 겨우 들어갈 수 있어요. 그런데 나무 꼭대기가 돔 꼭대기의 등불을 찌르도록 내버려둬야만 가능해요.

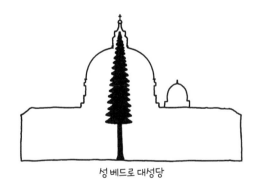

성 베드로 대성당

독일 베를린 동남쪽의 할베Halbe에는 비행기 격납고를 열대지방 테마 공원으로 바꾼 곳이 있어요. 여기에는 수백 미터의 모래 해변, 열대우림, 워터 파크 등이 조성되어 있어요. 아쉽게도 이 공원의 천장은 가장 큰 나무를 설치하기에 고작 몇 미터 낮아요. 하지만 땅을 좀 파면 나무를 둘 수 있어요.

적도 섬 리조트 (에리엄 비행기 격납고)

코스트 레드우드 크리스마스트리를 세울 정도로 큰 공간을 가진 건물은 몇 개가 있어요. 코트디부아르의 수도 야무수크로Yamoussoukro에 있는 평화의 모후 대성당Basilica of our lady of peace도 그중 하나죠. 두바이의 부르즈 알아랍Burj Al Arab(180미터)과 베이징의 리자 소호Leeza SOHO(190미터) 같은 초고층 건물의 아트리움도 가능해요.

건물주들이 당신의 크리스마스트리를 설치하고 싶어 하더라도 나무를 안으로 가지고 들어가는 것은 쉽지가 않아요. 이런 건물들의 아트리움에는 그만큼 큰 문이 없거든요.

좋아, 이제 회전문만 통과하면 돼.
준비됐어?

더 위험한 과학책

거대한 크리스마스트리를 설치하는 데 가장 이상적인 곳은 아마도 미국 남동쪽 플로리다 동쪽 해변일 것입니다.

NASA는 아폴로 로켓과 우주왕복선 발사를 준비하는 장소로 케이프커내버럴에 발사체 조립 빌딩VAB, Vehicle Assembly Building을 건설했습니다. 이것은 부피로는 세계에서 가장 큰 건물이고, 천장은 당신의 크리스마스트리를 설치하기에 충분할 정도로 높아요. 그리고 중요한 것은 나무를 안으로 가지고 들어갈 방법이 있다는 겁니다. 그 건물에는 세계에서 가장 높은 문이 있거든요.

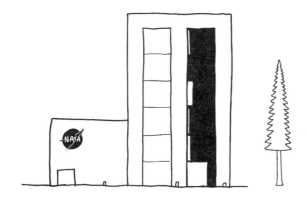

나무를 가져가기 가장 쉬운 방법은 배를 이용하는 것입니다. 다행히 파나마운 하는 110미터 레드우드 나무를 옆으로 눕혀서 그대로 옮길 수 있는 배가 통과하기에 충분할 정도로 큽니다.

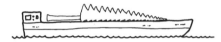

VAB는 간단한 이유로 우리 나무에 완벽한 곳이에요. 이것은 아폴로 우주비행사들을 달로 보낸 거대한 새턴 V 로켓을 넣기 위해 설계되었는데요, 그 로켓은 세계에서 가장 큰 나무와 거의 정확하게 같은 크기거든요.

연료를 가득 채운 새턴 V 로켓은 하이페리온 크기의 나무보다 훨씬 더 무거워요. 이 로켓의 엔진은 로켓을 밀어 올릴 수 있으니까, 나무에 붙이면 당연히 나무도 밀어 올릴 수 있겠죠.

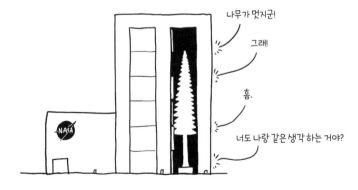

더 위험한 과학책

양쪽에 한 쌍의 부스터 로켓을 붙이면 나무를 밀어 올리고도 남을 추력을 만들어낼 수 있어요.

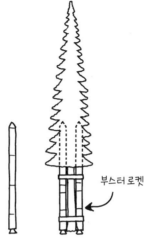

부스터 로켓

나무는 추가로 지지를 해줘야 해요. 우선, 나무는 극단적인 수직 방향의 가속을 받을 거예요. 세계에서 가장 큰 나무인 레드우드는 최선의 환경에서는 중력에 대항하여 스스로를 세울 수 있어요. 그런데 로켓으로 발사하면 나무는 추가적인 중력가속도를 받게 됩니다. 지구 중력의 두 배, 세 배로 가해지는 힘은 나무를 찌그러뜨릴 거예요.

나무를 미는 대신 당기면 일을 쉽게 만들 수 있습니다. 많은 재료와 마찬가지로 나무도 누르는 힘보다 당기는 힘에 더 강해요. 부스터 로켓을 나무줄기 중간에 붙이면 아래쪽 절반은 로켓 뒤에 매달리기 때문에 당기는 힘을 받고 위쪽 절반만 누르는 힘을 받게 됩니다. 나무를 따라 지지대를 더하면 수축을 막고 모양을 유지하는 데 도움이 될 수 있습니다.

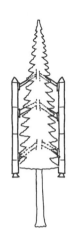

로켓은 나무를 궤도에 올릴 정도로 빠르게 만들 수는 없어요. 하지만 나무를 탄도 궤도로 발사하여 가장 큰 크리스마스트리를 가졌다고 주장하는 도시들 위로 날려 보낼 수는 있어요.

게다가 당신의 나무는 진짜 별들로 장식될 거예요.

고속도로를 건설하는 법

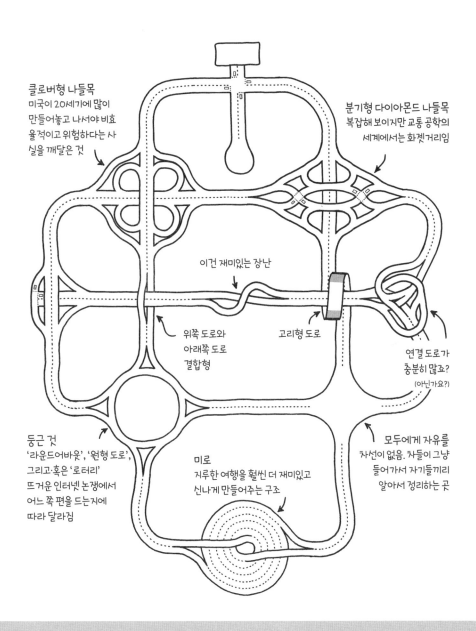

클로버형 나들목
미국이 20세기에 많이
만들어놓고 나서야 비효
율적이고 위험하다는 사
실을 깨달은 것

분기형 다이아몬드 나들목
복잡해 보이지만 교통 공학의
세계에서는 화젯거리임

이건 재미있는 장난

위쪽 도로와
아래쪽 도로
결합형

고리형 도로

연결 도로가
충분히 많죠?
(아닌가요?)

둥근 것
'라운드어바웃', '원형 도로',
그리고·혹은 '로터리'
뜨거운 인터넷 논쟁에서
어느 쪽 편을 드는지에
따라 달라짐

미로
지루한 여행을 훨씬 더 재미있고
신나게 만들어주는 구조

모두에게 자유를
차선이 없음. 차들이 그냥
들어가서 자기들끼리
알아서 정리하는 곳

26.
광속으로 우주의 끝에
다다르고 싶다면?

세상을 돌아다니는 것은 엄청나게 복잡할 수 있어요.

이 내비게이션에 따르면 내가 앞으로 가기 위해서는 잘 계획된 아주
특별한 연속적인 움직임에 따라 내 몸을 움직여야 해.

당신이 어디에서 어디로 가려고 하느냐에 따라 목적지까지 비교적 직선 경로
로 빠르게 갈 수도 있고, 엄청나게 돌아가는 경로를 따라 천천히 갈 수도 있습니
다. 여행은 걸어서 문을 통과하는 기본적인 것에서부터 공항 검색대를 통과하고
출퇴근 교통 혼잡 시간에 차를 운전하거나 궤도 변환을 위해 로켓엔진을 조종하
는 것까지 엄청나게 다양한 문제를 해결하는 것입니다.

하지만 어떤 경우든 어떤 목적지로 여행하는 것은 결국은 당신을 그 방향으로
가속하는 과정을 포함합니다. 이 가속이 당신이 가려고 하는 곳까지 얼마나 빨리
갈 수 있는지 근본적인 한계를 설정합니다.

당신이 A 지점(예를 들어 당신 집 앞마당)에서 B 지점(예를 들어 병원 예약)까지

완벽하게 이상적인 환경에서 이동하는 경우를 생각해봅시다. 장애물도, 문도, 정지 신호도 없고 당신에겐 무제한의 연료를 가진 마법 스쿠터도 있어요. 그러면 A 지점에서 B 지점까지 얼마나 빨리 갈 수 있을까요?

A 지점

B 지점

지구에 있는 모든 것은 중력에 의해 아래쪽으로 9.8m/s² 혹은 1G로 가속이 됩니다. 당신이 뭔가를 타고 앞으로 움직일 때도 중력은 여전히 아래로 당기고 있기 때문에 당신이 느끼는 전체 가속도는 두 힘이 합쳐진 것입니다. 타고 있는 것이 수평으로 미는 힘과 중력이 아래로 당기는 힘이죠.

수평으로의 가속도가 작을 때는 당신이 느끼는 전체 가속도는 약 1G입니다. 당신이 수평으로 0.1G로 가속하면 당신이 느끼는 전체 가속도는 1.005G밖에 되지 않습니다. 하지만 당신이 수평으로 1G로 가속을 하면 당신이 느끼는 전체 가속도는 1.41G가 됩니다. 당신 몸의 모든 부분이 갑자기 41퍼센트 더 무거워지는 것과 같아요.

걷기부터 엘리베이터, 자동차, 비행기까지 인간의 운송 수단은 대체로 몇 가지 이유 때문에 수평으로의 가속도가 1G보다 작습니다. 한 가지 큰 이유는, 인간은 1G의 가속도를 경험하도록 진화했기 때문에 그보다 더 큰 가속도에서 많은 시간을 보내면 불편함을 느낀다는 것입니다. 또 다른 이유는 탈것은 주로 땅을 밀어서 가속을 하는데, 수평으로 미는 힘이 아래로 당기는 중력보다 강하면 탈것의 바퀴가 헛돌 수 있기 때문입니다.[1]

액션 영화들을 보면 시끄러우면서 연기가 나면 곧 **정말로** 빨리 달리던데.

맞아. 근데 몇 분 동안 그러고 있어.

치이이이이

그러니까 당신의 마법 스쿠터는 1G 이상으로 가속할 수 없다고 가정합니다. 실제 탈것은 가끔 이보다 빠르게 가속할 수 있습니다. 하지만 대부분 로켓이나 롤러코스터와 같은 특수한 것이고, 그런 가속도는 짧은 시간 동안만 유지됩니다. 우리가 일반 대중이 이동하기 위해서 사용하는 시스템에 대해서 생각한다면, 1G 스쿠터는 가능하면서도 사람의 편안함과 안전을 어느 정도 유지할 수 있

---

1 아주 빠른 스포츠카는 약 1G로 가속을 해요. 그래서 특수한, 접지력 높은 타이어가 필요합니다.

는 한계가 되는 좋은 모형입니다. 전투기 조종사들은 사출좌석에서 갑작스러운 가속을 받아도 약간의 부상만 입으며 살아날 수 있지만, 당신은 그것을 출퇴근의 일부로 사용하고 싶지는 않을 거예요.

당신은 스쿠터에 타 시간을 확인합니다. 주치의의 병원은 500미터 거리에 있고 당신의 예약은 10초 뒤에 시작됩니다. 시간 안에 도착할 수 있을까요? 당신은 시동을 걸고 병원을 향해서 가속합니다.

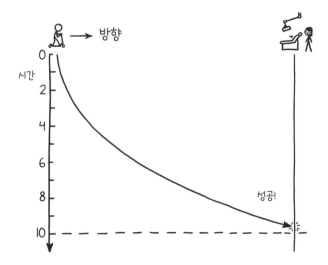

좋은 소식은 당신이 약속 시간 몇 밀리초 전에 도착할 수 있다는 것입니다. 나쁜 소식은 도착했을 때의 속도가 시속 200마일(시속 320킬로미터)이라는 거죠.

당신의 주치의가 짧은 방문을 좋아하지 않는다면 병원에 접근하면서 속도를 줄일 필요가 있겠죠. 이것은 전체 이동 시간에 영향을 줍니다. 당신이 얼마나 빨리 감속 가능한지에도 한계가 있습니다. 세우는 것은 보통 출발하는 것보다 쉬워요. 스쿠터부터 자동차, 지상에서 이동 중인 비행기까지 사실상 모든 육상 탈것의 브레이크는 가속장치보다 강력합니다. 하지만 갑자기 정지하는 것은 너무 빠르게 가속하는 것과 똑같이 탑승객에게 많은 문제를 일으켜요.

당신의 이동 전반부를 1G로 가속하는 데 사용하고 후반부를 1G로 가속하는 데 사용한다면 약속 장소에 도착하는 데 약 15초가 걸립니다. 당신이 약속 시간 10초 전에 출발한다면 시간 안에 도착할 수 없어요.

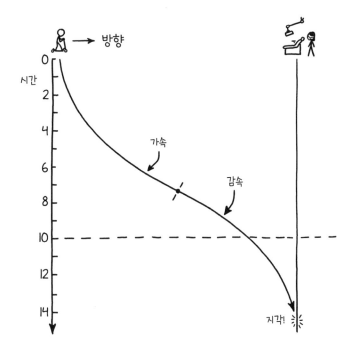

우리의 마법 스쿠터가 직면한 한계들은 움직이는 보도부터 진공 튜브를 이용한 미래의 총알 기차까지 모든 운송 수단에 적용됩니다. 운송 수단은 사람의 생물학적 조건에 따라야 하기 때문이죠. 어떤 운송 체계도 사람을 정지한 곳에서 500미터 떨어진 목적지까지 수평으로 1G보다 강하게 가속하지 않고는 10초보다 짧은 시간에 이동시킬 수 없습니다.

기본적인 이동 반경

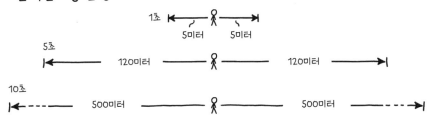

약속 장소가 더 멀다면 어떨까요? 당신의 스쿠터는 그곳에 얼마나 빠르게 도착할 수 있을까요? 1G로 계속 가속을 하면 속도는 빠르게 증가합니다. 1G의 가속도로 1분 동안 이동한다면(30초 가속, 30초 감속) 5마일(8킬로미터) 이상 이동할 수 있어요. 당신의 최고 속도는 이동의 중간 지점에서 소리의 속도에 가깝게 될 것입니다.

실제로 기차는 초음속에 가깝게 움직이지 않습니다. 하지만 본질적인 물리학적 한계 때문은 아니에요. 레일 위에 있는 장치는 전자기 추진이나 로켓을 이용해 쉽게 극히 빠른 속도로 가속될 수 있습니다. 예를 들어 뉴멕시코 홀로맨 Holloman 공군기지의 레일 위에 있는 로켓 썰매는 마하 8(음속의 8배)의 속도로 움직인 적이 있어요. 어떤 제트기보다 빠릅니다. 이 속도에 이르기 위해서는 썰매가 1G보다 훨씬 빨리 가속되어야 하고 트랙의 길이도 거의 10마일(16킬로미터)이 되어야 합니다.

음속에 가까운 속도에서는 공기저항이 피할 수 없는 문제가 됩니다. 공기를 밀어내는 데 그렇게 많은 에너지를 낭비하면서 효율적인 탈것이 되기는 어려워요. 그래서 가장 빠른 탈것은 공기가 옅은 높은 고도나 진공 튜브에서 움직이는 것입니다. 무제한으로 가속할 수 있는 당신의 마법 스쿠터는 이런 문제에 부딪히지는 않겠지만 좋은 보호용 바람막이는 갖추고 있기를 바랍니다(주위에 있는 사람들에게 음속 폭음에 대해서도 사과해야 할 거예요).

더 위험한 과학책

1G 스쿠터는 5분 이내에 당신을 137마일(220킬로미터) 이동시켜주고 속도는 마하 4를 넘길 것입니다. 10분이면 당신은 500마일(805킬로미터)을 이동하고 속도는 마하 8이 될 거예요. 48분이면 지구의 절반을 이동할 수 있어요.**2** 이것은 세계 여행에 근본적인 한계가 됩니다. 사람들을 세계 어디든 48분 이내에 보내주는 시스템을 구축하려면 1G 이상으로의 가속이 반드시 필요하게 됩니다(아니면 지구에 구멍을 뚫거나요).

1G로의 우주여행

이 근본적인 가속 한계는 지구에서의 탈것과 마찬가지로 우주선에도 적용이 됩니다. 당신의 마법 스쿠터를 개조해서 대기를 벗어나 1G로 가속하고 1G로 감속하여 우주공간을 여행할 수 있도록 했다면 달까지 가는 데 약 4시간이 걸릴 거예요.

4시간이라는 달까지의 여행 한계는 미래에 대해 재미있는 무언가를 말해줍니다. 우주 엘리베이터와 값싼 우주여행의 시대가 되어도 지구에 사는 수많은 사람들은 매일 달로 출퇴근할 수는 없을 거예요(달에서 지구로도 마찬가지예요). 가속이라는 단순한 이유 때문이죠. 매일 4시간은 출퇴근하기에는 너무 멀어요.

---

2 당신의 실제 속도는 계산하기 좀 더 복잡할 거예요. 그 속도에서는 지구의 곡률이 중요해지기 때문이에요. 여행 중간에서의 속도는 땅에서 떨어질 수 있을 정도로 충분히 빨라서 레일에 붙으려고 하면 구심가속도가 당신의 한계를 넘을 거예요. 그런데 그 곡률은 당신 여행의 시작과 끝 부근에서 가속을 조금 더 강하게 해줄 수 있어요. 원심력이 중력의 효과를 상쇄하는 데 도움을 주기 때문에 1.4G 한계 이내에 머무르면서 앞으로 좀 더 가속 가능해요.

매일 달로 출퇴근

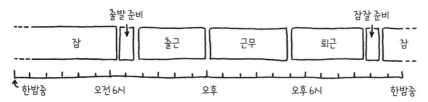

더 먼 목적지들

당신의 1G 스쿠터로 내행성까지 가는 데는 며칠이 걸리고, 목성까지는 일주일, 토성까지는 9일이 걸립니다.

멀리 있는 행성인 천왕성과 해왕성까지는 2주가 걸리고, 더 먼 카이퍼 벨트 천체들까지는 수개월이 걸려요.

그러고 나면 상황이 이상해집니다.

더 위험한 과학책

80년간의 우주 일주

우리는 현재 우주선을 1G로 긴 시간 동안 가속할 기술이 없습니다. 이것을 불가능하게 만드는 물리학은 없지만 아무도 그 방법을 찾아내지 못했어요. 그렇게 오랫동안 가속할 수 있을 만큼 강력하면서 로켓에 실을 정도로 작은 에너지원을 우리는 알지 못합니다. 하지만 방법을 찾아낸다면 우주 전체를 향한 문을 여는 것입니다. 상대성이론에 의한 놀라운 현상 덕분이죠. 당신이 1G로 몇 년 동안 가속을 하면 우주의 거의 어디든 갈 수 있어요.

1G로 가속한다면 당신의 속도는 매초에 초속 9.81미터씩 증가합니다. 1년이 지나면, 단순한 곱셈을 해보면 당신은 초속 3억 900만 미터의 속도로 움직여야 해요. 광속의 103퍼센트인 속도죠. 상대성이론에 따르면 당신은 빛보다 빠르게 움직일 수 없기 때문에 우리는 이것이 틀렸다는 것을 알아요. 당신은 광속에 점점 가까이 다가갈 수는 있지만 절대 광속에 도달할 수는 없어요. 그렇다고 우주 경찰이 나타나 당신에게 가속을 멈추도록 강요하지는 않습니다. 그러면 실제로는 어떤 일이 일어날까요?

이상하게도, 당신의 관점에서 보면 스쿠터가 광속에 다가갈 때 아무런 일도 일어나지 않습니다. 당신은 그냥 가속을 계속해요. 하지만 주위의 우주를 보면 상황이 약간 이상해지고 있다는 것을 알게 될 것입니다.

당신이 빨라질수록 스쿠터에서의 시간은 느려집니다. 밖에 있는 관찰자가 보기에는 당신의 스쿠터가 천천히 가는 시계와 천천히 생각하는 뇌를 싣고 가는 것으로 보입니다. 당신의 관점에서 보면 가고자 하는 목적지에 도착하는 시간이 원래보다 적게 걸리는 것처럼 보입니다. 마치 당신이 이동하는 방향으로 우주가 수축하는 것 같을 거예요.

스쿠터를 타고 1년이 지나면 당신은 광속의 약 4분의 3의 속도로 움직이고 있을 거예요. 하지만 상대성이론 때문에 바깥세상은 1년 2개월이 지났을 것이고, 당신은 당신이 예상했던 것보다 더 멀리 날아갔을 거예요.

당신 스쿠터와 바깥세상 사이의 시간 차는 점점 커질 거예요. 스쿠터를 타고 1.5년이 지나면 당신은 약 1.5광년을 이동했을 것입니다. 그 시간 동안 빛이 이동하는 것과 같은 거리죠. 당신에게 2년이 지나면 당신은 2광년보다 더 멀리 갔을 것입니다. 마치 빛보다 더 빠르게 이동하는 것 같아요!

스쿠터에서 몇 년이 지나면 상대성이론의 효과가 제대로 더해지기 시작합니다. 당신에게 3년이 지나면 바깥세상은 10년이 조금 넘게 지났을 것이고 당신은 약 10광년을 이동했을 것입니다. 가까이 있는 많은 별까지 도착하기에 충분한 거리죠. 우주에 당신이 이동한 거리를 알려주는 표지판이 있다면 당신은 점점 빨리 도착할 거예요. 표지판이 점점 가까이 있는 것 같거나 당신이 빛보다 훨씬 빠르게 여행하는 것처럼 보이는 거죠. 하지만 밖에 있는 관찰자에게 당신은 광속보다 약간 느리게 움직이고, 타고 있는 모든 것의 시간이 멈춘 듯 보일 거예요.

스쿠터를 타고 4년이 지나면 당신은 30광년을 이동했고 광속의 99.95퍼센트의 속도로 움직이고 있을 거예요. 5년이 지나면 당신은 출발한 곳에서 80광년 거리에 있고, 10년이 지나면 1만 5,000광년을 이동하게 됩니다. 우리은하 중심의 절반까지 가는 거죠. 계속 가속한다면 이웃 은하까지 도착하는 데 20년이 걸리지 않을 것입니다.

20년이 약간 넘는 동안 계속 가속을 하면 당신은 당신의 우주선이 당신의 '1년'에 수십억 광년씩 움직이는 것을 발견하게 될 겁니다. 당신은 관측 가능한 우주의 상당한 부분을 가로질렀어요.

그때쯤이면 고향에서는 수십억 년이 지났을 거예요. 그러니까 돌아갈 걱정은 할 필요가 없어요. 지구는 이미 태양에게 먹혔을 테니까요.

하지만 당신은 절대 가장 멀리 있는 은하에 도착하지 못할 것입니다. 우주는 팽창하고, 암흑에너지 때문에 팽창은 점점 가속되고 있거든요.

광속에 가까운 속도로 움직이면 당신은 나이를 먹지 않지만 우주의 나머지는 계속 나이를 먹어갑니다. 당신이 광속에 가까운 속도로 10억 광년을 이동했다면, 당신이 멈췄을 때 우주는 10억 년 더 나이를 먹었을 거예요. 그리고 우주는 나이를 먹을수록 팽창하기 때문에 당신의 목적지는 가는 도중에 더 멀어졌음을 발견하게 될 겁니다.

우주의 팽창은 가속되기 때문에 우주에는 당신이 아무리 멀리 가더라도 따라잡을 수 없는 부분이 있어요. 우주 팽창에 대한 현재의 모형은 이 한계('우주론적

사건의 지평선'이라고 불러요)가 대략 관측 가능한 우주의 끝까지의 3분의 1 지점
이라고 이야기합니다.

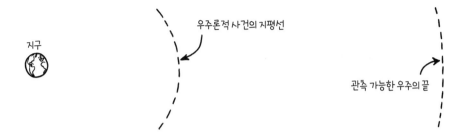

허블 우주망원경은 하늘에서 아무것도 없는 것처럼 보이는 부분을 확대하여
사진을 찍어서 그곳에 수많은, 멀리 있는 어두운 은하들이 있다는 것을 보여주었
습니다. 그 사진에서 몇몇 크고 밝은 은하들은 우리의 사건의 지평선 안에 있기
때문에 당신의 스쿠터로 결국에는 도착할 수 있어요. 하지만 대부분의 은하들은
그 한계 너머에 있어요. 당신이 그 은하들을 향해서 아무리 빠르게 가속을 하더
라도 우주의 팽창은 그 은하들을 더 멀리 보낼 거예요.

당신이 이 닿을 수 없는 은하들을 쫓아서 계속 가속을 한다면 그 은하들은 점
점 더 멀어질 것이지만, 당신은 시간이 지날수록 점점 빠르게 가게 될 것입니다.
30년이 지나면 우주의 나이는 100조 년이 되고 가장 작고 가장 어두운 수명이 긴
별들만이 남을 거예요. 40년이 지나면 이 별들도 수명을 다하고 당신은 떠돌아
다니던 차가운 죽은 별들의 껍질이 우연히 부딪힐 때 가끔씩 내는 빛밖에 없는,
어둡고 차가운 우주에 있는 자신을 발견하게 될 것입니다.

아무리 빨리 가더라도 당신은 절대 우주의 끝에 닿을 수 없어요. 하지만 끝에
이를 수는 있어요.

27.
시간의 흐름을 바꿔서
시간을 버는 방법

어딘가에 좀 더 빨리 도착하는 방법에는 크게 두 가지가 있습니다. 더 빠르게 가는 것과 더 일찍 출발하는 것.

선택

1. 더 빠르게 이동한다.

2. 더 일찍 출발한다.

더 빠르게 이동하는 법을 알고 싶으면 26장 '광속으로 우주의 끝에 다다르고 싶다면?'을 보시면 됩니다.

더 일찍 출발하는 것은 어려워요. 성실성과 현실적인 계획이 필요하기 때문이죠. 그런 것에 익숙해지는 법을 배우려면 아마도 다른 책을 찾아야 할 겁니다.

더 일찍 출발하는 것과 더 빠르게 이동하는 것을 제외해버리면 방법이 없어 보일 거예요. 하지만 한 가지 선택이 더 있어요. 시간의 흐름을 바꾸는 겁니다.

선택

1. ~~더 빠르게 이동한다.~~
2. ~~더 일찍 출발한다.~~
3. 시간의 흐름을 바꾼다.

이 접근은 터무니없이 들리겠지만 꼭 그렇지는 않아요. 아인슈타인은 공간을 이동하는 전자기파의 움직임을 연구했는데, 그는 맥스웰 방정식이 어떤 관측자에게도 절대로 전자기파가 정지해 있는 것처럼 보이지 않는다는 걸 암시함을 깨닫고 혼란스러워했어요. 그 방정식은 당신이 빛을 따라잡아 정지한 것을 절대로 볼 수 없다는 사실을 말해주고 있었습니다. 당신이 아무리 빨리 움직이더라도 빛은 같은 시간에 같은 거리만큼 당신을 지나가는 것으로 관측된다는 거죠. 여기서 아인슈타인은 '시간'과 '거리'에 대한 우리의 생각이 뭔가 잘못된 것이 분명하다는 사실을 깨달았습니다. 그리고 그는 관측자가 얼마나 빠르게 움직이느냐에 따라 시간이 어떻게 다르게 흐르는지 설명하는 이론을 만들었습니다.

시간을 가지고 논 아인슈타인은 그것으로 불멸의 유명세와 노벨상을 얻었습니다.[1] 이것이 당신이 정해진 시간 안에 가려는 곳에 도착하게 해줄 수 있어요 (그렇지 않다면 당신은 노벨상으로 위안을 받을 수 있을 겁니다).

---

[1] 사실 노벨상 위원회는 시공간과 관련해서 그에게 상을 준 것이 아니에요. 부분적인 이유는 아직 너무 혁명적이고 충분히 검증이 되지 않았다는 것이었어요. 그런데 다행히도 아인슈타인은 1905년에 네 편의 논문을 발표했는데, 모든 논문이 노벨상을 받을 만한 것이었죠. 그래서 좀 더 고전적인 것으로 상을 줬어요(아인슈타인은 1921년 광양자이론으로 노벨상을 받았습니다―옮긴이).

우리 스웨덴 왕가는 당신이 약속 시간에
늦은 것에 대해 유감을 느낍니다.

여기 노벨상을 받으세요.

감사합니다.

'시간의 흐름을 바꾸는 것'은 복잡하지도 않아요. 가장 간단한 방법은 모든 사람에게 시계의 시간을 바꾸게 하는 것입니다. 많은 사람들이 일광절약시간(서머타임) 때문에 1년에 두 번씩은 하는 거죠. 결국 시계의 시간은 사회적인 것이니까요. 당신이 모든 사람에게 시간을 한 시간 뒤로 돌리게 할 수 있다면 시간이 바뀐 것이고, 당신에게 목적지로 갈 추가 시간이 주어지게 되겠죠.

표준시간대는 공식적이고 변하지 않는 것처럼 보이지만 당신이 생각하는 것보다는 자유분방합니다. 표준시간대의 경계를 승인하는 국제기구는 없어요. 모든 나라는 원하는 대로 아무 때나 자신들의 시간을 결정할 권리가 있습니다. 어느 날 아침 정부가 모든 시간을 5시간 뒤로 돌리기로 결정하면 아무도 막을 수 없어요.

나라에서 충분히 알려주지 않고 시간을 바꾼다면 골치 아픈 일들이 생길 수 있어요. 2016년 3월, 아제르바이잔의 내각은 원래 시작하기로 계획된 날보다 열흘 전에 일광절약시간을 실시하지 않기로 결정했습니다. 소프트웨어 회사들은 서둘러 업데이트를 해야 했고, 일정들은 수정되었고, 항공사들은 티켓에 적힌 시간에 출발해야 할지 아니면 한 시간 일찍 출발해야 할지 결정해야 했어요. 헤이

다르 알리예프 국제공항은 모든 사람에게 그냥 비행시간 3시간 전에 도착하라고 만 했거든요.

정부는 보통 시간을 바꾸기 열흘 전보다는 더 일찍 알려주려고 노력하지만 꼭 그래야 할 필요는 없어요. 원칙적으로는 당신이 약속 시간에 늦을 것 같으면 정 부에 연락해서 시간을 뒤로 옮겨달라고 요청할 수 있어요.

여보세요, 당국이죠? 저는 시민이고 미팅에 늦었는데
그걸 해결하려면 누구에게 이야기해야 하나요?

미국에서는 주 정부가 일광절약시간이 지켜지는지 여부를 통제할 수는 있지 만 언제 시작하고 끝나는지를 통제할 수는 없어요. 그러니까 추가로 시간을 얻으 려면 당신은 연방 정부에 연락을 해야 합니다.

연방법은 9개의 표준시간대를 정하여 국제도량형국에서 정의한 국제 시간 시 스템인 협정세계시Universal Time Coordinate, UTC에 따라 시간을 설정합니다. 의회 는 이 법을 바꿀 수 있지만 시간을 바꾸기 위해서 의회를 통과해야 할 필요는 없 어요. 법에 따라 교통부 장관이 표준시간대의 범위를 일방적으로 바꿀 권한을 가 집니다. 당신이 미국 본토에 있다면 교통부에 전화하여 정중하게 요청하기만 하 면 최대 8시간까지 시간을 뒤로 돌릴 수 있어요.

더 위험한 과학책

여보세요. 교통부죠?
당신들이 하는 일을 열렬히 지지하는 팬이에요.
저는 여기저기로 옮겨 다니는 것들을 오랫동안
지지해왔어요.

근데요, 부탁이 하나 있어요.

하지만 교통부 장관이 새로운 표준시간대를 만들 수는 없습니다. 9개의 표준시간 이외의 시간으로 바꾸기를 원한다면 의회를 통과해야 해요. 의회만 도와준다면 원하는 대로 시간을 설정할 수 있습니다. 사실(원칙적으로는) 날짜도 원하는 대로 설정할 수 있어요. 당신은 당신의 집이나 도시, 나라 전체를 24시간 앞으로… 혹은 6,500만 년 뒤로 돌릴 수 있어요.

봄은 앞으로,
가을은 뒤이이이이로.

2010년, 종교 라디오 방송 진행자 해럴드 캠핑Harold Camping은 세상의 종말이 지역 시간으로 2011년 5월 21일 오후 6시에 시작된다고 예언했어요. 세상의 종말은 지역 시간으로 일어나니까, 종말은 국제 날짜변경선 바로 서쪽에 위치한,

태평양에 있는 키리바티 공화국에서 시작되어 표준시간대를 따라 차례차례 서쪽으로 퍼져 나가야 하는 거죠.

어떤 나라가 미래의 어떤 시간에 세상의 종말이 일어나 있는지 확인하고 싶으면, 법을 통과시켜 자신들의 시간을 3019년 1월 1일 낮 12시로 바꾼 다음 잠시 기다려보기만 하면 됩니다. 아무 일도 일어나지 않으면 시간을 다시 원래대로 돌려요. 이제 우리는 앞으로 1,000년 동안은 안전하다는 것을 알게 되었어요. 적어도 종말이 지역 시간으로 일어난다면 말이죠.

정부가 당신을 위해 시간을 바꾸도록 설득할 수 없거나 당신의 약속이 UTC로 되어 있다면 곤란합니다. 당신은 약속을 위한 시간을 더 얻을 수가 없어요. UTC 자체를 바꾸지 않는다면요.

원자시계

UTC는 정확한 원자시계들의 네트워크에 기반 하고 있습니다. 원자시계는 세슘 원자의 진동을, 빛을 이용하여 정확하게 측정하여 시간의 경과를 잽니다. 하

더 위험한 과학책

지만 우리는 아인슈타인 덕분에 시간의 경과가 일정하지 않다는 것을 압니다. 강한 중력장에서는 시간이 느려집니다. 원자시계 옆에 크고 무거운 공을 놓으면 중력이 더해져서 시계가 더 느리게 갑니다.

불행히도 당신의 원자시계 하나만으로는 시간을 바꿀 수 없습니다. 국제도량형국은 전 세계에 흩어져 있는 수백 개의 원자시계를 측정하여 그것을 평균하여 하나의 세계 표준 시간을 만들어냅니다. 인공적으로 시간을 바꾸고 싶다면 그 시계들을 모두 느리게 만들어야 해요. 그렇지 않다면 그들이 금방 잘못된 것을 알아차릴 거예요.

당신이 모든 원자시계 시설에 몰래 들어가서 가방에 숨겨 간 지름 1피트(30센티미터)의 납덩어리를 시계 근처에 두고 온다고 해봅시다[당신은 힘이 꽤 강해야할 거예요. 그 공의 무게는 거의 400파운드(181킬로그램중)나 되거든요!].

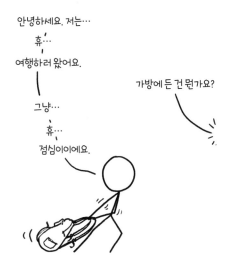

이 납덩어리 공을 원자시계의 시간을 유지하는 부분 바로 옆에 숨긴다면, 시간은 겨우 10^{24}분의 1 정도 느려질 거예요. 앞으로 40억 년 동안 약 100나노초 느려

지는 거죠.

지름 200미터의 납이라도 효과를 조금밖에 더 주지 못할 겁니다. 100년에 몇 나노초 더 느려질 뿐이에요. 이것은 만들고 움직이는 것도 불가능하고… 숨기기도 어려워요.

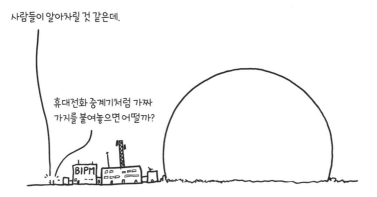

UTC가 원자시계에 기반 하고 원자시계를 어떻게 할 수 없다면 UTC는 바꿀 수 없을 것 같습니다. 그런데 UTC는 정확하게 원자시계에 기반 하지 않아요. 불규칙성이 있어서 약속 장소에 도착할 시간을 조금 더 줄지 모릅니다. 혹은 제시간에 출발하면 너무 일찍 도착할 수도 있어요.

하루의 길이를 바꾸기

우리의 원자시계는 지구의 자전보다 더 정확하고 규칙적입니다. 우리는 지구의 자전을 기준으로 1초의 길이를 정의했습니다. 그런데 시간이 지나면서 1초의 길이가 달라지는 것은 물리학이나 공학 그리고 일반적인 시간 관리에 불편합니다. 그래서 1967년에 1초의 길이는 원자시계에 맞춰서 공식적이고 영원히 고정되었습니다. 하루는 24시간, 즉 8만 6,400초인데 2010년대 후반이 되면서 지구는 태양을 기준으로 완전히 한 바퀴를 도는 데 약 8만 6,400.001초가 걸리게 됩니다. 다시 말해서 지구가 1밀리초만큼 느려진 것입니다. 이 매일 추가된 1밀리초는 계속 누적됩니다. 약 1,000일이 지나면 완벽한 시계는 태양과 1초가 어긋나게 될 것입니다.

하루는 지금, 몇 밀리초밖에 더 길지 않지만 거기서 그치지 않아요. 달 때문에 지구의 자전은 느려지고 있습니다.

달의 중력은 지구에서 가까운 곳을 먼 곳보다 더 강하게 당깁니다. 지구가 자전하면 물이 (더 약하지만 땅도) 출렁거리면서 불균일한 힘을 조정하게 되는데 그것이 밀물과 썰물로 나타납니다. 지구의 자전은 달의 공전보다 빠르기 때문에 출렁거리는 바다와 달 사이의 인력이 지구와 달 사이에 아주 작은 중력 '저항'을 만들어냅니다. 이것은 달을 앞으로 당기는 효과를 일으키고(달을 더 먼 궤도로 보내고) 지구의 자전을 느리게 만듭니다.[2]

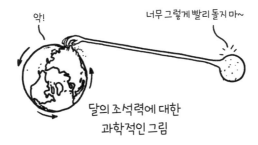

달의 조석력에 대한
과학적인 그림

---

2 지구는 반드시 느려져야 합니다. 긴 시간으로 보면 지구의 자전은 꾸준히 느려지고 있습니다. 하지만 최근 몇십 년 동안은 사실 조금 빨라졌어요. 1972년부터(우연히도 우리가 윤초를 더하기 시작한 해입니다) 지구가 한 번 자전을 완성하는 데 걸리는 시간이 몇 밀리초 짧아졌어요. 이것은 지구의 녹아 있는 외핵의 예측 불가능한 난류 때문인 것으로 보이지만 아무도 정확하게는 몰라요. 이것은 그렇게 드문 경우는 아니고(지구의 자전은 지난 수백 년 동안 몇 번에 걸쳐서 빨라졌다가 느려지곤 했어요) 오래 지속되지도 않을 거예요. 하지만 지구의 자전 속도가 빨라지고 있는데 아무도 이유를 모른다는 것은 여전히 이상하죠.

윤초

UTC는 표준시간대도 일광절약시간도 없지만 지구의 자전과 시계를 일치시키기 위해서 종종 (아주 조금) 수정됩니다. 그 수정은 윤초의 형태로 이루어져요.

윤초는 지구의 자전을 주의 깊게 추적해 언제 윤초가 필요한지를 결정하는 국제지구자전좌표국International Earth Rotation and Reference Systems Service, IERS에 의해 더해집니다. 윤초는 보통 6월이나 12월의 마지막 날 자정 직전에 더해집니다. 오후 11:59:59와 오전 12:00:00 사이에 삽입되며 오후 11:59:60으로 표시됩니다.

윤초가 삽입되면 그날 계획된 모든 일은 1초 뒤로 밀립니다. 당신의 약속이 한두 달 후에 있다면 당신은 국제지구자전좌표국에 윤초가 필요하다는 것을 확신시켜 추가로 몇 초를 얻을 수 있어요.

더 많은 윤초를 얻으려면 지구의 자전 속도를 더 빠르게 늦추어야 합니다.

질량이 적도에서 극으로 이동할 때마다 지구의 자전은 빨라져요. 극과 적도 사이의 매일의 공기 움직임은 지구 자전 속도를 변화시키고, 장기적으로 기후 순환, 빙하의 해빙, 빙하기 이후의 지각변동에 따른 질량의 재분포는 모두 각각 효과를 미칩니다.

당신이 적도 지역이나 온대 지역에 살고 있다면 그저 극을 향해 걸어가는 것만으로도 지구의 자전 속도를 빠르게 만들 수 있고, 다시 적도로 걸어가면 속도를 늦출 수 있다는 말이죠.

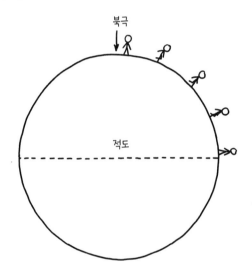

그 효과는 그렇게 크지 않을 거예요. 한 사람이 극에서 적도로 이동하면 하루는 10,000,000,000,000,000,000,000분의 1만큼 길어질 것입니다. 겨우 1나노초를 더해야 할 정도로 차이가 생기려면 100만 년이 걸립니다. 다음해에 1초의 윤초를 얻으려면 60조 톤의 물건을 극에서 적도로 옮겨야 해요.

금처럼 밀도가 높은 것을 사용하더라도 크기가 3,000세제곱킬로미터가 넘어요. 적도를 1마일(1.6킬로미터) 높이에 150피트(46미터) 두께로 둘러싸는 벽을 만들기에 충분한 양이죠. 이건 그냥 불가능한 겁니다….

혹시…

…당신이 북극에서 값비싼 물건을 무제한으로 만들어낼 수 있는 마법의 도구를 발견하여, 그 물건들을 마법이 아니고는 불가능한 방법으로 북극에서 전 세계로 옮길 수 있지 않다면 말이죠.

얘야, 너는 어떤 크리스마스 선물을 받고 싶니?

지구를 한 바퀴 돌 수 있는 1마일 높이의 금이요.

…

RC카는 어때?

더 위험한 과학책

28.
이 책을 처리하는 방법

이 책을 다 읽어서 없애버리기로 결정했다면 다른 누군가에게 주는 것이 가장 간단한 방법일 겁니다.

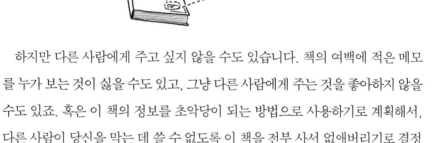

하지만 다른 사람에게 주고 싶지 않을 수도 있습니다. 책의 여백에 적은 메모를 누가 보는 것이 싫을 수도 있고, 그냥 다른 사람에게 주는 것을 좋아하지 않을 수도 있죠. 혹은 이 책의 정보를 초악당이 되는 방법으로 사용하기로 계획해서, 다른 사람이 당신을 막는 데 쓸 수 없도록 이 책을 전부 사서 없애버리기로 결정했을 수도 있겠죠.[1]

이유가 무엇이든 이 책이나 다른 어떤 책을 영구적으로 처리하기로 결정했다면 여기 몇 가지 방법이 있습니다.

---

1 이 책을 모두 구입하시고 싶다면 리버헤드 출판사(또는 시공사)의 영업부로 연락 바랍니다-편집자.

공중으로 처리하기

잘하면 이 책은 에너지원이 될 수 있어요. 이 책의 종이들은 약 8메가줄의 화학에너지를 가지고 있습니다. 원래 나뭇잎이 태양으로부터 얻은 에너지죠.

식물은 공기로 만들어집니다. 나무에 있는 탄소는 공기 중의 이산화탄소(CO_2)가 물(H_2O)과 광합성을 통해 결합하여 만들어진 것입니다. 이 책은 공기, 물, 햇빛으로 만들어진 거죠. 이 페이지가 불에 타면 탄소는 붙잡아둔 햇빛을 방출하면서 이산화탄소와 물로 돌아갑니다. 나무나 기름, 종이가 탈 때 불에서 나오는 열은 햇빛에서 온 열이에요.

8메가줄은 휘발유 한 컵의 에너지와 비슷해요. 당신 차의 연비가 고속도로에서 시속 55마일(시속 89킬로미터)로 달릴 때 1갤런당 30마일이고, 당신이 휘발유 대신 이 책을 연료로 사용한다면 1분에 3만 단어를 태울 것입니다. 보통 사람들이 단어를 읽는 속도보다 몇십 배 더 빨라요.

$$55\text{mph} \times \frac{65,000\frac{\text{단어}}{\text{책}}}{30\frac{\text{마일}}{\text{갤런}} \times 1\frac{\text{컵}}{\text{책}}} = 30,000\frac{\text{단어}}{\text{분}}$$

이 엔진은 말 200마리의 에너지 출력과
사서 수십 명의 독서량을 가지고 있어.

더 위험한 과학책

바다로 처리하기

책에 있는 탄소는 물에도 섞일 수 있습니다. 이 책이 불에 타면 탄소와 수소는 이산화탄소와 물로 바뀝니다. 수증기는 비로 떨어져서 결국에는 바다로 갈 것입니다. 연소에 의해 대기로 방출된 이산화탄소의 절반 역시 결국에는 바다에 흡수되어 10^{24}개 단위의 탄산 분자를 형성합니다. 이것이 공기와 바다에 균일하게 퍼진다면 바닷물 한 컵과 한 번에 들이마신 공기마다 이 책에서 나온 분자 수천 개가 포함되어 있을 것입니다.

시간으로 처리하기

만일 이 책을 땅에 두고 가버린 다음 아무도 손대지 않는다면 어떻게 될까요?

당신이 사는 곳의 기후에 따라 그렇게 오래 그대로 있지 않을지 몰라요. 사람은 종이를 먹을 수 없지만 셀룰로오스에 저장된 에너지는(태울 때 나오는 것과 같은 에너지) 다양한 미생물의 먹이가 됩니다. 이런 미생물들이 번식하기 위해서는 열과 높은 수준의 습도가 필요하기 때문에 당신 방의 책꽂이에 있는 책들은 대체로 안전합니다. 당신이 이 책을 서늘하고 건조한 동굴이나 사막의 그늘진 곳에 두었다면 수백 년 동안 유지될 수도 있어요. 하지만 책이 따뜻한 날, 물에 젖었다면 미생물들이(주로 균류) 셀룰로오스를 먹어 치우기 시작할 겁니다. 이 책의 종이들은 소화되어 결국에는 주변 환경에 섞일 것입니다.

이 책이 분해되지 않도록 보호되어 있다면 책의 운명은 그 지역의 지질학에 의해 결정될 겁니다. 당신이 책을 지대가 낮은 범람원처럼 퇴적물이 쌓이는 곳에 두었다면 책은 천천히 묻힐 것입니다. 바위로 덮인 산 중턱처럼 '침식'이 되는 곳에 있다면 책은 거의 확실하게 부서져서 바람과 물에 의해 멀리 이동할 거예요. 바위는 1년에 1밀리미터의 비율로 침식되니까 이 책이 돌로 만들어졌다면 침식되어 없어지는 데 수백 년, 수천 년이 걸릴 거예요. 종이는 바위보다 훨씬 더 부드러우니까 그렇게 오래 걸리지 않겠죠. 종이는 풍화되어 분해될 것이고 인쇄된 정보는 사라질 겁니다.

부술 수 없거나 저주받은 책 처리하기

당신이 읽고 있는 이 책을 부술 수 없을 가능성이 기술적으로는 있습니다. 물론 그럴 것 같진 않겠지만 해보지 않고 확신할 수는 없어요. 부술 수 없는 것을 부수지 않고 확인하는 방법은 없죠.

당신이 어떤 책을 손에 넣게 되었고 그 책을 없애고 싶은데, 종이가 너무 튼튼하거나 호그와트 도서관·〈반지의 제왕〉·〈쥬만지〉 상황과 같은 이유로 부술 수가 없다면 어떻게 해야 할까요? 뭔가를 영원히 없애려면 어디에 두어야 할까요?

우리는 핵폐기물에서 이런 문제에 직면합니다. 없애고 싶지만 부수거나 덜 위험한 형태로 바꿀 수가 없죠. 방사성폐기물을 태우거나 증발시키는 것은 방사능을 감소시키지 않거든요. 충분한 열이 있으면 어떤 분자를 그것을 구성하는 원자로 부술 수 있습니다. 하지만 방사성폐기물에는 소용없어요. 원자 그 자체가 문제니까요.

방사성폐기물을 부술 수 없기 때문에 보통 우리는 그것을 우리를 귀찮게 하지 않는 어딘가에 두려고 합니다. 이것을 모두 모아 한 장소에 두는 것은 괜찮아 보입니다(폐기물은 부피로는 그렇게 크지 않습니다). 그저 한 장소를 골라서, 모든 폐기물을 그곳에 놓고, 가능한 영원히 봉쇄하여, 무기한으로 감시하면서, 미래의 문명이 이곳을 파지 않도록 어떤 경고 표시를 해두기만 하면 됩니다.2

---

2 1990년대에 전문가 위원회가 구성되어 미래의 문명에 핵폐기물을 파내서는 안 된다는 것을 명확하게 하기 위한 표시를 어떻게 만들어낼지에 대해 숙고했습니다. 여러 언어와 그림, 불길한 조각들이 고려되었어요. 전체 과정은 비관과 낙관의 이상한 조합이었습니다. 비관은 우리가 너무나 위험해서 우

현재 미국의 유일한 장기 영구 지하 폐기물 처리장은 뉴멕시코의 사막 2,000피트(610미터) 아래에 있는 몇 개의 방입니다. 폐기물 격리 파일럿 플랜트 Waste Isolation Pilot Plant, WIPP라고 불리는 이 시설은 우리의 핵폐기물을 계속 받고 있지만, 새로운 영구 처리장이 선택되거나 WIPP가 확장될 때까지 우리는 이 문제를 우리가 너무나 자주 사용하는 방법으로 해결하고 있을 것입니다. 그 문제에 대해서 생각하지 않으려고 하면서 사라져주기를 바라는 것이죠.

폐기물 격리 파일럿 플랜트

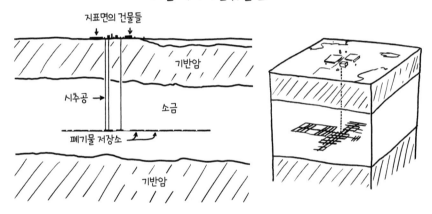

뉴멕시코 WIPP의 터널은 0.5킬로미터 두께의 오래된 암염층을 뚫고 판 것입니다. 소금 터널은 폐기물을 처리하기에 특히 편리합니다. 소금은 아주 천천히 흐르기 때문이죠. 소금을 통과하는 터널을 뚫고 버려두면 터널은 조금씩 수축하여 스스로를 격리시킵니다.

리뿐만 아니라 미래의 문명에까지 위협이 되는 뭔가를 만들어냈다는 것이고, 낙관은 우리가 잊힌 한참 뒤에도 우리가 남겨둔 메시지를 읽고 이해할 가능성이 있는 미래의 문명이 존재할 거라는 것이죠.

천천히 움직이는 소금

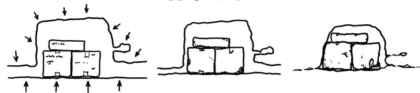

이 책을 WIPP 시설에 버리려면 터널의 한쪽 옆에 구멍을 파서**3** 책을 그 안에
두면 됩니다. 몇십 년이 지나면 구멍이 닫혀서 책을 소금 속에 묻을 거예요.

방사성폐기물을 처리하는 또 다른 아이디어도 있어요. 찬성론자들은 WIPP
형태의 시설보다 더 저렴하고 안전하다고 주장해요. 아주 깊은 시추공으로 떨어
뜨리는 것이죠.

> 이건 위싱 웰wishing well(동전을 던지며 소원을
> 비는 우물-옮긴이)과는 반대인 것 같네.
> 금속 조각들을 떨어뜨리고 아무 일도 일어나지
> 않기를 바라는 거잖아.

WIPP 시설의 깊이는 약 0.5킬로미터인데 석유 시추와 지질학 연구를**4** 위한
시추공은 훨씬 더 깊이 내려갑니다. 어떤 것은 표면 아래 10킬로미터까지 지각
층을 통과하여 내려가 대륙의 핵을 구성하는 고대 암석까지 가기도 해요. 지질학
자들이 '결정질 기반crystalline basement'**5**이라고 부르는 것입니다.

---

3 3장 '삽으로 땅속에 묻힌 보물을 캐내려 한다면?'을 참고하세요.
4 대부분 석유를 찾기 위한 연구죠.
5 내가 조사하기 전에 결정질 기반이라는 용어가 무슨 뜻이냐고 물었다면 나의 추정은 이랬겠죠. '마

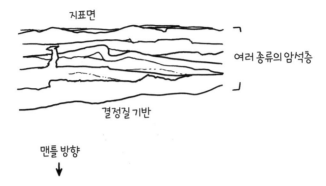

지표면

여러 종류의 암석층

결정질 기반

맨틀 방향 ↓

세계의 많은 곳에서 결정질 기반에 있는 암석은 지표면과 수십억 년 동안 분리 되어 있었습니다. 뭔가를 그곳에 버리기 위해서는 긴 시추공을 똑바로 파서 폐기 물을 떨어뜨린 다음 시멘트와 팽창하는 진흙으로 구멍을 메워야 합니다.

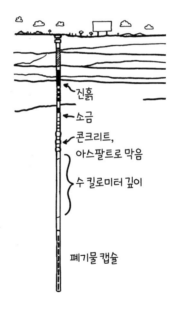

진흙

소금

콘크리트, 아스팔트로 막음

수 킬로미터 깊이

폐기물 캡슐

리오카트의 수준', '전자음악의 하위 장르', '가정 발전 프로젝트', '불법 합성 약품'.

더 위험한 과학책

섭입

해양지각은 '섭입subduction'을 통해 지구의 맨틀로 재활용됩니다. 그래서 핵폐기물을 해구에 놓아서 지구가 처리하도록 하자고 제안하는 사람들도 있어요. 안타깝게도 섭입은 아주 느립니다. 폐기물을 섭입하고 있는 판 1킬로미터 깊이에 두고 1만 년을 기다리면….

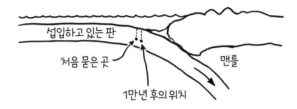

…옆으로 300미터 정도 움직일 겁니다.

태양으로 쏘아 보내기

핵폐기물을 태양으로 쏘아 보내자고 제안하는 사람들도 있습니다. 태양에서는 폐기물이 부서져서 태양풍으로 멀리 날아가거나 태양의 핵으로 가라앉을 것입니다. 이 아이디어의 가장 큰 문제점은 로켓 발사가 가끔씩 실패한다는 것이에요. 수 톤의 방사성 잔해로 가득 찬 100개의 로켓을 발사하면 그중 하나가 실패할 가능성은 꽤 높아요. 로켓에 실린 핵폐기물이 대기 상층부에서 폭발하는 것보다 더 나쁜 상황을 상상하기는 힘들어요.

하지만 저주받거나 부술 수 없는 책 하나를 처리하기에 태양은 아주 매력적인 장소로 보입니다. 발사는 한 번만 하면 되니까 실패할 위험이 적고, 부술 수 없는 책이라면 실패하더라도 찾아서 다시 시도하면 될 테니까요.

태양에 뭔가를 떨어뜨리는 방법 지구에서 태양으로 바로 발사하는 것은 아주 어려워요. 이건 실제로 뭔가를 태양계 밖으로 영원히 날려 보내는 것보다 더 많은 연료가 들어요. 태양에 도착하는 더 효율적인 방법은 뭔가를 태양계 먼 바깥쪽으로 발사하는 겁니다. 이 과정에서 다른 행성들의 중력으로 도움을 받을 수도 있어요. 발사된 물체가 태양에서 멀어지면 아주 천천히 움직일 것이기 때문에 적은 양의 연료만으로도 속도를 줄여 멈추게 만들 수 있습니다. 그러면 그 물체는 곧바로 태양을 향해 떨어질 것입니다. 곧바로 태양을 향해 발사하는 것보다 훨씬 오래 걸리지만 연료는 아주 조금밖에 필요하지 않아요.

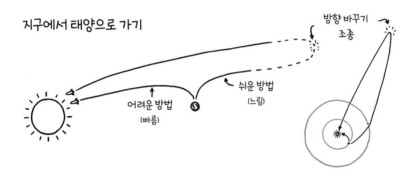

지구에서 태양으로 가기

그런데 어쩌면 당신은 이 책을 파괴하지 않고 보관하고 싶어 할 수도 있을 거예요.

이 책을 보존하는 방법

이 책을 시추공이나 소금 광산에 두는 것은 이론적으로는 이 책을 수백만 년이나 어쩌면 수십억 년 동안 보존할 수 있는 방법입니다. 지각 활동이나 인간의 간

더 위험한 과학책

섭, 혹은 배고픈 미생물들의 방해가 없다면 말이죠. 하지만 정말로 보존하기 위해 당신은 이 책을 지구에서 완전히 없어지게 하기를 원할 수도 있어요.

ESA의 로제타 탐사선과 필레 착륙선은 2014년에 67P/추류모프-게라시멘코 혜성에 도착했습니다. 로제타 탐사선은 1,000가지 인간의 언어로 6,000페이지의 글이 새겨진 니켈-티타늄 디스크를 싣고 있었어요. 롱나우 재단Long Now Foundation이 만든 이 디스크는 수천 년 동안 유지되도록 디자인되었습니다. 그 혜성은 수백만 년 동안 안정적인 궤도를 돌 것으로 보입니다. 그러므로 디스크가 혜성 표면에 미세운석과 우주선으로부터 보호받을 수 있는 곳에 자리 잡는다면, 가장 오래 유지된 문명보다도 더 오랜 기간 동안 훼손되지 않고 읽을 수 있는 상태로 남을 것입니다.

기록된 글은 미래로 보내는 메시지입니다. 글을 읽는 사람은 언제나 쓰는 사람보다 시간적으로 미래에 있습니다. 나는 당신이 이 책을 읽는 날이 언제일지, 당신은 어디에 있을지, 당신이 무엇을 하려는지 알지 못합니다. 하지만 당신이 어디에 있든, 그리고 풀고자 하는 문제가 무엇이든 이 책이 도움이 되기를 희망합니다. 바깥세상은 거대하고 이상합니다. 좋은 아이디어처럼 들리는 것이 끔찍한 결과를 가져오기도 하고, 말도 안 되는 것처럼 들리는 아이디어가 혁명적인 걸로 밝혀지기도 합니다. 당신은 어떨 때는 어떤 것이 미래에 통할지 알아낼 수도 있고, 어떨 때는 일단 실행해보고 어떤 일이 일어나는지 지켜보아야 할 수도 있습니다.

(하지만 당신은 안전거리를 두고 서 있기를 원할 수도 있죠.)

더 위험한 과학책

감사의 글

　많은 분의 도움으로 이 책이 나올 수 있었습니다.

　많은 분이 자신의 전문성과 재료들을 빌려주었습니다. 과학을 위해서 자신들의 드론을 희생할 의지를 보여준 세리나Serena Williams와 알렉시스Alexis Ohanian와 우리에게 그렇게 해도 문제가 없을 것이라고 이야기해준 케이트Kate Darling에게 감사드립니다. 내가 생각할 수 있는 가장 말도 안 되는 질문에 대답을 해준 해드필드Chris Hadfield 장군과 우주를 멸망시키지 말라고 경고해준 케이티Katie Mack에게 감사드립니다. 방정식과 계산에 도움을 준 크리스토퍼Christopher Night와 닉Nick Murdoch에게도 감사드립니다.

　이상한 여론조사 결과를 찾아준 캐슬린Kathleen Weldon과 로퍼 센터Roper Center 직원들, 대중의 의견에 대한 나의 질문에 대답해준 〈허핑턴포스트〉의 여론조사 편집자인 애리얼Ariel Edwards-Levy에게 감사드립니다. 자신들의 학부생 프로젝트를 사용할 수 있게 해준 안나Anna Romanov와 데이비드David Allen와 우정에 대한 연구 결과를 알려준 루벤Dr.Reuben Thomas에게 감사드립니다. 들리지 않는 소리의 음악을 정리하는 데 도움을 준 그레그Greg Leppert와 월도Waldo Jaquith의 집에 침입하여 나에게 용암 해자를 설치하게 도와달라고 요청하도록 만든 개미들에게도 감사드립니다.

나의 글을 다듬어 책의 형태로 갖추어주고 내내 현명하고 소중한 충고를 해준 크리스티나Christina Gleason에게 감사드립니다. 이 모든 일이 일어날 수 있도록 도와준 데릭Derek에게 감사하고, 세스Seth Fishman, 레베카Rebecca Gardner, 윌Will Roberts 그리고 거너트Gernert 팀의 나머지 분들에게도 감사드립니다.

긍정적이고 영웅적인 나의 편집자 커트니Courtney Young와 리버헤드Riverhead 출판사의 나머지 분들,

케빈Kevin Murphy, 헬런Helen Yentus, 애니Annie Gottleib, 애슐리Ashley Garland, 림May-Zhee Lim, 제이니Jynne Martin, 멜리사Melissa Solis, 캐이틀린Caitlin Noonan, 가브리엘Gabriel Levinson, 린다Linda Friedner, 그레이스Grace Han, 클레어Claire Vaccaro, 테일러Taylor Grant, 메리Mary Stone, 노라Nora Alice Demick, 케이트Kate Stark와 발행인 제프Geoff Kloske에게 감사드립니다.

이 책에 있는 것의 절반을 가르쳐주고 이 크고 이상하고 흥분되는 세상을 나와 함께 탐험하는 아내에게 감사드립니다.

전구를 교체하는 방법

PART 1 생각지도 못한 방법으로 과학 하기

1. 성층권까지 높이 뛰는 방법

Carter, Elizabeth J., E. H. Teets, and S. N. Goates, "The Perlan Project: New Zealand flights, meteorological support and modeling," in *Proc. 19th Int. Cont. on IIPS, 83rd AMS Annual Meeting*, no. 1.2 (2003).

Hirt, Christian et al., "New Ultrahigh-Resolution Picture of Earth's Gravity Field," *Geophysical Research Letters* 40, no. 16 (August 2013): 4279-4283.

Teets, Edward H., Jr., "Atmospheric Conditions of Stratospheric Mountain Waves: Soaring the Perlan Aircraft to 30 km," in *10th Conference on Aviation, Range, and Aerospace Meteorology* (2002).

2. 지구 반대편의 빙하를 녹여서 수영장 물을 채운다면?

Arctic Monitoring and Assessment Programme, *Snow, Water, Ice and Permafrost in the Arctic (SWIPA) 2017* (Oslo 2017).

Trenberth, Kevin E. and Lesley Smith, "The Mass of the Atmosphere: A Constraint on Global Analyses," *Journal of Climate* 18, no. 6 (March 2005): 864-875.

Wellerstein, Alex, "Beer and the Apocalypse," *Restricted Data*, September 5, 2012, http://blog.nuclearsecrecy.com/2012/09/05/beer-and-the-apocalypse/.

3. 삽으로 땅속에 묻힌 보물을 캐내려 한다면?

Nevola, V. René, "Common Military Task: Digging," in *Optimizing Operational Physical Fitness* (RTO/NATO, 2009), 4-1-68.

United States Department of Labor, "Occupational Employment and Wages, May 2017," Bureau of Labor Statistics, last modified March 30, 2018, https://www.bls.gov/oes/current/oes472061.htm.

4. 초음파 주파수로 피아노 연주가 가능하다면?

Katharine B. Payne, William R. Langbauer Jr., Elizabeth M. Thomas, "Infrasonic Calls of the Asian Elephant (Elephas Maximus)," *Behavioral Ecology and Sociobiology* 18, no. 4 (February 1986): 297-301.

6. 강을 수직으로 뛰어오르거나 강물을 끓여서 건너는 방법

Buffalo Morning Express, February 10, 1848.

Glauber, Bill, "On Solid or Liquid, Give It the Gas," *Journal Sentinel*, July 18, 2009, http://archive.jsonline.com/news/wisconsin/51105382.html/.

Historic Lewiston, *Lewiston History Mysteries*, Summer 2016, http://historiclewiston.org/wp-content/uploads/2016/08/Homan-Walsh-Falls-Kite-3.pdf.

"Incidents at the Falls," *Buffalo Commercial Advertiser,* July 13, 1848.

"Niagara Suspension Bridge," *Buffalo Daily Courier,* February 3, 1848.

Perkins, Frank C., "Man-Carrying Kites in Wireless Service," *Electrician and Mechanic* 24 (January-June 1912): 59.

Robinson, M., "The Kite that Bridged a River," 2005, http://kitehistory.com/Miscellaneous/Homan_Walsh.htm.

7. 집을 통째로 날려서 이사하는 방법

Federal Emergency Management Agency, "Appendix C, Sample Design Calculations" in *Engineering Principles and Practices for Retrofitting Flood-Prone Residential Structures* (FEMA 2009), C-1-37.

Piasecki Aircraft Corporation, "Multi-Helicopter Heavy Lift System Feasibility Study"

(Naval Air Systems Command, 1972).

8. 지질구조판이 움직여도 내 집을 지키는 방법

AK Stat. § 09.45.800 (Alaska 2017).

California Code of Civil Procedure, chapter 3.6, Cullen Earthquake Act, § 751.50 (1972).

Joannou v. City of Rancho Palos Verdes, B241035 (CA Ct. App. 2013).

Offord, Simon, "Court Denies Request to Adjust Lot Lines After Landslide," Bay Area Real Estate Law Blog, accessed March 28, 2019, https://bayarearealestatelawyers.com/real-estate-law/court-denies-request-to-adjust-lot-lines-after-landslide.

Pallamary, Michael J. and Curtis M. Brown, "Land Movements and Boundaries" from *The Curt Brown Chronicles*, *The American Surveyor* 10, no. 10 (2013): 49-50.

Schultz, Sandra S. and Robert E. Wallace, "The San Andreas Fault," U.S. Geological Survey, last modified November 30, 2016, https://pubs.usgs.gov/gip/earthq3/safaultgip.html.

Theriault v. Murray, 588 A.2d 720 (Maine 1991).

White, C. Albert, "Land Slide Report" (Bureau of Land Management, 1998), https://www.blm.gov/or/gis/geoscience/files/landslide.pdf.

PART 2 말도 안 되게 과학적으로 문제 해결하기

9. 인공 용암을 만들어서 해자에 가두는 방법

Heus, Ronald and Emiel A. Denhartog, "Maximum Allowable Exposure to Different Heat Radiation Levels in Three Types of Heat Protective Clothing," *Industrial Health* 55, no. 6 (November 2017): 529-536.

Keszthelyi, Laszlo, Andrew J. L. Harris, and Jonathan Dehn, "Observations of the Effect of Wind on the Cooling of Active Lava Flows," *Geophysical Research Letters* 30, no. 19 (October 2003): 4-1-4.

Torvi, D. A., G. V. Hadjisophocleous, and J. K. Hum, "A New Method for Estimating the Effects of Thermal Radiation from Fires on Building Occupants," Proceedings of the

ASME Heat Transfer Division (National Research Council of Canada, 2000): 65-72.

"What Is Lava Made Of?," *Volcano World*, Oregon State University, http://volcano.oregonstate.edu/what-lava-made.

Wright, Thomas L., "Chemistry of Kilauea and Mauna Loa Lava in Space and Time" (U.S. Geological Survey 1971), https://pubs.usgs.gov/pp/0735/report.pdf.

10. 조지 워싱턴의 은화 멀리 던지기를 물리학적으로 계산해본다면?

Cronin, Brian, "Did Walter Johnson Accomplish a Famous George Washington Myth?," *Los Angeles Times,* September 21, 2012, https://www.latimes.com/sports/la-xpm-2012-sep-21-la-sp-sn-walter-johnson-george-washington-20120921-story.html.

McLean, Charles, "Johnson Twice Throws a Dollar Across the Turbid Rappahannock," *New York Times*, February 23, 1936.

Ragland, K. W., M. A. Mason, and W. W. Simmons, "Effect of Tumbling and Burning on the Drag of Bluff Objects," *Journal of Fluids Engineering* 105, no. 2 (June 1983): 174-178.

Sprague, Robert et al., "Force-Velocity and Power-Velocity Relationships during Maximal Short-Term Rowing Ergometry," *Medicine & Science in Sports & Exercise* 39, no. 2 (February 2007): 358-364.

Taylor, Lloyd W., "The Laws of Motion Under Constant Power," *The Ohio Journal of Science* 30, no. 4 (July 1930): 218-220.

11. 저항 방정식을 사용해 축구 경기의 전략을 짠다면?

Goff, John Eric, "Heuristic Model of Air Drag on a Sphere," *Physics Education* 39, no. 6 (November 2004): 496-499.

White, Frank M., *Fluid Mechanics* (New York: McGraw Hill, 2016).

12. 하늘 색으로 날씨를 예측한다면?

"Daniel K. Inouye International Airport, Hawaii," Weather Underground, July 2017, https://www.wunderground.com/history/monthly/us/hi/honolulu/PHNL/date/2017-7.

Gough, W. A., "Theoretical Considerations of Day-to-Day Temperature Variability Applied to Toronto and Calgary, Canada Data," *Theoretical and Applied Climatology* 94, no. 1-2 (September 2008): 97-105.

"Honolulu, HI, NOAA Online Weather Data," National Weather Service Forecast Office, accessed May 3, 2019, https://w2.weather.gov/climate/xmacis.php?wfo=hnl.

Roehrig, Romain, Dominique Bouniol, Francoise Guichard, Frédéric Hourdin, and Jean-Luc Redelsperger, "The Present and Future of the West African Monsoon," *Journal of Climate* 26 (September 2013): 6471-6505.

Thompson, Philip, "Philip Thompson Interview," interview by William Aspray, Charles Babbage Institute, University of Minnesota, December 5, 1986, transcript.

Trenberth, Kevin E., "Persistence of Daily Geopotential Heights over the Southern Hemisphere," *Monthly Weather Review* 113 (January 1985): 38-53.

13. 우사인 볼트와 술래잡기를 한다면?

Bethea, Charles, "How Fast Could Usain Bold Run the Mile," *The New Yorker*, August 1, 2016, https://www.newyorker.com/sports/sporting-scene/how-fast-would-usain-bolt-run-the-mile.

Dawson, Andrew, "Belgian Dentist Breaks Appalachian Trail Speed Record," *Runner's World,* August 29, 2018, https://www.runnersworld.com/news/a22865359/karel-sabbe-breaks-appalachian-trail-speed-record/.

Krzywinski, Martin, "The Google Maps Challenge-Longest Google Maps Driving Routes," *Martin Krzywinski Science Art*, last modified June 13, 2017, http://mkweb.bcgsc.ca/googlemapschallenge/.

Krzywinski, Martin, "Longest possible Google Maps route?," xkcd forum, January 30, 2012, http://forums.xkcd.com/viewtopic.php?f=2&t=65793&p=2872419#p2872419.

"Thru-Hiking," Appalachian Trail Conservancy, accessed March 28, 2019, http://www.appalachiantrail.org/home/explore-the-trail/thru-hiking.

14. 다양한 표면에서 스키를 타고 미끄러지는 방법

"Facts on Snowmaking," National Ski Areas Association, accessed March 28, 2019, https://www.nsaa.org/media/248986/snowmaking.pdf.

Friedland, Lois, "Tanks for the Snow," *Ski,* March 1988, 13.

Louden, Patrick B. and J. Daniel Gezelter, "Friction at Ice-Ih/Water Interfaces Is Governed by Solid/Liquid Hydrogen-Bonding," *The Journal of Physical Chemistry* 121, no. 48 (November 2017): 26764–26776.

"Polarsnow," Polar Europe, accessed Marche 28, 2019, https://polareurope.com/polar-snow/.

Rosenberg, Bob, "Why is Ice Slippery?," *Physics Today* 58, no. 12 (December 2005): 50.

Scanlan, Dave from "Like It or Not, Snowmaking is the Future," interview by Julie Brown, *Powder,* August 29, 2017, https://www.powder.com/stories/news/like-not-snowmaking-future/.

15. 우주에서 소포를 부치는 방법

"Apollo 13 Press Kit," NASA, April 2, 1970, https://www.hq.nasa.gov/alsj/a13/A13_PressKit.pdf.

Atchison, Justin Allen, "Length Scaling in Spacecraft Dynamics" (PhD diss., Cornell University, 2010).

The Corona Story, National Reconnaissance Office, November 1987 (Partially declassified and released under the Freedom of Information Act (FOIA), June 30, 2010).

Janovsky, R. et al., "End-of-life De-orbiting Strategies for Satellites," paper presented at Deutscher Luft- und Raumfahrtkongress, Stuttgart, Germany, September 2002.

Peck, Mason, "Sometimes Even a Low Ballistic Coefficient Needs a Little Help," *Spacecraft Lab,* May 5, 2014, https://spacecraftlab.wordpress.com/2014/05/05/sometimes-even-a-low-ballistic-coefficient-needs-a-little-help/.

Portree, David S. F. and Joseph P. Loftus, Jr., *Orbital Debris* (Houston: NASA, 1999).

Singer, Mark, "Risky Business," *The New Yorker,* July 14, 2014, https://www.newyorker.com/magazine/2014/07/21/risky-business-2.

"Taco Bell Cashes In on Mir," BBC News, March 20, 2001, http://news.bbc.co.uk/2/hi/americas/1231447.stm.

Yamaguchi, Mari, "Can an Origami Space Shuttle Fly from Space to Earth," *USA Today,* March 27, 2008, https://usatoday30.usatoday.com/tech/science/space/2008-03-27-origami-space-shuttle_N.htm/.

16. 다양한 에너지원으로 집에 전력을 공급하는 법

"Appendix A: Frequently Asked Questions" in *Woody Biomass Desk Guide and Toolkit* adapted by Sarah Ashton, Lauren McDonnell, and Kiley Barnes (Washington, D.C.: National Association of Conservation Districts): 119-130.

Arevalo, Ricardo, Jr., William F. McDonough, and Mario Luong, "The K/U Ration of the Silicate Earth," *The Earth and Planetary Science Letters* 278, no. 3-4 (February 2009): 361-369.

Chacón, Felipe, "The Incredible Shrinking Yard!," Trulia, October 18, 2017, https://www.trulia.com/research/lot-usage/.

"Environmental Impacts of Geothermal Energy," Union of Concerned Scientists, accessed March 28, 2019, https://www.ucsusa.org/clean_energy/our-energy-choices/renewable-energy/environmental-impacts-geothermal-energy.html.

"Coal Explained: How Much Coal is Left," U.S. Energy Information Administration, last modified November 15, 2018, https://www.eia.gov/energyexplained/index.php?page=coal_reserves.

"How Much Do Solar Panels Cost for the Average House in the US in 2019?," SolarReviews, last modified March 2019, https://www.solarreviews.com/solar-panels/solar-panel-cost/.

"How Much Electricity Does an American Home Use?," Frequently Asked Questions, U.S. Energy Information Administration, last modified October 26, 2018, https://www.eia.gov/tools/faqs/faq.php?id=97&t=3.

NOAA National Centers for Environmental Information, "Climate at a Glance: National Time Series," accessed March 28, 2019, https://www.ncdc.noaa.gov/cag/.

Rinehart, Lee, "Switchgrass as a Bioenerdgy Crop," ATTRA (NCAT, 2006).

"Section 6: Geography and Environment" in *Statistical Abstract of the United States: 2004-2005* (U.S. Census Bureau, 2006), 211-236.

"Solar Maps," National Renewable Energy Laboratory, accessed March 28, 2019, https://www.nrel.gov/gis/solar.html.

"Solar Resource Data and Tools," National Renewable Energy Laboratory, accessed March 28, 2019, https://www.nrel.gov/grid/solar-resource/renewable-resource-data.html.

"Transparent Cost Database," Open Energy Information, last modified November 2015, https://openei.org/apps/TCDB/transparent_cost_database#blank.

" U.S. Crude Oil and Natural Gas Proved Reserve, Year-End 2017," U.S. Energy Information Administration, last modified November 29, 2018, https://www.eia.gov/natural-gas/crudeoilreserves/.

"U.S. Uranium Reserves Estimates," U.S. Energy Information Administration, last modified July 2010, https://www.eia.gov/uranium/reserves/.

17. 화성에서 집에 전력을 공급하는 법

Boardman, Warren P. et al., Firestream Ram Air Turbine, U.S. Patent 2,986,219 filed May 27, 1977, issued May 30, 1961.

"Country Comparison: Electricity-Consumption," *The World Factbook* (Washington, DC: Central Intelligence Agency), last modified 2016, https://www.cia.gov/library/publications/resources/the-world-factbook/fields/253rank.html.

Hoffman, N., "Modern Geothermal Gradients on Mars and Implications for Subsurface Liquids," Conference on the Geophysical Detection of Subsurface Water on Mars (August 2001).

Hollister, David, "How Wolfe's Tether Spreadsheet Works," *Hop's Blog,* December 16, 2015, http://hopsblog-hop.blogspot.com/2015/12/how-wolfes-tether-spreadsheet-works.html.

"Sounds on Mars," The Planetary Society, accessed March 29, 2019, http://www.planetary.org/explore/projects/microphones/sounds-on-mars.html.

Weinstein, Leonard M., "Space Colonization Using Space-Elevators from Phobos," AIP Conference Proceedings (American Institute of Physics, 2003): 1227-1235.

18. 누군가와 부딪힐 확률과 친구를 만날 확률

Gallup Organization, Gallup Poll (AIPO), January 1990, USGALLUP.922002.Q20, Cornell University, Ithaca, NY: Roper Center for Public Opinion Research, iPOLL.

National Institute for Transforming India, "Population Density (Per Sq. Km.)," last modified March 30, 2018, http://niti.gov.in/content/population-density-sq-km.

Thomas, Reuben J., "Sources of Friendship and Structurally Induces Homophily across the Life Course," *Sociological Perspectives* (February 11, 2019).

19. 나비의 날개에 파일을 실어 해외로 전송하는 법

Cisco, "Cisco Global Cloud Index: Forecast and Methodology, 2016-2021 White Paper," November 19, 2018, https://www.cisco.com/c/en/us/solutions/collateral/service-provider/global-cloud-index-gci/white-paper-c11-738085.html.

Erlich, Yaniv and Dina Zielinski, "DNA Fountain Enables a Robust and Efficient Storage Architecture," *Science* 355, no. 6328 (March 2017): 950-954.

Gibo, David L. and Megan J. Pallett, "Soaring Flight of Monarch Butterflies *Danaus Plexippus* (Lepidoptera: Danaidae), During the Late Summer Migration in Southern Ontario," *Canadian Journal of Zoology* 57, no. 7 (1979): 1393-1401.

"Intel/Micron 64L 3D NAND Analysis," *TechInsights*, accessed March 29, 2019, https://techinsights.com/technology-intelligence/overview/latest-reports/intel-micron-64l-3d-nand-analysis/.

Mizejewski, David, "How the Monarch Butterfly Population is Measured," National Wildlife Federation, February 7, 2019, https://blog.nwf.org/2019/02/how-the-monarch-butterfly-population-is-measured/.

Morris, Gail, Karen Oberhauser, and Lincoln Brower, "Estimating the Number of Overwintering Monarchs in Mexico," Monarch Joint Venture, December 6, 2017, https://monarchjointventure.org/news-events/news/estimating-the-number-of-overwintering-monarchs-in-mexico.

Stefanescu, Constantí et al., "Long-Distance Autumn Migration Across the Sahara by Painted Lady Butterflies: Exploiting Resource Pulses in the Tropical Svannah," *Biology Letters* 12, no. 10 (October 2016).

Talavera, Gerard and Roger Vila, "Discovery of Mass Migration and Breeding of the Painted Lady Butterfly *Vanessa Cardui* in the Sub-Sahara," *Biological Journal of the Linnean Society* 120, no. 2 (February 2017): 274-285.

Walker, Thomas J. and Susan A. Wineriter, "Marking Techniques for Recognizing Individual Insects," *The Florida Entomologist* 64, no. 1 (March 1981): 18-29.

20. 에너지를 잡아서 휴대전화를 충전하는 법

Jacobson, Mark Z. and Cristina L. Archer, "Saturation Wind Power Potential and its Implications for Wind Energy," *Proceedings of the National Academy of Sciences of the United States of America* 109, no. 39 (September 2012): 15679-15684.

Max Planck Institute for Biogeochemistry, "Gone with the Wind: Why the Fast Jet Stream Winds Cannot Contribute Much Renewable Energy After All," ScienceDaily, November 30, 2011, https://www.sciencedaily.com/releases/2011/11/111130100013.htm.

Rancourt, David, Ahmadreza Tabesh, and Luc G. Fréchette, "Evaluation of Centimeter-Scale Micro Wind Mills," paper presented at *7th International Workshop on Micro and Nanotechnology for Power Generation and Energy Conversion App's,* Freiburg, Germany, November 2007.

Romanov, Anna Macquarie and David Allen, "A Bicycle with Flower-Shaped Wheels," Differential Geometry Final Project, Colorado State University, 2011.

World Energy Resources (London: World Energy Council, 2016).

PART 3 일상 속 엉뚱한 과학적 궁금증들

21. 달, 목성, 금성과 셀카 찍는 방법

Chang, Hsiang-Kuang, Chih-Yuan Liu, and Kuan-Ting Chen, "Search for Serendipitous Trans-Neptunian Object Occultation in X-rays," *Monthly Notices of the Royal Astronomical Society* 429, no. 2 (February 2013): 1626-1632.

Colas, F. et al., "Shape and Size of (90) Antiope Derived From an Exceptional Stellar Occultation on July 19, 2011," paper presented at *American Geophysical Union, Fall Meeting*, December 2011.

Larson, Adam M. and Lester Loschky, "The Contributions of Central versus Peripheral Vision to Scene Gist Recognition," *Journal of Vision* 9, no. 10 (September 2009): 6.1-16.

22. 다양한 도구로 드론을 잡는 방법

"All-Star Skills Competition 2012: Canadian Tire NHL Accuracy Shooting," Canadian Broadcasting Corporation, accessed March 29, 2019, https://www.cbc.ca/sports-content/hockey/nhlallstargame/skills/accuracy-shooting.html.

"Distance from Center of Fairway," PGA Tour, continuously updated, https://www.pga-tour.com/stats/stat.02421.html.

Kawamura, Katsue et al., "Baseball Pitching Accuracy: An Examination of Various Parameters When Evaluating Pitch Locations," *Sports Biomechanics* 16, no. 3 (August 2017): 399-410.

Kempf, Christopher, "Stats Analysis: Running for Cover," Professional Darts Corporation, October 1, 2019, https://www.pdc.tv/news/2019/01/10/stats-analysis-running-cover.

Landlinger, Johannes et al., "Differences in Ball Speed and Accuracy of Tennis Groundstrokes Between Elite and High-Performance Players," *European Journal of Sport Science* 12, no. 4 (October 2011): 301-308.

Michaud-Paquette, Yannick et al., "Whole-Body Predictors of Wrist and Shot Accuracy in Ice Hockey," *Sports Biomechanics* 10, no. 1 (March 2011): 12-21.

Morris, Benjamin, "Kickers Are Forever," *FiveThirtyEight*, January 28, 2015, https://fivethirtyeight.com/features/kickers-are-forever/.

Wells, Chris, "Stat Sheet: 10 Facts from Rio 2016 Olympics Entry List," World Archery, July 18, 2016, https://worldarchery.org/news/142029/stat-sheet-10-facts-rio-2016-olympics-entry-list.

23. 치아 속 납 성분으로 1960년생과 1990년생을 구분할 수 있다면?

"Figure 6. Yield of Atmospheric Nuclear Tests Per Year Shown by Bars," graph, from "Is There an Isotopic Signature of the Anthropocene?," *The Anthropocene Review* 1, no. 3 (December 2014): 8.

Goldman, G.S. and P.G. King, "Review of the United States Universal Vaccination Program: Herpes Zoster Incidence Rates, Cost-Effectiveness, and Vaccine Efficacy Based Primarily on the Antelope Valley Varicella Active Surveillance Project Data," *Vaccine* 31, no. 13 (March 2013): 1680-1694.

Gulson, Brian L. and Barrie R. Gillings, "Lead Exchange in Teeth and Bone-A Pilot Study Using Stable Lead Isotopes," *Environmental Health Perspectives* 105, no. 8 (August 1997): 820-824.

Gulson, Brian L., "Tooth Analyses of Sources and Intensity of Lead Exposure in Children," *Environmental Health Perspectives* 104, no. 3 (March 1996): 306-312.

Hua, Quan, Mike Barbetti, and Andrzej Z. Rakowski, "Atmospheric Radiocarbon for the Period 1950-2010," *Radiocarbon* 55, no. 4 (2013): 2059-2072.

Lopez, Adriana S., John Zhang, and Mona Marin, "Epidemiology of Varicella During the 2-Dose Varicella Vaccination Program-United States, 2005-2014," U.S. Department of Heath and Human Services *Morbidity and Mortality Weekly Report* 65, no. 34 (September 2016): 902–905.

Mahaffey, Kathryn R. et al., "National Estimates of Blood Lead Levels: United States, 1976-1980-Association with Selected Demographic and Socioeconomic Factors," *The New England Journal of Medicine* 307 (1982): 573-579.

Stamoulis, K. C. et al., "Strontium-90 Concentration Measurements in Human Bones and Teeth in Greece," *The Science of the Total Environment* 229 (1999): 165-182.

24. 데이터를 기반으로 선거 투표자들에게 표를 얻는 법

"3 Caseys Stirring Confusion," *Pittsburgh Post-Gazette*, October 21, 1976.
로퍼 여론조사 센터에서 조사한 '인기 있는 견해들'의 전체 질문:

■ (당신은 사람들이 다음과 같은 상황에 휴대전화를 사용하는 것을 찬성하나요, 반대하나요?) …극장이나 사람들이 대체로 조용히 있는 다른 장소들.

■ 당신은 운전 중에 휴대전화나 다른 전자 기기로 문자 메시지를 보내는 것이 합법이 되어야 한다고 생각하나요, 불법이 되어야 한다고 생각하나요?

■ (그냥 머리에 떠오르는 대로, 당신은 다음의 것들에 대해서 긍정적인 이미지를 가지고 있나요, 부정적인 이미지를 가지고 있나요?) 소기업은… 어떤가요?

■ 당신은 고용인이 피고용인의 허락 없이 그들의 유전 기록, 즉 DNA 정보에 접근할 수 있어야 한다고 생각하나요, 그래서는 안 된다고 생각하나요?

■ 테러와의 전쟁의 일환으로, 테러와 연관된 자금 세탁을 범죄로 보는 것에 찬성하나요, 반대하나요?

■ 바로 지금, 몇 가지 일을 하기 위해서는 시험을 통과하여 정부로부터 면허를 얻어야만 합니다. 어떤 사람들은 사람들이 좋은 서비스를 받을 수 있도록 보장하기 위해서 이것이 필요하다고 말하고, 어떤 사람들은 이것은 그저 서비스의 비용만 높일 뿐이라고 말합니다. 다음 각 항목에 대해서 정부가 주는 면허가 필요할지 그렇지 않을지 답해주세요⋯. 의사.

■ 어떤 상황이 미래에 미국이 다시 전쟁을 하는 것을 정당화해줄 것인지에 대한 많은 토론이 있었습니다. 만일⋯ 미국이 침입을 받는다면⋯. 다시 전쟁을 할 만한 가치가 있다고 생각하나요, 아닌가요?

■ 당신은 '필로폰'이라고 알려진 메스암페타민 사용이 합법화되어야 한다고 생각하나요, 아닌가요?

■ 당신은 당신의⋯ 친구에 대해서 만족하나요, 아닌가요?

■ 당신의 외모를 두 배로 나아지게 만들지만 똑똑함은 절반이 되게 하는 약이 있다면 먹을 건가요, 아닌가요?

■ (아래의 서술들이 진실이라고 생각하는지 거짓이라고 생각하는지 말해주세요.) ⋯ 어른들이 물속에서 아이들을 돌볼 때는 전화기로 뭔가를 읽거나 통화하지 말고 계속해서 지켜봐야 합니다.

■ (당신이 현재 고용되어 있든 그렇지 않든 일을 하고 있는 사람들에 대해서 생각해보고 다음 사항에 대해서 괜찮다고 생각하는지, 그렇지 않다고 생각하는지 말해주세요.) ⋯컴퓨터나 전자 기기나 전화기와 같이 더 비싼 제품을 사는 것이 괜찮은가요, 그렇지 않은가요?

■ 이런 일이 지난 몇 년 동안 더 흔해지고 있다고 말하는 사람들이 있습니다. 여기에 대해서 당신의 견해를 알고 싶습니다. 당신은 숙제를 대신 해준 사람에게 돈을 지급하는 것이 괜찮다고 생각하나요, 그렇지 않은가요?

■ 어떤 사람들이 일어났으면 한다고 말한 것을 읽어드리겠습니다. 당신은 굶주림으로 고통 받는 사람들의 수가 급격하게 줄어들기를 원하나요, 그렇지 않나요?

■ (어떤 사람들이 일어났으면 한다고 말한 것을 읽어드리겠습니다.) 높은 실업률이 끝나기를 원하나요, 그렇지 않나요?

■ (어떤 사람들이 일어났으면 한다고 말한 것을 읽어드리겠습니다.) 기아가 사라지기를 원하나요, 그렇지 않나요?

■ (어떤 사람들이 일어났으면 한다고 말한 것을 읽어드리겠습니다.) 편견이 줄어들기를 원하나요, 그렇지 않나요?

■ (다음의 사람들이나 물건들이 미래를 예측할 수 있다고 믿는지 말해주세요.) …마법의 8번 공.

■ 사람들이 올림픽에 대해서 말하는 것들을 읽어드리겠습니다. 각각의 말에 당신이 개인적으로 동의하는지 동의하지 않는지 말해주세요. 올림픽은 위대한 스포츠 대회다. (필요하다면 물어보세요.) 당신은 이 말에 동의하나요, 동의하지 않나요?

25. 세상에서 가장 큰 크리스마스트리 장식하기

"Airship Hangar in East Germany," *Nomadic-one*, August 18, 2011, http://www.nomadic-one.com/reflect/airship-hangar-east-germany.

"CNN/ORC Poll 12," conducted by ORC International, December 18-21, 2014.

Cohen, Michael P., *A Garden of Bristlecones* (Nevada: University of Nevada Press, 1998).

Foxhall, Emily, "Shopping Center Christmas Trees Compete for Needling Rights," *Los Angeles Times*, November 18, 2013, https://www.latimes.com/local/la-me-tree-20131119-story.html#axzz2lCOwKcfK.

Hall, Carl T., "Staying Alive/High in California's White Mountains Grows the Oldest Living Creature Ever Found," *SFGate*, August 23, 1998, https://www.sfgate.com/news/article/Staying-Alive-High-in-California-s-White-2995266.php.

Mahajan, Subhash, "Wood: Strength and Stiffness," in *Encyclopedia of Materials: Science and Technology* (Elsevier, 2001).

"Oldlist, A Database of Old Trees," Rocky Mounting Tree-Ring Research, accessed March 29, 2019, http://www.rmtrr.org/oldlist.htm.

Preston, Richard, "Tall for Its Age," *New Yorker*, October 9, 2006, https://www.newyorker.com/magazine/2006/10/09/tall-for-its-age.

Ray, Charles David, "Calculating the Green Weight of Wood Species," Penn State Extension, last modified June 30, 2014, https://extension.psu.edu/calculating-the-greenweight-of-wood-species.

Sussman, Rachel, *The Oldest Living Things in the World* (Chicago: University of Chicago Press, 2014).

26. 광속으로 우주의 끝에 다다르고 싶다면?

Chase, Scott et al., "The Relativistic Rocket," The Physics and Relativity FAQ, UC Riverside Department of Mathematics, last modified 2016, http://math.ucr.edu/home/baez/physics/index.html.

Davis, Tamara M. and Charles H. Lineweaver, "Expanding Confusion: Common Misconceptions of Cosmological Horizons and the Superluminal Expansion of the Universe," *Publications of the Astronomical Society of Australia* 21, no.1 (March 2013): 97-109.

"Plot of Distance (in Giga Light-Years) vs. Redshift According to the Lambda-CDM Model," Wikimedia Commons, accessed March 29, 2019, https://en.wikipedia.org/wiki/Redshift#/media/File:Distance_compared_to_z.png.

27. 시간의 흐름을 바꿔서 시간을 버는 방법

15 "U.S. Code § 262. Duty to Observe Standard Time of Zones," *Code of Federal Regulations,* Mar. 19, 1918, ch. 24, § 2, 40 Stat. 451; Pub. L. 89–387, § 4(b), Apr. 13, 1966, 80 Stat. 108; Pub. L. 97–449, § 2(c), Jan. 12, 1983, 96 Stat. 2439.

49 "CFR Part 71-Standard Time Zone Boundaries," *Code of Federal Regulations*, Secs. 1-4, 40 Stat. 450, as amended; sec. 1, 41 Stat. 1446, as amended; secs. 2-7, 80 Stat. 107, as amended; 100 Stat. 764; Act of Mar. 19, 1918, as amended by the Uniform Time Act of 1966 and Pub. L. 97-449, 15 U.S.C. 260-267; Pub. L. 99-359; Pub. L. 106-564, 15 U.S.C. 263, 114 Stat. 2811; 49 CFR 1.59(a).

Allen, Steve, "Plots of Deltas between Time Scales," UC Observatories, accessed May 20, 2019, https://www.ucolick.org/~sla/leapsecs/deltat.html.

Morrison, L.V. and F.R. Stephenson, "Historical Values of the Earth's Clock Error ΔT and the Calculation of Eclipses," *Journal for the History of Astronomy* 35, no. 120 (2004): 327-336.

Na, Sung-Ho, "Tidal Evolution of Lunar Orbit and Earth Rotation," *Journal of the Kore-*

an *Astronomical Society* 47, no. 1 (April 2012): 49-57.

Nazarli, Amina, "Azerbaijan Cancels Daylight Saving Time—Update," *Azernews*, March 17, 2016, https://www.azernews.az/nation/94137.html.

28. 이 책을 처리하는 방법

Caporuscio, Florie et al., "Salado Flow Conceptual Models Final Peer Review Report," Waste Isolation Pilot Plant, U.S. Department of Energy, March 2003.

"The Deterioration and Preservation of Paper: Some Essential Facts," Library of Congress, accessed May 3, 2019, https://www.loc.gov/preservation/care/deterioratebrochure.html.

Erdincler, Aysen Ucuncu, "Energy Recovery from Mixed Waste Paper," *Waste Management and Research* 11, no. 6 (November 1993): 507-513.

Jackson, C.P. et al., "Sealing Deep Site Investigation Boreholes: Phase 1 Report," Nuclear Decommissioning Authority, May 14, 2014.

Jefferies, Nick et al., "Sealing Deep Site Investigation Boreholes: Phase 2 Report," Nuclear Decommissioning Authority, March 23, 2018.

Pusch, Roland and Gunnar Ramqvist, "Borehole Project-Final Report of Phase 3," Swedish Nuclear Fuel and Waste Management Co, 2007.

Pusch, Roland and Gunnar Ramqvist, "Borehole Sealing, Preparative Steps, Design and Function of Plugs-Basic Concept." *SKB Int. Progr. Rep. IPR-04-57* (2004).

Pusch, Roland et al., "Sealing of Investigation Boreholes, Phase 4-Final Report," Swedish Nuclear Fuel and Waste Management Co., 2011.

Sequeira, Sílvia Oliveira, "Fungal Biodeterioration of Paper: Development of Safer and Accessible Conservation Treatments" (PhD diss., NOVA University Lisbon, 2016).

Teijgeler, René, "Preservation of Archives in Tropical Climates: An Annotated Bibliography," International Council on Archives (Jakarta, 2001).

Ximenes, Fabiano, "The Decomposition of Paper Products in Landfills," Appita Annual Conference (2010): 237-242.

블랙홀이라는 천체가 있습니다.

아마도 우주 최고의 '셀럽'이 아닐까 합니다.

블랙홀은 중력이 너무나 커서 빛조차도 빠져나올 수 없어 검게 보일 것이기 때문에 붙은 이름입니다. 그 정도로 중력이 크려면 엄청나게 큰 질량이 엄청나게 작은 영역에 모여 있어야 합니다. 지구보다 33만 배나 질량이 큰 태양이 지름 3킬로미터의 구 안에 모두 들어가야 블랙홀이 됩니다. 지구가 블랙홀이 되려면 지름 2센티미터보다 작은 공 안에 지구를 전부 집어넣어야 합니다. 이런 말도 안 되는 물체가 과연 실제로 존재할까요?

블랙홀에 대한 과학 이론은 아인슈타인의 일반상대성이론입니다. 그런데 정작 아인슈타인은 그런 황당한 물체가 실제로 존재할 리가 없다고 믿었습니다. 일반상대성이론이 나온 것은 100년도 더 전인 1915년이었고, 당시는 우리은하가 우주의 전부인지 여러 은하 가운데 하나인지도 밝혀지지 않았을 때였으니 그런 황당한 물체가 실제로 존재할 거라고 믿기는 쉽지 않았을 것입니다. 블랙홀이 실제로 존재한다는 증거가 나오기 시작한 것은 그보다 50년이 더 지난 뒤였고, 지금은 우주에 수많은 블랙홀이 있다는 사실을 부인하는 과학자는 아무도 없습니다.

그런데 블랙홀은 중력이 너무 강해서 빛도 빠져 나올 수 없는 천체라고 했습니다. 빛이 나오지 않는다면 당연히 보이지도 않을 텐데, 블랙홀이 존재한다는 것을 어떻게 알 수 있을까요? 블랙홀에서는 빛이 나오지 않기 때문에 블랙홀을 직접 볼 수는 없습니다. 하지만 블랙홀 주변에 어떤 물질이 있다면 그 물질은 블랙홀로 끌려 들어갈 것입니다. 블랙홀의 중력은 아주 강하기 때문에 물질은 아주 빠른 속도로 끌려 들어가겠죠. 그러면 그 에너지가 열과 빛이 되고, 거기서 밝은 빛이 나오게 됩니다. 우리는 이 빛을 관측하여 그곳에 블랙홀이 있다는 사실을 알 수 있는 것이죠.

블랙홀을 직접 볼 수는 없기 때문에 당연히 블랙홀의 존재는 이런 간접적인 방법으로밖에 확인할 수 없을 거라고 생각했습니다. 그런데 황당하게도 이런 블랙홀을 직접 볼 수도 있지 않을까 생각한 사람들이 있습니다. 물론 계속 이야기하고 있듯이 블랙홀 그 자체를 직접 '보는' 건 불가능합니다. 기술이 아무리 발전해도, 아니 블랙홀이 바로 코앞에 있어도 불가능합니다. 그런데 블랙홀은 빛을 내지 않지만 블랙홀 주변에서는 빛이 나올 수 있다고 했죠. 블랙홀을 볼 수는 없지만 블랙홀 주변에서, 블랙홀 때문에 빛을 내는 물질은 볼 수 있습니다. 적어도 이론적으로는 말이죠. 그리고 그 모습은 블랙홀을 둘러싼 고리 모양으로 보이게 됩니다. 영화 〈인터스텔라〉에 등장한 블랙홀을 상상하시면 됩니다.

그리고 다행히 우주에는 어마어마하게 큰 블랙홀들이 있습니다. 우리은하의 중심부에는 태양 질량의 400만 배나 되는 초거대질량블랙홀이 있습니다. 천문학자들은 우주에 있는 대부분의 은하 중심에는 이러한 초거대질량블랙홀이 있을 것이라고 생각합니다. 그래서 천문학자들은 직접 관측하기에 가장 적합한 블랙홀을 골랐습니다. 우리은하 중심에 있는 블랙홀이 가장 좋다고 생각하겠지만, 이 블랙홀은 너무 작습니다. 초거대질량블랙홀이 너무 작다니 무슨 말이냐 싶겠지만 사실입니다. 고작 태양 질량의 400만 배밖에 되지 않거든요. 천문학자들이

옮긴이의 말

고른 블랙홀은 M87이라는 거대한 은하의 중심에 있는 블랙홀이었습니다. 이 블랙홀의 질량은 태양 질량의 65억 배 정도에 지름은 약 160억 킬로미터로, 지구에서 태양까지 거리의 100배쯤 됩니다. 이 정도는 되어야 초거대질량블랙홀이라고 할 수 있죠. 이렇게 큰 블랙홀이라면 그 주변을 둘러싼 물질의 규모도 엄청날 테니 직접 볼 수도 있지 않을까 하는 생각이 들 겁니다.

그런데 문제는 이게 너무 멀리 있다는 겁니다. 지구에서 약 5,500만 광년, 그러니까 빛의 속도로 5,500만 년을 가야 하는 거리에 있다는 말이죠. 계산을 해보니 하늘에서 이 블랙홀은 50마이크로초의 각크기로 보입니다. 손을 앞으로 뻗었을 때 검지 두께의 7,200만 분의 1 크기입니다. 상상하기가 힘드니까 좀 더 쉽게 이야기하면 지구에서 달 표면에 있는 사과를 보는 것, 더 가까이는 서울에서 부산에 있는 사람의 머리카락 한 올 한 올을 구별해서 보는 것과 같은 정도입니다. 역시 상상하기 힘든 건 마찬가지네요.

서울에서 부산에 있는 사람의 머리카락 한 올을 구별해서 본다는 게 말이 되나요? 그런데 말이 됩니다. 아주 큰 망원경이 있으면 됩니다. 계산해보니 지름 1만 2,000킬로미터의 망원경이 있으면 가능합니다. 지구 크기만 한 망원경이 있으면 된다는 말이죠. 그렇다면 지구 크기의 망원경을 만든다는 건 말이 되나요? 불가능하다는 말 아닌가요? 그런데 그것도 가능합니다. 지구 전체를 망원경으로 만드는 것이 아니라 지구 곳곳에 있는 망원경들을 하나처럼 사용하는 것입니다.

망원경의 원리는 큰 거울로 빛을 반사시켜 하나로 모으는 것입니다. 여기서 중요한 것은 하나로 모으는 것이기 때문에 하나의 거울이 아니라 여러 개의 거울을 이용해 하나로 모아도 괜찮습니다. 그러니까 여러 개의 망원경으로 동시에 하나를 관측하여 그 결과를 모으면 하나의 큰 망원경으로 관측하는 것과 비슷한 효과를 낼 수 있다는 말입니다. 말이 쉽지 이 과정에는 엄청나게 복잡한 이론과 기술이 적용됩니다. 하지만 과학자들은 하와이, 칠레, 멕시코, 스페인, 미국, 남극 등에 있는 전파망원경 8대를 하나의 망원경처럼 사용할 수 있게 만들어 사건 지평선 망원경Event Horizon Telescope, EHT이라는 이름을 붙였습니다.

EHT는 2017년 4월, 다섯 차례에 걸쳐 M87 중심에 있는 블랙홀을 동시에 관측했습니다. 그런데 아무리 동시에 관측해도 빛이 각각의 망원경에 도착하는 시간 차이가 있기 때문에 (지구는 둥그니까요) 그 시간을 정확하게 측정하여 보정해주어야 합니다. 정확한 시간 측정을 위해서는 100만 년에 1초의 오차가 생기는 수소 원자시계가 사용되었습니다. 각각의 망원경에서는 1초당 4기가바이트의 자료가 저장되었고, 다섯 차례의 관측으로 모인 자료는 모두 5페타바이트(500만 기가바이트)였습니다. 자료의 양이 너무 많아 인터넷으로 보낼 수가 없어서 하드디스크에 담아 직접 운반해야 할 정도입니다.

이 자료는 2년 동안 분석되었고 결과가 2019년 4월에 발표되어 큰 주목을 받았습니다. 여기에는 전 세계에서 온 347명의 과학자가 참여했고, 자랑스럽게도 그중 8명은 한국인 과학자입니다.

사진 한 장을 찍기 위해서 이런 말도 안 되는 황당한 일을 벌일 수 있는 것이 과학입니다.

이 책은 바로 이런 과학을 다루고 있습니다.

아니, 심지어 이보다 더 황당하고 쓸모없어 보이는 과학을 다룹니다. 전작 《위험한 과학책》에서 쓸모없는 과학의 진수를 보여준 랜들 먼로는 좀 더 쓸모없는 과학의 세계를 탐험합니다. 강을 건너기 위해서 강을 통째로 얼려버리거나 강물을 전부 증발시키려면 어떻게 해야 할지를 고민합니다. 이삿짐을 싸고 푸는 것이 귀찮은 사람들을 위해서는 집을 통째로 옮기는 방법을 알려주죠. 실제 시험 조종사이자 우주비행사와 온갖 말도 안 되는 상황에서 비행기를 착륙시키는 방법에 대해 주고받는 질문과 대답은 어떤 토크쇼보다도 재미있습니다.

정말로 놀라운 것은 이 책에 있는 말도 안 되는 것 같은 상황의 상당한 경우가 진짜로 존재했다는 거죠. 실제 과학에서 우리가 상상하지 못한 신기한 상황이 생기는 일은 생각보다 아주 흔합니다.

허블 우주망원경의 뒤를 이을 제임스 웹 우주망원경은 2021년에 발사될 예정입니다. 제임스 웹 우주망원경 거울의 지름은 6.5미터나 되기 때문에 그대로 펼친 채로 발사할 수가 없습니다. 그래서 거울을 최대한 접을 예정인데 거울을 접는 데 가장 중요한 역할을 한 사람은 로버트 랭이라는 종이접기 전문가였습니다. 망원경의 거울뿐만 아니라 우주에서 펼쳐지는 태양전지 판을 접을 때도 종이접기 기술이 이용됩니다. 그러니까, 종이접기로 NASA에 입사할 수도 있습니다!

과학에서 중요한 것은 정답을 찾는 것이 아니라 정답을 찾아가는 과정입니다. 정답을 찾아가는 과정은 끊임없이 질문을 던지는 것입니다. 이미 정답이 나와 있는 것처럼 보이는 일에도 질문을 멈추지 않는 게 과학입니다. 그 과정에서 우리가 정답으로 알고 있는 것이 폐기되기도 하고 수정되기도 하고 더 강화되기도 합니다. 그러면서 과학은 발전합니다.

결국 과학을 가장 잘하는 방법은 질문을 잘하는 것이라고 할 수 있습니다. 질문을 잘하기 위해서는 상상력이 필요합니다. 온갖 황당한 상황을 상상해서 질문을 하고 답을 찾아보는 것이죠. 그런 면에서 볼 때, 아무것도 아닌 것처럼 보이는 일에 말도 안 되는 질문을 던진 뒤 황당한 답을 찾아 나가는 과정을 보여주는 이 책은 최고의 과학책이라고 할 수 있겠습니다.

2020년 1월
이강환

　　　　　　　　　　　　　　　　　　　더 위험한 과학책

지은이 **랜들 먼로**Randall Munroe

한때 미국항공우주국NASA에서 로봇공학자로 일했습니다. 현재는 미국 사이언스 웹툰 'xkcd'의 작가로 활동하고 있으며 과학 덕후들에게 무한한 사랑을 받고 있습니다. 최근 국제천문연맹IAU은 한 소행성에 먼로의 이름을 붙여주기도 했어요. '4942 먼로'라고 하는 이 소행성은 지구와 같은 행성에 부딪혔을 경우 대규모 멸종 사태를 불러올 수 있을 만큼 큰 소행성이라고 하네요. 《위험한 과학책》 출간 이후 꾸준한 사랑을 받아왔고, 《랜들 먼로의 친절한 과학 그림책》을 펴냈습니다.

옮긴이 **이강환**

서울대학교 천문학과를 졸업하고 같은 대학원에서 박사 학위를 받았습니다. 영국 켄트대학교에서 로열 소사이어티 펠로우로 연구할 때까지는 정상적인 과학자의 길을 걷는 듯했으나, 국립과천과학관에 들어가며 특이한 경로로 진입했습니다. 안정적인 직업 때문이 아닌가 싶었는데 갑자기 정규직 공무원을 버리고 서대문자연사박물관 관장과 과학기술정보통신부 장관 정책보좌관을 역임했습니다.

익명으로 과학 팟캐스트에 오래 출연했다는 소문이 있으며 《우주의 끝을 찾아서》로 한국출판문화상을 받은 것을 큰 자랑으로 생각합니다. 지은 책으로 《빅뱅의 메아리》 등, 옮긴 책으로 《신기한 스쿨버스》 《세상을 설명하는 과학》 《웰컴 투 더 유니버스》 등이 있습니다.

더 위험한 과학책

초판 1쇄 발행일 2020년 1월 20일
초판 37쇄 발행일 2024년 7월 5일

지은이 랜들 먼로
옮긴이 이강환

발행인 조윤성

편집 이영인 **디자인** 박지은 **마케팅** 서승아, 김진규
발행처 ㈜SIGONGSA **주소** 서울시 성동구 광나루로 172 린하우스 4층(우편번호 04791)
대표전화 02-3486-6877 **팩스(주문)** 02-585-1755
홈페이지 www.sigongsa.com / www.sigongjunior.com

글 ⓒ 랜들 먼로, 2020

ISBN 978-89-527-5154-6 03400

*SIGONGSA는 시공간을 넘는 무한한 콘텐츠 세상을 만듭니다.
*SIGONGSA는 더 나은 내일을 함께 만들 여러분의 소중한 의견을 기다립니다.
*잘못 만들어진 책은 구입하신 곳에서 바꾸어 드립니다.

WEPUB 원스톱 출판 투고 플랫폼 '위펍' _wepub.kr
위펍은 다양한 콘텐츠 발굴과 확장의 기회를 높여주는
SIGONGSA의 출판IP 투고·매칭 플랫폼입니다.

Hover time

$$t = I_{sp} \times \ln\left(\frac{I_e}{W_e}\right)$$

$$= \frac{T_e}{m_e g} \times \ln\left(\frac{T_e}{W_e}\right)$$

$$A_1 = 2\pi r_e^2 (1-\sin\theta)$$

$$\frac{A_1}{A_e} = \frac{2\pi r_e^2 (1-\sin\theta)}{4\pi r_e^2 / 2}$$

$$= 1-\sin\theta$$

$$lat_{50} =$$
$$1-\sin(\theta) = \frac{1}{2}$$
$$\theta = \sin^{-1}\left(\frac{1}{2}\right)$$
$$lat_{50} = 30°$$

GEO

SSEO

LEO

305'1" ??
380'4"

10^{10} Kg/KM^2

0.683
0.393
0.199
0.090
0.037

1993 →

$$S = \sqrt{\frac{\sum_{i=0}^{N}(n_i - \bar{n})^2}{N - \frac{1}{2}}}$$

space

$$H = \frac{V_0^2 \times \frac{1}{2}}{g\left(2 + \frac{1}{V_t^2} \times V_0^2 \times \frac{\sqrt{2}}{2}\right)}$$

1.4142

$$\left(\frac{1}{2}\right)^{\frac{1}{2}} = \frac{3}{5} + \frac{\pi}{7-\pi}$$

4
DNE

σ

0.39894

0.68269

≠

0.39347

$$P = 1 - e^{-\frac{r^2}{2}}$$

$$r_2 = \sqrt{-2\ln(1-P)}$$

90-θ

error

6.67×

ln(3)

VOS v 13.55

$KW_{fixed} = 0.52h + 2.79$

166.3 MM/s

HORSE
VECTOR

uln(x) = un